Gartenbautechnik

Lehrbuch für den Produktions- und Dienstleistungsgartenbau

Impressum:

avBUCH im CADMOS Verlag

Projektleitung: Brigitte Millan-Ruiz, avBUCH

Lektorat und Redaktion: Ing. Barbara Patricia Meister (www.GartenAkademie.com)

Satz: Hantsch & Jesch PrePress Services OG, Wien

Druck: www.graspo.com

Deutsche Nationalbibliothek – CIP-Einheitsaufnahme

Die Deutsche Nationalbibliothek verzeichnet diese Publikation in der Deutschen Nationalbibliografie; detaillierte bibliografische Daten sind im Internet über http://dnb.ddb.de abrufbar.

Printed in EU

ISBN: 978-3-37040-2419-0

Gartenbautechnik

Lehrbuch für den Produktions- und Dienstleistungsgartenbau

DI Juliane Frohner
Ing. Ludwig Lorbeer
Ing. Horst Reichmann

avBUCH

Die Webportale von avBUCH.net ergänzen dieses Buch mit interaktiven Übungen, aktuellen Lehr- und Lernbehelfen, zusätzlichen Unterrichtsmaterialien, neuen Informationen und Hinweisen auf Innovationen aus Wirtschaft und Wissenschaft.

Lehrende erhalten auf diesen Sites interaktive Aufgaben, Arbeitsblätter, Videos, Podcasts, weiterführende Literatur und Downloads – wie Resultate und Übungsergebnisse. Letztere als gesicherte pdf-Dateien.

Schüler und Studierende finden auf der Website avBUCH.net interaktive Beispiele und Übungen, aktuelle Videos und Podcasts.

VORWORT

Dieser Lehrbehelf ist für den Unterrichtsgegenstand „Gartenbautechnik“ – im Bereich des landwirtschaftlichen Gartenbaus und des gestalterischen Garten- und Landschaftsbaus – konzipiert und dient auch den Vorbereitungen für die Lehrabschlussprüfung im Gartenbau. Buch und ergänzendes Webportal richten sich an Lehrende, Schülerinnen und Schüler, Studierende an Gartenbauschulen, Meisterkandidaten, Betriebsinhaber, Berater, Fachinteressierte und Laien.

Die Autoren, alle Lehrende an berufsbildenden Schulen des Gartenbaus, bieten in diesem Buch komprimiert technisches Wissen, leicht verständlich und durch das interaktive Webportal „avBUCH.net“ stets aktualisiert, an. Die Inhalte decken sich mit dem Lehrstoff der Berufsschulen, Fachschulen und der Höheren Lehranstalt für Gartenbau, aber auch anderer Fachbereiche, wie z. B. Land- oder Forstwirtschaft.

Moderner Gartenbau ist heute nur mehr mit hochwertiger Technik möglich. Im Garten- und Landschaftsbau sind es Geräte und Maschinen, die meist beschwerliche Arbeitsabläufe erleichtern können. Für die Produktionsbetriebe ist es z. B. die zeitgemäße Gewächshaustechnik, die eine bessere Position des Unternehmens am stark umkämpften Markt erst ermöglicht.

Die Autoren

Inhaltsverzeichnis

Vorwort 5

1 Grundlagen der Gartenbautechnik 10

Maße und Gewichte 10
Zehnerpotenzen 13
Berechnung von Flächen 14
Berechnung geometrischer Körper 15
Elektrizität 16

2 Gewächshaustechnik 20

Kulturraumarten 20
Folientunnel und Folienhäuser 23
Kulturflächen im Gewächshaus 34
Kulturraumeinrichtungen 37
Heizungstechnik 45
Energieträger 60
Klimasteuerung in Kulturräumen 65

3 Motorkunde und Zugmaschinen 67

Kraftstoffe und Schmierstoffe 67
Der Verbrennungsmotor 70
Elektromotor 78
Kraftübertragung 80
Schlepper-, Traktorenkunde 83

4 Messer und Scheren 85

Handwerkzeuge 85

5 Maschinen und Geräte zur Bodenbearbeitung 88

Werkzeug zur Bodenbearbeitung 88
Maschinen zum Bodenabtrag 91
Maschinen zur oberflächlichen Bodenlockerung 94
Maschinen und Geräte zur Bodenverdichtung 99
Maschinen und Geräte zur Erdaufbereitung 100

6 Maschinen und Geräte zur Pflanzenvermehrung 104

Generative Vermehrung 104
Sämaschinen 108
Vegetative Vermehrung 110
Pflanzmaschinen 110

7 Maschinen und Geräte zur Bewässerung 111

Bedeutung des Wassers ... 112
Wasserbedarf ... 113
Wassergewinnung ... 113
Wasserförderung mit Pumpen ... 116
Wasserqualität ... 118
Wasseraufbereitung ... 119
Einteilung der Bewässerungsverfahren ... 120
Bewässerungsverfahren ... 121
Vernebeln von Wasser ... 131
Automatisierung der Bewässerung ... 131
Abwasser ... 131

8 Maschinen und Geräte für den Pflanzenschutz 133

Ausbringungsverfahren ... 133
Gefahrensymbole und -bezeichnungen für gefährliche Stoffe ... 141

9 Geräte zur Düngung 143

Geräte zur Mineraldüngerausbringung ... 143
Geräte zur Flüssigdüngung ... 145
Geräte zur Ausbringung organischer Dünger ... 146
Maschinen und Geräte zur Kompostbereitung ... 148

10 Maschinen und Geräte in der Baumschule 152

Erdbohrer, Pflanzbohrer ... 152
Maschinen und Geräte zur Baumpflanzung ... 154

11 Maschinen und Geräte im Zierpflanzenbau 156

Topfmaschine ... 157
Pflanzroboter ... 159
Pikierroboter ... 159
Steckautomat ... 160
Schnittblumenproduktion ... 160

12 Maschinen und Geräte im Gemüsebau 161

Spezielle Pflanzmaschinen für den Gemüsebau ... 162
Spezielle Hack- und Pflegemaschinen ... 163
Spezielle Erntemaschinen ... 164
Spezielle Aufbereitungsmaschinen ... 164
Liegeraupe ... 165

13 Maschinen und Geräte in der Floristik 166
Pflegemaßnahmen bei Schnittblumen ... 167
Blumenstielputz- und Anschneidemaschine ... 170
Kranzbindemaschine ... 170
Schleifendruckmaschinen ... 171
Sonstige Maschinen und Geräte in der Floristik ... 172

14 Maschinen und Geräte im Garten- und Landschaftsbau 175
Rasenbau, Rasenpflege ... 175
Vermessungstechnik ... 191
Maschinen und Geräte zur Gehölzpflege ... 203
Maschinen zum Wege- und Mauerbau ... 215
Maschinen und Geräte für den Teichbau ... 225
Fügetechnik ... 231

15 Sonstige Maschinen und Geräte im Gartenbau 235
Maschinen und Geräte zur Holzbearbeitung ... 235
Reinigungsgeräte und -maschinen ... 245
Ladegeräte und Transport ... 248

16 Kühlräume 253
Aufgabe von Kühlräumen ... 253
Prozesse während der Lagerung ... 254
Einflussfaktoren ... 256
Vorkühlung ... 257
Lagerverfahren ... 259
Lagerung von Obst und Gemüse ... 262
Lagerung von Zierpflanzen ... 262

17 Belichtungsanlagen 266
Kunstlicht wird im Gartenbau für folgende Zwecke eingesetzt ... 269
Belichtung zur Förderung der Fotosynthese –
Assimilationsbelichtung, Zusatzbelichtung ... 269
Fotoperiodische Belichtung – Steuerung der Blütezeit ... 270

18 Grundregeln für die Wartung von Maschinen und Geräten 282
Gründliche Reinigung ... 282
Schmieren ... 282
Konservieren ... 283
Reparieren ... 283

19 Ergonomie – Arbeitsplätze den Menschen anpassen (Beitrag der AUVA) 284
Körperliche Belastung ... 284
Umgebungseinflüsse ... 284
Arbeitsmittel und Maschinen ... 288
Lärm ... 288
Heben und Tragen ... 289
Arbeitshaltungen ... 290

20 Arbeitsschutz und Arbeitssicherheit (Beitrag der AUVA) 291
Checkliste der gesetzlichen Prüfpflichten in der Elektrotechnik ... 291
Checkliste für Sicherheitsvorkehrungen beim Umgang mit ätzenden Stoffen ... 292
Checklisten für die Verhütung von Sturzunfällen ... 293
Sicherheitsvorkehrungen im Umgang mit Erdbaumaschinen ... 295
UV-Strahlung und Arbeiten im Freien ... 297
Sicherheit bei Arbeiten auf Bäumen ... 301
Was tun, wenn ein Gewitter droht? ... 304

Literaturverzeichnis 307

Bildquellennachweis 308

Register 312

1 Grundlagen der Gartenbautechnik

Maße und Gewichte	Zehner-potenzen	Berechnung von Flächen	Berechnung geometrischer Körper	Elektrizität
Begriffe		Quadrat	Würfel	Gleichstrom
Längenmaße		Rechteck	Quader	Wechselstrom
Flächenmaße		Trapez	Zylinder	Drehstrom – Dreiphasen-wechselstrom
Körper- und Hohlmaße		Dreieck	Kegel	Elektrische Größen
Dichte		Kreis	Pyramide	Spannung
Gewichte			Kugel	Elektrische Leitungen
Zeit				Erste Hilfe bei Stromunfällen
Winkelmaße				
Kraft				
Arbeit				
Leistung				
Energie				
Druck				
Temperatur				

Maße und Gewichte

Begriffe

10-fach	(10^1)	Deka	10tel	(10^{-1})	Dezi
100-fach	(10^2)	Hekto	100stel	(10^{-2})	Centi
1 000-fach	(10^3)	Kilo	1 000stel	(10^{-3})	Milli
1 000 000-fach	(10^6)	Mega	1 000 000stel	(10^{-6})	Mikro
1 000 000 000-fach	(10^9)	Giga	1 000 000 000stel	(10^{-9})	Nano
1 000 000 000 000-fach	(10^{12})	Tera	1 000 000 000 000stel	(10^{-12})	Pico

Längenmaße

mm	cm	dm	m	km
1	0,1	0,01	0,001	0,000001
10	1	0,1	0,01	0,00001
100	10	1	0,1	0,0001
1 000	100	10	1	0,001
1 000 000	100 000	10 000	1 000	1

Flächenmaße

mm^2	cm^2	dm^2	m^2	a	ha	km^2
1	0,01	0,000 1	0,000001	–	–	–
100	1	0,01	0,0001	0,000001	–	–
10 000	100	1	0,1	0,0001	0,000001	–
1 000 000	10 000	100	1	0,01	0,000 1	0,000001
–	1 000 000	10 000	100	1	0,01	0,0001
–	–	1 000 000	10 000	100	1	0,01
–	–	–	1 000 000	10 000	100	1

Körper- und Hohlmaße

mm^3	cm^3	dm^3	m^3	l	hl
1	0,001	–	–	–	–
1 000	1	0,001	–	0,001	–
1 000 000	1 000	1	0,001	1	0,01
100 000 000	100 000	100	0,1	100	1
1 000 000 000	1 000 000	1 000	1	1 000	10

ml	cl	dl	l	hl
1	0,1	0,01	0,001	0,00001
10	1	0,1	0,01	0,0001
100	10	1	0,1	0,001
1 000	100	10	1	0,01
1 000 000	100 000	10 000	1 000	10

1 **Festmeter** (fm) gilt für einen Kubikmeter soliden Bruchsteins oder soliden Rundholzes.

1 **Raummeter** (rm) gilt für einen Kubikmeter geschlichteten Bruchsteins oder geschlichteten Rundholzes.

Dichte

Die Dichte eines Körpers ist das Verhältnis seiner Masse zu seinem Volumen. Sie wird in **g/cm³** oder **kg/dm³** oder **t/m³** angegeben. Die Werte verändern sich je nach Trockendichte, Schüttdichte, Pressdichte, Klopfdichte, Fülldichte, Stopfdichte.

Granit	2,8	Lochziegel	1,5
Kalkstein	2,7–2,9	Mörtel	2,0
Sandstein	2,6	Beton aus Kies	2,3
Stahlbeton	2,5	Steinschotter	1,8
Sand und Kies nass	2,0	Lehm und Ton	2,1
Sand und Kies trocken	1,8	Stahl und Eisen	8,0
Klinkerziegelsteine	2,0	Holz, nass	0,9
Normale Ziegel, voll	1,8	Holz, trocken	0,7

Gewichte

mg	g	dag	kg	t
1 000	1	0,1	0,001	–
1 000 000	1 000	100	1	0,001
–	–		1 000	1

Zeit

1 Minute (min) = 60 Sekunden (s)
1 Stunde (h) = 60 min = 3 600 s
1 Tag (d) = 12 h = 720 min = 86 400 s

Im kaufmännischen Rechnungswesen gilt die Regel:
1 Monat = 30 d
1 Jahr = 360 d

Winkelmaße

	Vollkreis	Dreiviertelkreis	Halbkreis	Viertelkreis
Mathematik = Altgrade	360°	270°	180°	90°
Vermessung = Neugrade	400^{gon}	300^{gon}	200^{gon}	100^{gon}

1° = 60‘ (Minute) 1‘ = 60“ (Sekunde)
$1^{gon} = 100^{cgon}$ (Zentigon) $1^{cgon} = 10^{mgon}$ (Milligon)

Kraft

Die Maßeinheit ist das Newton (N).

1 Newton ist die Kraft, die benötigt wird, um einen ruhenden Körper der Masse von 1 kg innerhalb von einer Sekunde gleichförmig auf die Geschwindigkeit 1 m/s zu beschleunigen. In Formel augedrückt: $F = m \cdot a$

Arbeit

Die Arbeit W ist die Energie, die durch eine Kraft entlang eines Weges auf einen Körper übertragen wird. In Formel ausgedrückt: $W = F \cdot s$

Leistung

ist die auf die Zeit bezogene Arbeit und hat die Einheit Watt (W).

1 Watt entspricht 1 Joule pro Sekunde J/s oder 1 Newtonmeter pro Sekunde Nm/s.

Nicht mehr gültig: **Pferdestärke (PS)** ist 75 kp m/s, und 1 PS entspricht 735,49875 Watt.

In Formel ausgedrückt: $P = \frac{f \cdot s}{t}$

Energie

Ein Joule ist die Energie, die benötigt wird, um über die Strecke von einem Meter die Kraft von einem Newton aufzuwenden oder für die Dauer einer Sekunde die Leistung von einem Watt aufzubringen.

Druck

Die Einheit für Druck ist N auf 1 m^2 = 1 Pa

1 bar = 10^5 Pa

Temperatur

Die Temperatur wird in verschiedenen Einheiten angegeben:

Celsius °C – Kelvin K – Fahrenheit °F – Rankine °Ra – Réaumur °R

Siedepunkt von Wasser	100 °C = 373,15 K = 212 °F = 671,67 °Ra = 80 °R
Gefrierpunkt von Wasser	0 °C = 273,15 K = 32 °F = 491,67 °Ra = 0 °R

Zehnerpotenzen

$10^1 = 10$	$10^{-1} = \frac{1}{10}$
$10^2 = 100$	$10^{-2} = \frac{1}{100}$
$10^3 = 1\,000$ usw.	$10^{-3} = \frac{1}{1\,000}$ usw.

Berechnung von Flächen

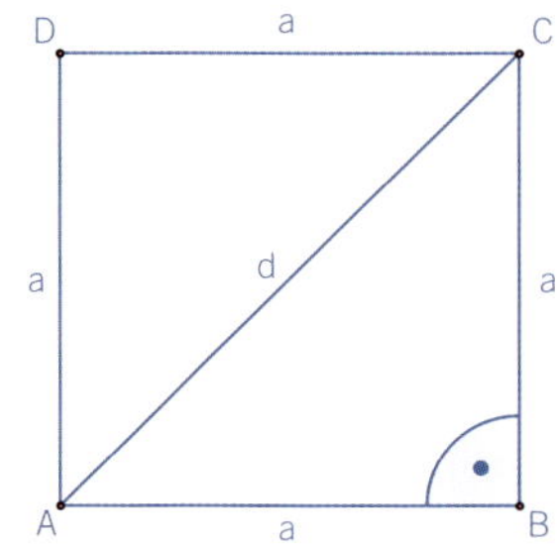

Quadrat

Fläche $a \cdot a = a^2$

Umfang $a + a + a + a = 4a$

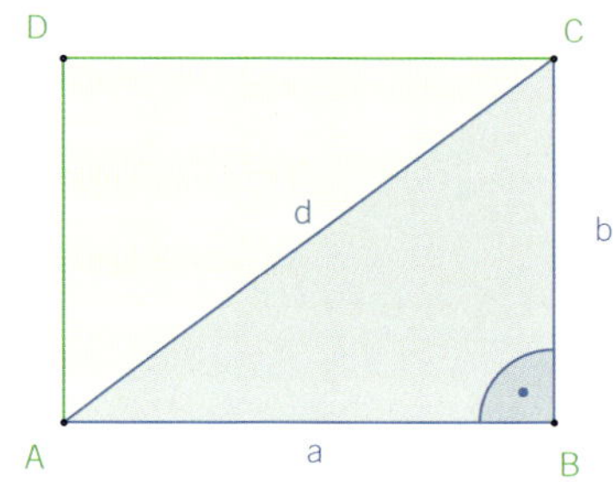

Rechteck

Fläche $a \cdot b$

Umfang $a + a + b + b = 2ab$

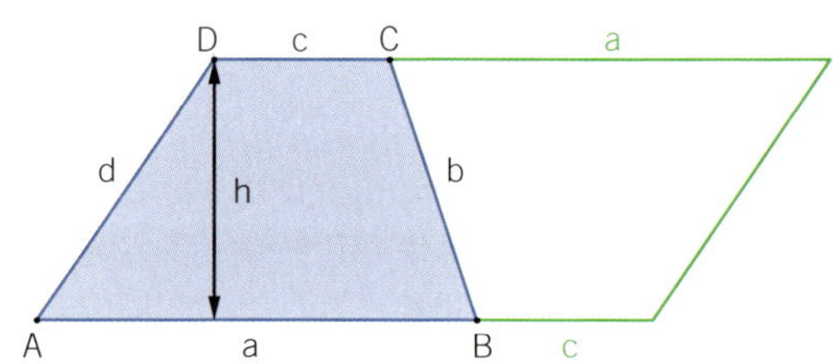

Trapez

Fläche $\frac{(a + c)}{2 \cdot h_a}$

Umfang $a + b + c + d$

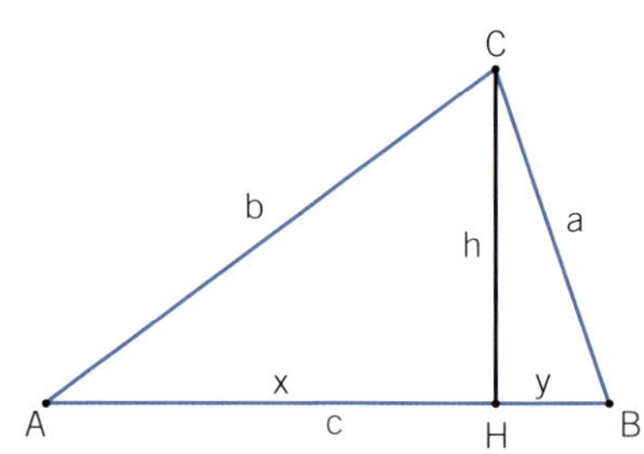

Dreieck

Fläche $a \cdot h_a$

$\sqrt{s \cdot (s - a) \cdot (s - b) \cdot (s - c)}$

$s = \frac{a + b + c}{2}$

Umfang $a + b + c$

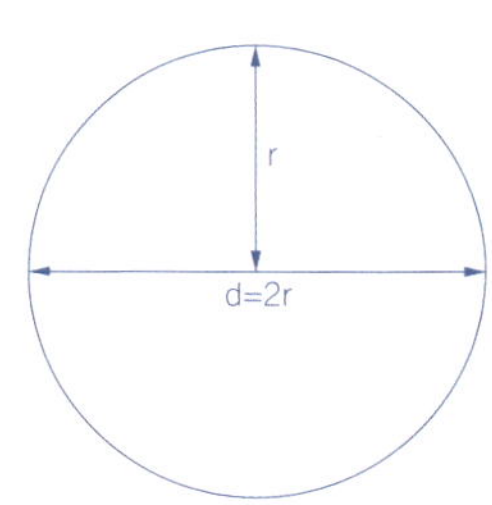

Kreis

Fläche $r^2 \cdot \pi$

Umfang $2\,r \cdot \pi$ oder $d \cdot \pi$

Berechnung geometrischer Körper

Würfel

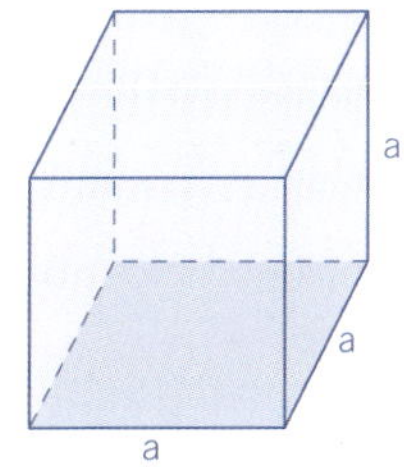

Volumen $a \cdot a \cdot a = a^3$

Oberfläche $6a^2$

Quader

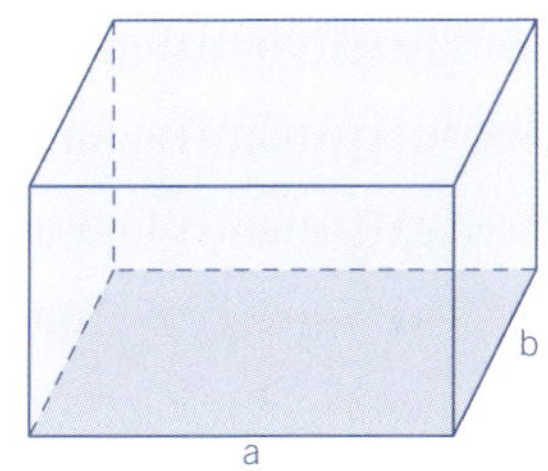

Volumen $a \cdot b \cdot h$

Oberfläche $2(a \cdot b) + 2(a \cdot h) + 2(b \cdot h)$

Zylinder

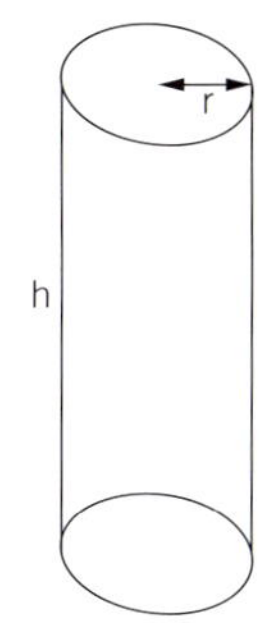

Volumen $r^2 \cdot \pi \cdot h$

Oberfläche $2(r^2\pi) + 2 \cdot r \cdot \pi \cdot h$

Kegel

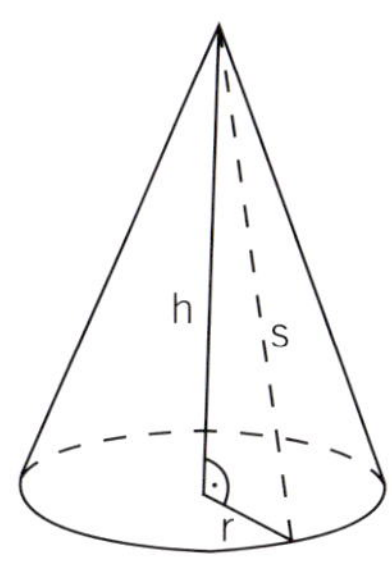

Volumen $\frac{r^2 \cdot \pi \cdot h}{3}$

Oberfläche $r^2\pi + r \cdot \pi \cdot s$

Pyramide

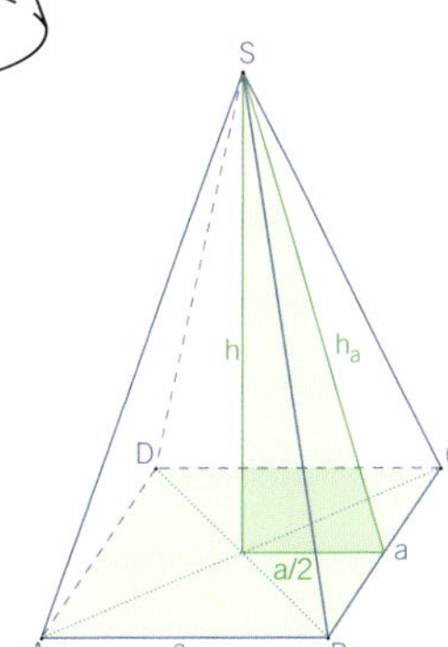

Volumen $\frac{a^2 \cdot h}{3}$

Oberfläche $a^2 + 2\,(a \cdot ha)$

Kugel

Volumen $\frac{4(r^3 \cdot \pi)}{3}$

Oberfläche $4\,r^2 \cdot \pi$

Elektrizität

Mit Elektrizität bezeichnet man die Anziehung bzw. Abstoßung elektrisch geladener Teilchen und den daraus resultierenden elektrischen Stromfluss.

Der elektrische Strom kann nur in einem geschlossenen Stromkreis fließen und entstammt einer Spannungsquelle (Kraftwerk, Batterie, Lichtmaschine ...). Die Leitungen dienen zum Stromtransport zwischen Spannungsquelle und Verbraucher. Es wird zwischen Hin- und Rückleitung unterschieden. Die Hinleitung übernimmt den Stromtransport von der Spannungsquelle zum Verbraucher. Die Rückleitung übernimmt den Stromtransport vom Verbraucher zurück zur Spannungsquelle. Der Verbraucher wandelt die elektrische Energie in eine andere Energieform um (z. B. in Licht, Wärme, Bewegungsenergie).

Gleichstrom

Als Gleichstrom wird jener elektrische Strom bezeichnet, der über die Zeit seine Richtung und Stärke nicht ändert, also zeitlich konstant ist. Praktisch alle elektronischen Geräte im Haushalt wie Radio- und Fernsehempfänger, Computer oder auch die Steuerungen heutiger Waschmaschinen benötigen für ihre Stromversorgung Gleichstrom. Gleichstrom kann durch Gleichrichtung aus Wechselstrom gewonnen werden. Gleichrichter werden daher überall dort eingesetzt, wo Gleichstrom aus dem mit Wechselstrom betriebenen öffentlichen Stromnetz gewonnen werden soll. Weiterhin gibt es auch direkte Gleichstromquellen, wie z. B. galvanische Zellen und fotovoltaische Zellen.

Wechselstrom

Bei Wechselstrom kommt es zu einer laufenden, meist periodischen Änderung der Stromrichtung. Dabei gibt die Frequenz die Zahl der vollständigen Perioden pro Sekunde an. Jede Periode besteht aus einer positiven und einer negativen Phase. Ein Wechselstrom der Frequenz 50 Hz ändert also 100-mal pro Sekunde seine Richtung. Der technische Vorteil von Wechselstrom ist seine leichte Umwandelbarkeit zwischen verschiedenen Spannungen mithilfe eines Transformators. Daher findet Wechselstrom vor allem in öffentlichen Stromversorgungsnetzen Anwendung. In Europa und vielen anderen Ländern der Welt beträgt die Netzfrequenz der Stromversorgung 50 Hz. In Nordamerika und Teilen von Japan kommen dagegen Netzfrequenzen von 60 Hz zum Einsatz.

Drehstrom – Dreiphasenwechselstrom

Eine besondere Form von Wechselstrom ist der Dreiphasenwechselstrom (umgangssprachlich Stark-, Dreh- oder Kraftstrom), wie er in öffentlichen Stromnetzen zur elektrischen Energieverteilung großer Leistungen Verwendung findet. Diese Stromart kommt bei einfach gebauten und robusten Elektromotoren zum Einsatz. Der Drehstrom ist ein Wechselstrom mit drei Phasen (stromführende Leitungen). Der Begriff Drehstrom ist aus der Erzeugung abgeleitet. Dabei werden drei Spulen im 120°-Abstand rund um ein sich drehendes Magnetfeld angeordnet. Dadurch entstehen drei um 120° phasenverschobene sinusförmige Wechselspannungen.

Elektrische Größen

Größe	Formelzeichen	Einheit	Formel	
Spannung	U	V	$U = I \cdot R$	$V = A \cdot \Omega$
Stromstärke	I	A	$I = \frac{U}{R}$	$A = \frac{V}{\Omega}$
Widerstand	R	Ω	$R = \frac{U}{I}$	$\Omega = \frac{V}{A}$
Leistung	P	W	$P = U \cdot I$	$W = V \cdot A$

Spannung

Europäische Normen unterscheiden nach der Spannungshöhe drei Bereiche:

- Kleinspannung (Wechselspannung bis 50 V und Gleichspannung bis 120 V)
- Niederspannung (Wechselspannung bis 1 000 V und Gleichspannung bis 1 500 V)
- Hochspannung (Wechselspannung ab 1 000 V bzw. 1 kV und Gleichspannung ab 1 500 V bzw. 1,5 kV)

Umgewandelt wird die Spannung mittels eines Transformators, auch Umspanner oder Trafo genannt. Netztransformatoren befinden sich in nahezu allen Elektronikgeräten, bei denen die Betriebsspannung von der Netzspannung verschieden ist.

Elektrische Leitungen

Die elektrische Leitung dient zum Transport von elektrischer Ladung und verbindet so Stromquelle und Verbraucher. Der Stromkreis ist somit geschlossen.

Das Material für Stromleitungen muss elektrisch leitfähig sein, wie dies bei Metallen der Fall ist. Der zu verwendende Kabelquerschnitt ist abhängig von:

- der Nennleistung des Geräts
- dem Anlaufstrom des Motors
- der Kabelart
- der Kabellänge
- der Kabelführungsweise
- der Absicherung

Bewegliche Leitung:

Besteht aus dünnen Kupferlitzen, die mit einer Isolation ummantelt sind. Mehrere isolierte Kabelstränge sind zusätzlich in einem Kunststoffschlauch eingebettet.

Auswahl von beweglichen Leitungen:

Beschädigte Anschlussleitungen bei einem Verbrauchsgerät sind durch mindestens gleichwertige Leitungen mit gleichem Querschnitt zu ersetzen.

Kabelquerschnitte:

Aderquerschnitt	0,5 mm²	0,75 mm²	1,0 mm²
Einphasige Verbraucher	7,5 A	11 A	15 A
Drehstromverbraucher	6,5 A	10 A	13,5 A

Leitungen auf Kabeltrommeln dürfen nicht voll belastet werden oder müssen zur Kühlung voll abgerollt werden.

Anschlussregeln für Stecker:

- Der Nennstrom von Steckern muss mindestens so groß sein wie der Gerätenennstrom.
- Verlängerungsleitungen dürfen nie zwei Stecker haben.
- Verlängerungsleitungen dürfen keine Schalter enthalten.
- Keine Verlängerungsleitung ohne Schutzleiter.
- Bei Drehstrom-Verlängerungsleitung Phasenfolge beachten.

Fest verlegte Leitung: Einzelne isolierte Kupferleitungen oder auch gebündelte Leitungen werden in fest montierte Kunststoffrohre verlegt.

Die einzelnen Adern sind mit verschiedenen Farben gekennzeichnet. **Für den Schutzleiter (Erde) darf nur Gelb-Grün verwendet werden.** Wenn eine Leitung einen Nullleiter besitzt, muss diese hellblau sein.

Gewächshäuser gelten als Nassräume und sind entsprechend zu installieren. Ein sorgfältiger Potenzialausgleich ist so durchzuführen, dass alle Metallteile leitend verbunden und an den Schutzleiter angeschlossen werden.

Kabelquerschnitte:

16 A	20 A	25 A	35 A
1 mm²	1,5 mm²	2,5 mm²	4 mm²

Leitungen im Freien

Im Freien verlegte Leitungen müssen durch Schalter, Sicherungen und Stecker abtrennbar sein. Zulässig sind Kabeln mit PVC-Ummantelungen. Ungeschützte frei verlegte Leitungen werden aus schweren gummiummantelten Leitungen ausgeführt.

Auf Baustellen treten wegen des starken Beanspruchung, der Feuchtigkeit und der hohen Erdschlussgefahr am leitenden Boden besondere Gefahren auf. Als Schutzmaßnahme gegen Berührungsspannung ist nur die Fehlerstromschutzschaltung erlaubt. Zur Einspeisung sind auch nur Baustromverteiler, nicht aber Wandsteckdosen zugelassen.

Absicherung

Durch Überbeanspruchung werden die Kabel erwärmt und die Isolation dabei zerstört. Jede Leitung muss daher vor Überlastung und Kurzschluss geschützt werden.

Man unterscheidet:

- Schmelzsicherungen (Stöpselsicherung mit Keramiksicherungspatronen) und
- Leitungsschutzschalter (mit Magnetspule oder Bimetallauslöser)

Bei Überlastung schmilzt entweder ein dünner Draht oder ein sich zusammenziehender Magnet, bzw. ein ausgedehntes Bimetall unterbricht sofort den Stromfluss.

Stromunfälle

Beim unsachgemäßen oder leichtsinnigen Umgang mit (schadhaften) elektrischen Geräten oder elektrischen Leitungen kommt es in erster Linie zu sogenannten Niederspannungsunfällen (bis 1 000 Volt). Sogar Unfälle mit üblichem 230-Volt-Wechselstrom enden nicht selten tödlich.

Ab etwa 50 Volt Wechselspannung ist Stromspannung für Menschen gefährlich. Der Übergang von Haut zum Körperinneren wird überwunden und die Leitfähigkeit des menschlichen Körpers nimmt erheblich zu. Doch nicht die Spannung U, sondern die Stromstärke I ist für einen tödlichen Schlag ausschlaggebend.

Das Ausmaß der Schädigung wird dabei durch mehrere Faktoren bestimmt: Höhe der elektrischen Spannung, Ausmaß der Stromdichte und der Stromstärke, ob es sich um Wechselstrom oder Gleichstrom handelt, usw.

Erste Hilfe bei Stromunfällen

Bei Unfällen mit elektrischem Strom ist der **Selbstschutz** noch wichtiger als bei vielen anderen Unfallarten! In jedem Fall so schnell wie möglich für **Stromunterbrechung, Abschaltung** sorgen:

Niederspannung (bis maximal 1 000 Volt, meist im Gewerbe und in Büroräumen oder Haushalten):

- Stecker ziehen
- Ausschalten
- Sicherung/Sicherungsautomat betätigen

Hochspannung (Anlagen über 1 000 Volt – sind durch Warnschild mit Blitzpfeil gekennzeichnet):

- Sicherheitsabstand einhalten (mindestens 5 m)
- sofort Notruf „Elektrounfall" veranlassen
- Fachpersonal herbeirufen (zum Aus-/Abschalten der stromführenden Gefahrenquelle)
- Rettung aus Hochspannungsanlagen nur durch Fachpersonal!
- Hilfeleistung erst nach dem Eingreifen des Fachpersonals

Maßnahmen am Patienten

- Bei jedem Elektrounfall ständige Kontrolle der Lebensfunktionen (Bewusstsein, Atmung und Kreislauf)
- Versorgung des Verletzten, je nach Zustand
- Rettungsdienst verständigen

Da die Auswirkungen von Stromunfällen, wie z. B. Herzrhythmusstörungen, auch noch mehrere Stunden später auftreten können, ist eine **ärztliche Behandlung in jedem Fall erforderlich.**

2 Gewächshaustechnik

Um in unseren Breiten eine ganzjährige Produktion durchführen zu können, sind je nach Kulturansprüchen verschiedene Kulturräume notwendig. Bauweise, verwendete Materialien und die zu erfüllenden Kulturansprüche bedingen recht große Unterschiede in den Investitionskosten. Sorgfältige Planung und das Einholen mehrerer Angebote sind die Voraussetzung für eine wirtschaftliche Gebäudeinvestition.

Kulturraumarten

Die Anforderungen, die ein Erwerbsgärtner an seine Produktions- und Verkaufsräume stellt, sind einem ständigen Wandel unterworfen – so wie sich die technischen und wirtschaftlichen Gegebenheiten und Möglichkeiten ändern, passen sich auch die Vorstellungen der Gärtner an.

Kulturraumarten

Niederglasflächen	**Folientunnel und Folienhäuser**	**Gewächshäuser**
Erdhäuser	Niederer Tunnel	Normgewächshaus
Kalter Frühbeetkasten	Begehbarer Tunnel	Firmentypen
Warmer Frühbeetkasten	Befahrbarer Tunnel	Großraumhaus
Wanderkasten	Folienhaus	

Anforderungen an Kulturräume

- Je nach Kulturanspruch möglichst ganzjährig nutzbar
- Möglichst gutes Kulturraumklima (Luftfeuchtigkeit, Temperatur, Zugluft ...)
- Leichte Bearbeitbarkeit
- Lange Lebensdauer
- Geringer Wartungsaufwand
- Niedrigerer Energieverbrauch
- Niedrige Entsorgungskosten für Altmaterialien bei Erneuerungen
- Gutes Preis-Leistungs-Verhältnis

Niederglasflächen

Sie sind die ältesten Kulturraumarten und werden aufgrund ihrer produktionstechnischen und arbeitstechnischen Anforderungen kaum mehr verwendet. Ihre Bedeutung liegt noch im Hobbygartenbau und bei Betrieben mit hohem Arbeitskräfteanteil.

Erdhäuser

Aufbau

Der Hauptteil des Kulturraums befindet sich unterhalb der Erde, nur die Dachfläche – häufig Pultdach – ist äußerlich erkennbar. Über mehrere Stufen erreicht man das Hausinnere, was den Material- und Pflanzentransport erschwert. Der Sinn der unterirdischen Anlage liegt in der Nutzung der Erdwärme für Heizungszwecke im Winter und als Kühlung im Sommer. Um den Wärmeverlust gering zu halten, sind die Häuser sehr niedrig gebaut (Stehwandhöhe 140 cm!), was die Bearbeitbarkeit zusätzlich beeinträchtigt. Lüftung und Bewässerung erfolgen meist händisch. Bessere Ausstattungen verfügen über ein Heizungssystem.

Erdhaus

Baumaterialien

- Stehwände: Beton oder Ziegelmauerwerke 20–30 cm stark, Eisenarmierung.
- Dachkonstruktion: meist keine Binderelemente, nur Stahlsprossen mit First- und Traufenpfette; Oberflächenbehandlung – lackiert oder feuerverzinkt.
- Eindeckung: Klarglas oder Blankglas, je nach Format mindestens 3 mm stark.

Einsatzbereiche

- Jungpflanzenanzucht
- Überwinterung nicht winterharter Pflanzen
- Hobbygärtnerbereich

Vor- und Nachteile von Erdhäusern

Vorteile	**Nachteile**
• Geringe Investitionskosten	• Schwer bearbeitbar
• Keine bzw. niedrige Energiekosten	• Kaum automatisierbar
• Gute Pufferwirkung des Erdreichs bezüglich Wärme und Kälte	• Ungünstige Kulturbedingungen aufgrund schlechter Lüftung und geringen Kulturraumes
• Keine störungsanfällige Technik	• Nicht ergonomisch

Kalter Frühbeetkasten

Aufbau:

Im Unterschied zu Erdhäusern stellen die Frühbeetkästen einen nicht begehbaren Kulturraum dar. Alle Kulturarbeiten müssen von außen in gebückter Körperhaltung durchgeführt werden. Auch ist der Luftraum auf ein Mindestmaß eingeschränkt, wodurch Krankheits- und Schädlingsdruck sehr hoch sind. Durch entsprechende Kälteschutzabdeckungen (Vlies, Schilfmatten, Decken, Styropor usw.) kann die Wachstumsperiode um einige Monate gegenüber dem Freilandanbau verlängert werden.

Baumaterialien:

- Beton
- Holz
- Aluminium oder
- Kunststoff für die Umrandungen

Die Abdeckung erfolgt mit Mistbeetfenstern: Holländerfenster (80 × 100 cm), Deutsche Fenster (100 × 150 cm).

Verwendung:

Gemüse-, Beet- und Balkonpflanzenanzucht sowie zur Anzucht von Stauden und Baumschulware. Mit entsprechenden Kälteschutzabdeckungen (Vlies, Schilfmatten, Styropor usw.) Nutzung ab März möglich.

Warmer Frühbeetkasten – Mistbeet

Aufbau und Funktion:

Beim klassischen Mistbeet wird als unterste Schicht eine Mistpackung – eine Mischung aus Laub oder Stroh mit Pferdemist im Verhältnis 3 : 1 – eingebracht. Darüber kommt eine Schicht Mistbeeterde. Die Mistpackung ermöglicht einen raschen Rotteprozess. Die Bakterientätigkeit erwärmt die Erdschicht und den Kulturraum, wodurch ein früherer Kulturbeginn (Ende Februar, Anfang März) erreicht wird.

Baumaterialien siehe kalter Frühbeetkasten, die Bodenfläche kann bei Bedarf betoniert sein.

Kalter Frühbeetkasten

Warmer Frühbeetkasten – Mistbeet

Wanderkasten

Wanderkasten

Funktion:

Wanderkästen sind flexible Kultureinrichtungen, die in Kleingärten eingesetzt werden. Ihr handlicher Aufbau ermöglicht einen raschen Standortwechsel.

Baumaterialien:

Zum leichteren Transport werden sie aus Holz, Kunststoff oder Aluminium hergestellt.

Vor- und Nachteile von Frühbeetkästen

Vorteile	**Nachteile**
• Geringe Investitionskosten • Einfache Handhabung • Universelle Einsatzmöglichkeiten	• Geringes Luftvolumen • Schlechtes Kulturraumklima • Hoher Krankheits- und Schädlingsdruck • Nicht für Kulturen mit hohen Ansprüchen • Hoher Arbeitsaufwand (Bodenbearbeitung, Gießen, Lüften, Kälteschutz ...) • Kaum automatisierbar

Folientunnel und Folienhäuser

Folientunnelsysteme sind aufgrund ihrer unterschiedlichen technischen Ausstattungsvarianten sehr vielseitig einsetzbar. Vor der Anschaffung eines Folientunnels oder Folienhauses ist sein Einsatzbereich unbedingt festzulegen, um anhand konkreter Anforderungen die passende Bauweise auszuwählen.

Niederer Tunnel

Niederer Tunnel

Funktion

Rundbogenkonstruktionen aus Stahlrohren oder Eisenstangen mit einer Durchgangshöhe bis zu 1 m und einer Breite von 140 cm werden mit Folien oder Kunststoffnetzen überspannt. Die Bedeckung wird mittels Kunststoffschnüren befestigt, zur Durchführung einzelner Kulturmaßnahmen muss die Folie hochgezogen oder entfernt werden, was mit einem beträchtlichen Arbeitsaufwand verbunden ist. Der geringe Verfrühungseffekt und der hohe Arbeitsaufwand machen die Verbreitung eher rückläufig.

Begehbarer Tunnel

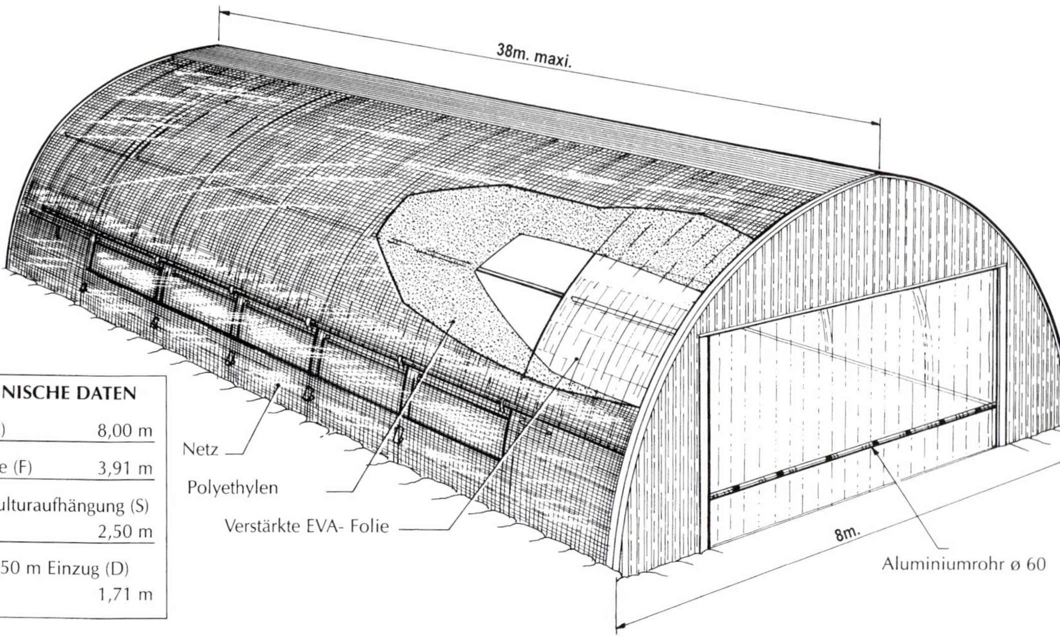

TECHNISCHE DATEN	
Breite (L)	8,00 m
Firsthöhe (F)	3,91 m
Höhe Kulturaufhängung (S)	2,50 m
Höhe 0,50 m Einzug (D)	1,71 m

Aufbau eines Folientunnels

Einfacher begehbarer Folientunnel

Funktion

Im Unterschied zum niederen Tunnel verfügen diese Tunnel über Firsthöhen von bis zu 2 m und Mindestbreiten von 3 m. Durch ihre Begehbarkeit sind die Kulturarbeiten leichter durchzuführen, einfache Lüftungssysteme (seitliches Hochziehen oder Hochkurbeln der Folie – Wickellüftung – oder Aufklappen der Giebelflächen) und einfache Bewässerungen reduzieren den Arbeitsaufwand und verbessern das Kulturraumklima. Begehbare Tunnel werden eher selten mit Heizungssystemen ausgestattet, da kaum Wärmeschutzmaßnahmen angebracht werden.

Wickellüftungen können durch Handkurbel (oben), Kettengetriebe (unten) oder Elektromotor angetrieben werden.

Befahrbarer Tunnel

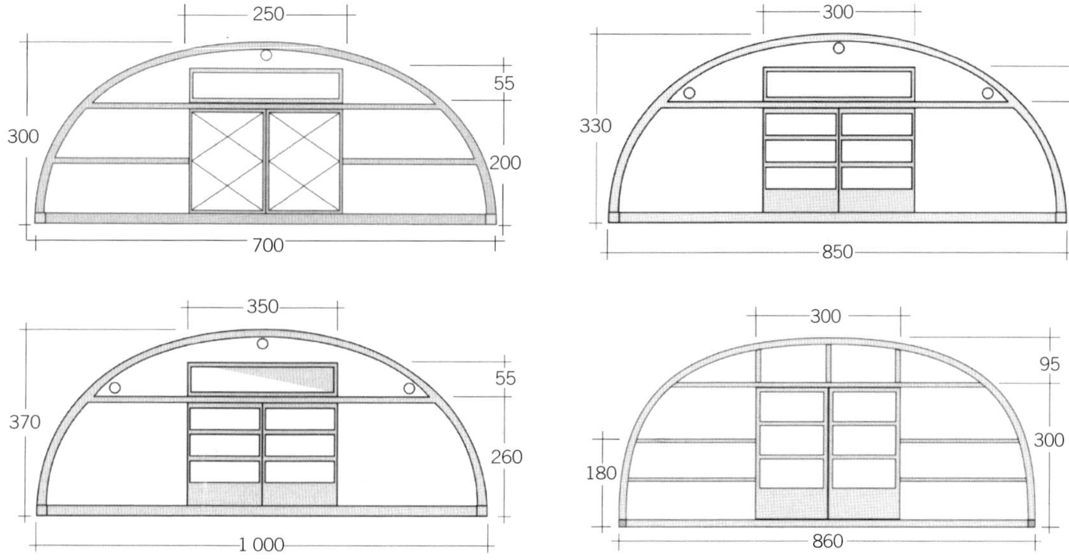

Funktion

Befahrbare Tunnelsysteme haben eine Mindestbreite von 5 m und eine Firsthöhe von mindestens 240 cm. Verbesserte Lüftungssysteme (z. B. Stehwandlüftungen mit Elektrowellenantrieb), eingebaute Luft- oder Rohrheizungen (Vegetationsheizungen) und Doppel- oder Mehrfachfolienbedachungen schaffen ein gutes Kulturraumklima und ermöglichen eine ganzjährige Kultivierung. Meist wird das Raumklima mittels Klimacomputer gesteuert.

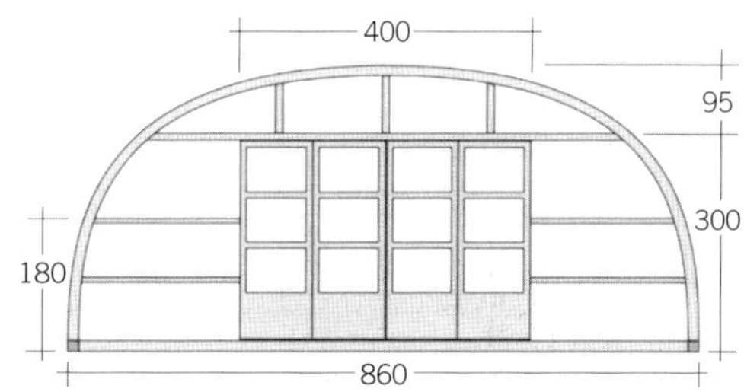

Befahrbare Tunnel

Folienhaus

Funktion

Folienhäuser erfüllen höchste Kulturansprüche. Durch hochwertigste technische Ausstattungen erreichen sie Kulturraumstandards wie Gewächshäuser, und das bei wesentlich geringeren Investitionskosten. Neben automatischen Lüftungen, verschiedenen Heizungssystemen, automatischen Bewässerungen und hochwertigen Inneneinrichtungen (Rolltische, Mobiltische) gehören auch Energieschirme und Schattierungen zur Grundausstattung von Folienhäusern. Geregelt werden Klima, Bewässerung und Düngung über einen Klimacomputer. Die Eindeckung erfolgt meist mit hochwertigen Folien in Doppel- oder Mehrfachfolienausführung.

Baumaterialien für Folientunnels und -häuser

Die Fundamente werden je nach Tunnelart als Punkt- oder Streifenfundament ausgeführt. Die Binderelemente bestehen aus feuerverzinkten Stahlrohren. Als Eindeckungsmaterial kommen je nach Anspruch verschiedene Folienarten zur Verwendung.

Mehrschiffige Folienhaus-Anlage

Anforderungen an die Tunnelfolie

- Hohe Lichtdurchlässigkeit, mind. 85 %
- Hohe Alterungsbeständigkeit, mind. 5 Jahre
- Geringe Kondenswassertropfenbildung
- Hohes Wärmerückhaltevermögen

Eigenschaften und Anwendungsbereiche verschiedener Kunststoffprodukte

Bezeichnung	**Eigenschaften**	**Anwendung**
Polyethylen, hart (PE HD-High Density) Polyethylen, weich (PE LD-Low Density)	Hohe Lichtdurchlässigkeit (89–93 %), geringe UV-Stabilität, rasche Alterung (vergilbt, wird spröde), Haltbarkeit mit UV-Stabilisator 2–3 Jahre, geringes Wärmerückhaltevermögen, schwimmt im Wasser, preisgünstig	Tunnel- und Gewächshausfolien, Mulch- und Verdunkelungsfolien, Schlitzfolien, Noppenfolien, Baufolien, Schattierfolien, Töpfe, Container, Eimer, Kanister, Verpackungen usw.
Polyvinylchlorid, hart (PVC u-unplasticized) Polyvinylchlorid, weich (PVC p-plasticized)	Hohe Lichtdurchlässigkeit (87–91 %), Haltbarkeit 3–4 Jahre, hohe Hagelempfindlichkeit, geringe Wärmedurchlässigkeit – gutes Wärmerückhaltevermögen, schwimmt nicht, beim Verbrennen entsteht Säuregeruch, relativ teuer	Tunnelfolien und Lichtplatten, Teichfolien, Kisten, Topfplatten, Rohre, Schläuche, Planen usw.
EVA (Ethylenvinylacetet)	Hohe Lichtdurchlässigkeit (91–94 %), Haltbarkeit ca. 3 Jahre, gutes Wärmerückhaltevermögen	Tunnel- und Gewächshausfolien
ETFE (Ethylen-Tetrafluorethylen-Copolymer)	Hochwertige Folie, wird auch als F-Clean-Folie bezeichnet, hohe Lichtdurchlässigkeit (92–96 %), Lebensdauer 15–20 Jahre, sehr gutes Wärmerückhaltevermögen	Tunnel- und Gewächshausfolien

Bezeichnung	Eigenschaften	Anwendung
Polycarbonat (PC)	Hohe Lichtdurchlässigkeit (91–96 %), sehr gute Haltbarkeit, ca. 10 Jahre, sehr gutes Wärmerückhaltevermögen	Lichtplatten (Stegdoppelplatten) zur Gewächshauseindeckung

Vor- und Nachteile von Foliensystemen

Vorteile	Nachteile
• Vielfältige Angebotspalette	• Je nach Ausführung nicht immer optimales Kulturraumklima
• Je nach Ausführung auch für höchste Kulturansprüche geeignet	• Ohne technische Ausstattung hoher Arbeitsaufwand
• Gut automatisierbar	• Hoher Energieverbrauch
• Mit entsprechender technischer Ausstattung reduzierter Arbeitsaufwand	
• Vielfältiger Einsatzbereich	
• Kostengünstig	
• Rasche Aufstellung	

Gewächshäuser

Sie erfüllen höchste Kulturansprüche und können mit entsprechenden Einrichtungen eine vollautomatische Produktion ermöglichen. Die hohen Investitionskosten erfordern eine sorgfältige Planung und Abstimmung der Ausstattung auf die jeweilige Kultur bzw. Produktionsrichtung.

Einteilungskriterien

Kriterium	Bezeichnungen
Bauweise	Einschiffig, mehrschiffig
Gewächshaustyp	• Normgewächshäuser • Venlohäuser • Firmentypen
Dachformen	• Satteldach • Pultdach • Bogendach • Sheddach
Temperaturführung	• Warmhaus ab 18 °C • Temperiertes Haus 12–18 °C • Kalthaus 5–10 °C • Überwinterungshaus 1–3 °C

Kriterium	Bezeichnungen
Nutzungsart	Produktionsgewächshaus Verkaufsgewächshaus Pflanzenschauhaus

Gewächshausbestandteile

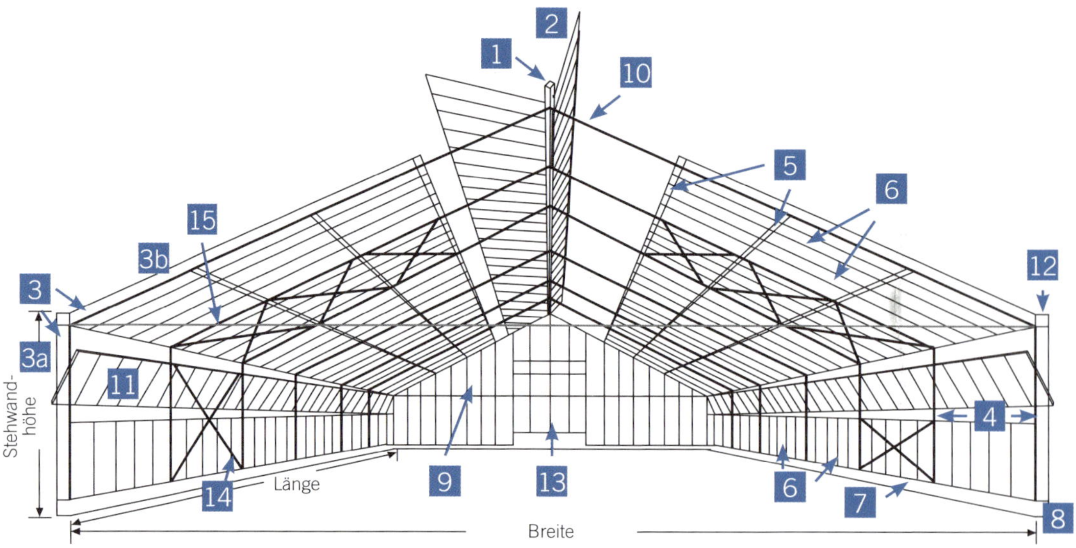

Gewächshausbestandteile

1 First
2 Firstpfette
3 Binder (Vollbinder)
3a Rahmenstiel
3b Rahmenriegel
4 Binderabstand (Rastermaß)
5 Pfetten (Längsunterzüge)
6 Sprossen (Querunterzüge)
7 Fundament (Streufenfundament)
8 Fundamentsockel
9 Giebeldreieck
10 Firstlüftung
11 Stehwandlüftung
12 Rinne/Traufe
13 Tür
14 Windverband
15 Zugband

Fundament

Funktion

Das Fundament ist der Unterbau der Gewächshauskonstruktion, nimmt Kräfte des Gewächshauses (Gewicht der Konstruktion, Schneelasten, Windlasten usw.) auf und überträgt sie auf den Boden. Außerdem wendet es verschiedene Umwelteinflüsse (Wasser, Kälte, Schnee ...) ab.

Ausführung

Je nach statischen Anforderungen werden Fundamente auf eine Mindesttiefe von 80 cm (Frosttiefe) ausgeführt. Als Baumaterialien werden Beton und Eisenarmierungen verwendet. Um die hohen Ansprüche des Aufbaus zu erfüllen, ist auf eine fachgerechte Ausführung zu achten.

Fundamentbauarten

- Streifenfundament
- Punktfundament

Streifenfundament

Streifenfundamente werden durchlaufend hergestellt und umschließen den gesamten Gewächshausumfang.

Punktfundament

Punktfundamente werden nur unterhalb der Binderelemente ausgeführt, bei Gewächshäusern nur im Inneren, z. B. bei mehrschiffiger Bauweise oder bei Folientunnelsystemen auch bei Außenstehwänden.

Streifenfundament

Punktfundament

Binder

Funktion

Binder bilden die Tragkonstruktion des Gewächshauses. Sie müssen sämtliche Kräfte aus dem Dach-, Giebel- und Stehwandbereich auf das Fundament übertragen. Daneben dienen sie zur Anbringung vieler Gewächshaus-Einrichtungselemente (Energieschirm, Schattierung, Beleuchtung, Heizung, Stellagen, Bewässerung usw.). Je nach Ausführung werden sie meist aus feuerverzinktem Stahl in verschiedenen Profilformen (I-, T- oder L-Profil) hergestellt. Zur Verbesserung der Stabilität und zur Materialeinsparung werden in Traufenhöhe Zugbänder oder eigene Gitterunterzüge eingebaut.

Bauarten

- Vollbinder mit Zugband oder Gitterunterzug
- Gitterbinder
- Fachwerkkonstruktion

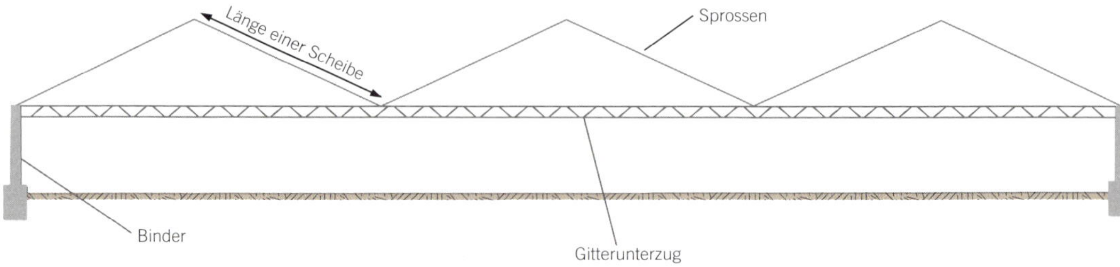

Gewächshauskonstruktion mit Gitterunterzug ohne Binder im Dach

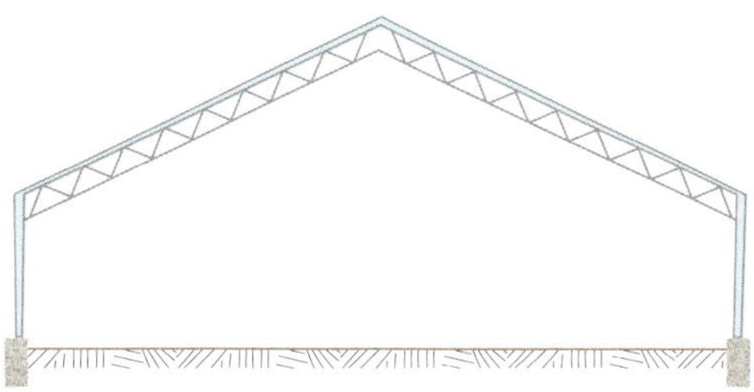

Gewächshauskonstruktion mit Gitterbindern im Dachbereich.

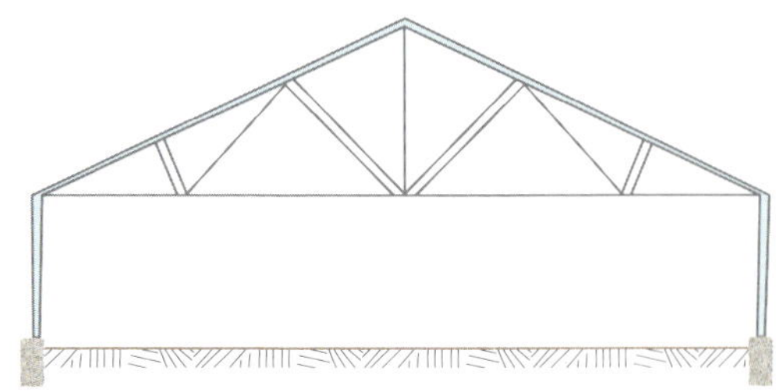

Gewächshaus mit Fachwerkkonstruktion im Dach.

Pfetten

Pfetten

Funktion

Sie stellen die Längsunterzüge der Dachkonstruktion dar und sind über Schraubverbindungen auf die Binder aufgesetzt. Als Formen kommen U-Profile und Spezialprofile bei First-, Lüftungs- und Traufenpfetten zum Einsatz. Feuerverzinkter Stahl und Aluminium sind die Hauptmaterialien.

Sprossen

Funktion

Sie nehmen das Eindeckungsmaterial auf und sind direkt auf die Pfetten geschraubt. Aluminium und feuerverzinkter Stahl sind die heute gebräuchlichen Materialien. Wurde früher das Eindeckungsmaterial mittels Kitt befestigt, so wird heute ausschließlich kittlos gearbeitet. Kunststoffdichtungen sorgen für einen dichten Abschluss und eine verbesserte Wärmedämmung. Metallische Sturmhalteklammern und Abdeckleisten aus Kunststoff garantieren eine optimale Befestigung der Glasscheiben oder der Kunststoffeindeckungen.

Eindeckungsmaterialien

Folgende Materialien zur Eindeckung finden Verwendung

Glaseindeckungen	**Kunststoffprodukte**
• Gartenblankglas	• Folien
• Gartenklarglas	• Einfachplatten
• Isolierglas	• Stegdoppelplatten
• Sicherheitsglas	• Stegdreifachplatten

Anforderungen

- Hohe Lichtdurchlässigkeit, mind. 85 %
- Gute Alterungsbeständigkeit
- Hohe Bruchsicherheit
- Guter Wärmedämmwert
- Geringes Flächengewicht
- Leichte Verarbeitbarkeit
- Wiederverwendbarkeit bzw. geringe Entsorgungskosten
- Gutes Preis-Leistungs-Verhältnis

Funktion

Das Eindeckungsmaterial bewirkt den Gewächshauseffekt oder die sogenannte Wärmefalle. Die Erwärmung des Kulturraumes erfolgt dadurch, dass kurzwellige Lichtstrahlen (ultraviolettes Licht – UV) beim Auftreffen auf dunkle Körper im Inneren des Kulturraums in langwellige Wärmestrahlen (Infrarotstrahlen – IR) umgewandelt werden. Die Verwendung von Eindeckungsmaterialien mit höheren Wärmedämmwerten oder der gezielte Einsatz von Energieschirmsystemen kann in der kühleren Jahreszeit sehr viel Energie einsparen. Die Eindeckung schützt die Kultur also nicht nur vor äußeren Witterungseinflüssen (Regen, niedere Temperatur, Wind, Sturm, Hagel, intensive Sonneneinstrahlung usw.), sondern kann auch wesentlich den Energieverbrauch einer Anlage beeinflussen.

Gartenblankglas

Diese Glasart ist ein gezogenes Flachglas mit ebener Oberfläche, farblos und vollkommen durchsichtig. Blankglas hat den höchsten Verbreitungsgrad unter den Glasarten und gilt mit seiner hohen Lichtdurchlässigkeit (89–93 %) als optimales Eindeckungsmaterial für Kulturen mit hohen Lichtansprüchen. Die Verarbeitungsstärke beträgt häufig 4 mm.

Gartenklarglas

Durch eine genörpelte Innenseite werden die Lichtstrahlen stärker gestreut und dadurch die Bildung strenger Schattenlinien verhindert. Dieses Glas ist durchscheinend, aber nicht durchsichtig. Moderne Anlagen haben aufgrund materialsparender Dachkonstruktionen und zarterer Bauelemente in der Innenausstattung geringere Schattenwirkungen, und somit wird heute kaum mehr Gartenklarglas verwendet.

Isolierglas

Isolierglas besteht entweder aus zwei miteinander verklebten Einzelscheiben oder aus miteinander verschweißten Scheiben (Ganzglasisolierscheiben). Der Zwischenraum ist mit Luft oder mit CO_2 gefüllt. Gase sind schlechte Wärmeleiter, wodurch eine sehr gute Wärmedämmung und damit ein hoher Energieeinsparungseffekt erreicht werden kann. Durch die Aufbringung von zusätzlichen Isolierbeschichtungen (Edelmetallschicht) kann der Dämmwert weiter erhöht werden, gleichzeitig nimmt aber die Lichtdurchlässigkeit ab und die Investitionskosten steigen wesentlich. Nicht nur der höhere Anschaffungspreis, auch die höheren Ansprüche an die Gewächshauskonstruktion aufgrund des höheren Flächengewichts und negative Auswirkungen auf das Gewächshausklima (höhere Luftfeuchtigkeit, reduzierter Luftaustausch) führen eher zur rückläufigen Verwendung von Isolierverglasungen.

Sicherheitsglas

Diese Glasart muss bei Verkaufsanlagen angewendet werden, um den Kundenbereich vor gefährlichen Glasbruchstücken zu schützen. **Sicherheitsglas ist ein Verbundglas, das wie Glas von Autoscheiben durch eine aufgebrachte Folie in kleine Stücke splittert und eine verringerte Verletzungsgefahr bedingt.**

2 Arten:

- Einschiebensicherheitsglas
- Verbund-Sicherheitsglas

Folien

Wie bei Tunnelsystemen können auch Gewächshäuser mit verschiedenen Folien (siehe Übersicht Eigenschaften und Anwendungsbereiche verschiedener Kunststoffe) vor allem kostengünstig eingedeckt werden. Die hohen Kulturansprüche und eine doch meist mittelfristige Produktionsausrichtung rechtfertigen aber doch die Verwendung von hochwertigeren Produkten wie Kunststoffplatten oder Glaseindeckungen.

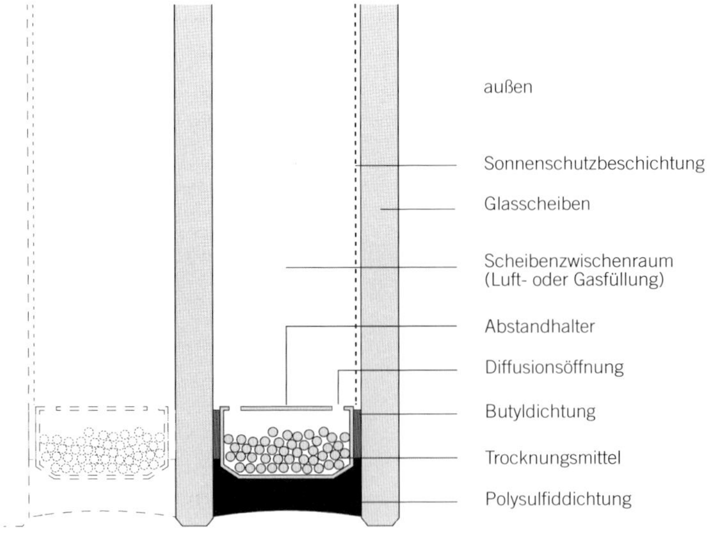

Aufbau einer Isolierverglasung; wird hauptsächlich für Seitenwände verwendet, am Dach Einfachglas

Einfachplatten

Einfachplatten werden ähnlich eingesetzt wie Einfachverglasungen, nur weisen die Platten bei gleicher Stärke geringere Steifheiten auf. Ihre Vorteile liegen in der leichten Verarbeitbarkeit und in der besseren Wärmedämmung.

Stegdoppelplatten und Stegdreifachplatten

In unmittelbarer Konkurrenz zu Glas stehen Stegdoppelplatten. Sie verfügen über eine hohe Stabilität durch den zweischichtigen Aufbau und die eingearbeiteten Verbindungsstege, sodass sie in wesentlich größeren Plattenformaten als Glas verarbeitet werden können; das spart Material und wirft weniger Schatten. Bei zu geringer Auflage an den Sprossen besteht bei großen Platten und extremer Kälte die Gefahr des Herausrutschens, da die Platten stärker schrumpfen. Vorteilhaft ist außerdem die durch den Lufteinschluss hervorgerufene bessere Wärmedämmung, das geringere Flächengewicht, die gute Lichtdurchlässigkeit, die relativ hohe Alterungsbeständigkeit, die geringe Hagelempfindlichkeit und die leichte Bearbeitbarkeit.

Gewellte Plexiglas-Platte

Stegdoppelplatten

Vergleich Glas- und Kunststoffeindeckungen

Eindeckungsart	**Vorteile**	**Nachteile**
Glas	• Hohe Lichtdurchlässigkeit • Hohe Alterungsbeständigkeit • Leichte Reinigung • Geringe Entsorgungskosten	• Geringer Wärmedämmwert • Hohe Hagelempfindlichkeit • Hohes Flächengewicht • Schwere Bearbeitbarkeit • Nur Sicherheitsglas für Verkaufsanlagen zugelassen
Kunststoffplatten	• Gute Lichtdurchlässigkeit • Geringe Hagelempfindlichkeit • Sehr gute Wärmedämmung • Geringeres Flächengewicht • Leichte Bearbeitbarkeit • Auch für Verkaufsanlagen geeignet	• Vergilbung des Materials • Schwerere Reinigung • Entflammbarkeit • Hohe Entsorgungskosten

Wiederholungsfragen

1. Welche Kulturraumarten unterscheidet man?
2. Welche Anforderungen werden an Kulturräume gestellt?
3. Wie funktioniert ein warmer Frühbeetkasten?
4. Welche Folientunnelarten unterscheidet man?
5. Welche Anforderungen werden an Tunnelfolien gestellt?
6. Nenne Vor- und Nachteile von Folientunnelsystemen.
7. Nenne Einteilungskriterien für Gewächshäuser.
8. Skizziere ein Gewächshaus und benenne die wesentlichen Einzelbestandteile.
9. Nenne Anforderungskriterien für Gewächshauseindeckungen.
10. Vergleiche Glas- und Kunststoffeindeckungen nach ihren Vor- und Nachteilen.

Kulturflächen im Gewächshaus

- Bodenbeete
- Grundbeete
- Bank- und Trogbeete
- Fixtische
- Rolltische
- Mobiltische
- Gehänge/Stellagen

Um die Arbeitsabläufe möglichst effizient und ergonomisch durchführen zu können, verfügen die einzelnen Kulturräume über verschiedene Kulturflächenarten. Je nach Kulturanspruch und Betriebsorganisation werden die verschiedenen Kulturen bei optimaler Flächenausnutzung entweder in Bodennähe (Bodenbeete, Grundbeete, Bank- oder Trogbeete) auf Tischhöhe (Fixtische, Rolltische, Mobiltische) oder über Kopf (Stellagen, Gehänge) kultiviert. In Abstimmung auf die Transportsysteme im Betrieb erfolgt auch die Unterteilung in Kultur-, Weg- und Arbeitsfläche. Auf den folgenden Seiten finden Sie detaillierte Beschreibungen der Kulturflächenarten.

Kleinflächige Gurkenkultur in Bodenbeeten

Bodenbeete

Die Pflanzen werden dabei ebenerdig im natürlich gewachsenen Boden kultiviert. Aufgrund des großzügigen Platzangebots im Wurzelraum und der hohen Pufferkapazität können die Bewässerungsintervalle lang gehalten werden, wodurch das Kulturraumklima positiv beeinflusst wird. Bodenbeete sind kostengünstig, jedoch bezüglich Ergonomie und bezüglich der Schädlings- und Krankheitsübertragung über den Boden nachteilig. Ihr Haupteinsatz ist bei Schnittblumenkulturen, im Gemüsebau und in der Baumschule.

Grundbeete

Bei Grundbeeten gibt es keinen Kontakt zwischen Kultursubstrat und der Erde des Kulturraums. Die Pflanzen werden in einem eigenen Substrat kultiviert und stehen in Töpfen, Containern oder Säcken. Der Kulturraumboden ist mit verschiedenen Materialien abgedeckt. Grundbeete bieten bezüglich des reduzierten Krankheitsdrucks bodenbürtiger Schaderreger Vorteile gegenüber Bodenbeeten, da Bekämpfungsmaßnahmen und ein eventueller Substratwechsel einfacher durchzuführen sind.

Möglichkeiten zur Bodenabdeckung:

- Vlies
- Folien
- MyPex®
- Beton
- Kies

Erdbeerkultur in Foliengewächshaus, Bodenabdeckung mit MyPex®. Die Lüftung erfolgt hier durch aufstellbare Lüftungs-Segmente der Tunnelwand.

Viele Schnittblumen wurden traditionell in Trog- oder Bankbeeten kultiviert.

Bank- und Trogbeete

Bank- und Trogbeete sind Boden- bzw. Grundbeete, die zur besseren Bearbeitung etwas erhöht angebracht werden. Umrandungen zwischen 30 und 50 cm bilden bei Bankbeeten die Beetabgrenzungen, während die Kulturfläche mit Erden oder Substraten aufgefüllt wird. Trogbeete sind wannenförmig ausgeführt, damit wie bei Grundbeeten kein Kontakt zum Boden des Kulturraums gegeben ist. Rolltrogbeete verfügen wie Rolltische über Unterbauten, sodass für Bearbeitungsmaßnahmen Arbeitswege „freigerollt“ werden können. Beide Systeme sind ergonomisch vorteilhaft, da die Arbeitshaltung wesentlich besser ist als bei Boden- oder Grundbeeten.

Fixtische

Tischsysteme sind von der Bearbeitbarkeit den anderen Kulturflächenarten wesentlich überlegen. Die Arbeitshöhen können meist zwischen 60 und 80 cm verstellt werden und die Tischbreiten liegen zwischen 2 und 2,40 m. Bei Fixtischen müssen zur Durchführung der Kulturarbeiten ausreichend breite Wegflächen vorhanden sein, was den Nutzflächenanteil auf 70–75 % reduziert. Vorteilhaft sind Fixtische in Verkaufsanlagen, da sie von allen Seiten zugänglich sind; für Produktionsanlagen sind sie eher nicht geeignet. Generell eignen sich Tischsysteme vorwiegend zur Produktion von Topfpflanzen.

Rolltische

Rolltische sind auf dem Unterbau verschiebbar und können um eine Wegbreite (40–70 cm) verschoben werden. Für Kulturarbeiten wird der Arbeitsweg „freigerollt“ und die Tischfläche ist damit von einer Seite oder bei geringerer Wegbreite von beiden Seiten bearbeitbar. Durch diese Anordnung kann der Nutzflächenanteil auf 85 % erhöht werden.

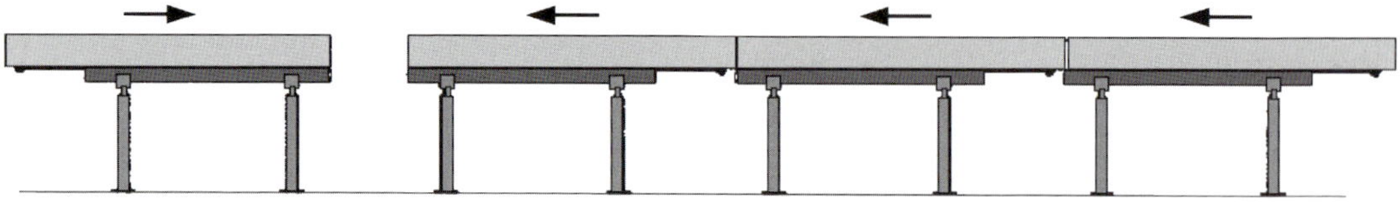

Rolltische

Mobiltische

Mobiltische ermöglichen die höchste Platzausnutzung im Kulturraum (Nutzflächenanteil <90 %), da der gesamte Kulturraum als Tischfläche genutzt werden kann. Neben der Tischfläche sind nur Transport- und Kontrollwege notwendig, da sämtliche Kulturarbeiten in speziellen Arbeitsräumen durchgeführt werden. Die Kulturen werden dafür über Rollbahnen oder andere Transportsysteme voll oder halbautomatisch dorthin befördert. Übertischhebegeräte ermöglichen die Selektion einzelner Tische.

Um die einzelnen Arbeitsabläufe noch rationeller gestalten zu können, sind die Arbeitsräume bzw. Arbeitshallen meist mit Topfmaschinen, Rück- und Aufstellungsautomaten und Pflanzrobotern ausgestattet. Die Arbeitsabläufe werden EDV-mäßig vorbereitet, gesteuert und kontrolliert. Zur Erhöhung des Nutzflächenanteils können Mobiltischsysteme auch für 2-Lagen- oder 3-Lagen-Kulturen verwendet werden. Dabei werden mehrere Produktionsebenen übereinander angeordnet. Zur Abdeckung des notwendigen Lichtbedarfs in den unteren Etagen wird eine Zusatzbelichtung eingebaut, auch werden die einzelnen Ebenen mehrmals untereinander getauscht. Die hohen Investitionskosten für Mobiltischsysteme sind vor allem durch die notwendigen Transportsysteme und die Ausstattung der Arbeitshallen sowie die aufwendige Steuerungstechnik begründet, weshalb derartige Ausrüstungen nur für große Betriebe wirtschaftlich interessant sind.

Mobiltische

Gehänge/Stellagen

Um den teuren Kulturraum optimal zu nutzen, wurden zusätzliche Produktionsflächen in Form von Gehängen und Stellagen geschaffen. Die Anbringung erfolgt meist über Kopf außerhalb der Bewegungszonen bzw. Wegflächen der Kulturräume. Die schwere Erreichbarkeit zur Durchführung von Kulturarbeiten und der Schattenwurf auf darunter befindliche Kulturen haben die Verwendung von Gehängen und Stellagen auf ein Minimum reduziert.

Gehänge/Stellagen

Kulturraumeinrichtungen

Um das Kulturraumklima optimal zu gestalten, sind neben gut ausgeführten Hüllflächen auch technische Anlagen zum geregelten Luftaustausch, zur Regelung der Sonneneinstrahlung und Temperatur sowie zur Senkung des Energieverbrauchs notwendig.

Kulturraumeinrichtungen

Lüftungen	Schattierungen	Energieschirm	Verdunkelungs-anlagen
Freie Lüftungen	Innenschattierung		
Zwangslüftung	Außenschattierung		
	Dauerschattierung		
	Materialien für bewegliche Schattierungen		

Lüftungen

Aufgaben

- Rascher Luftaustausch – Luftwechselzahl über 50 (die Luftwechselzahl gibt an, wie oft das egsamte Luftvolumen eines Raumes bzw. Gebäudes pro Stunde ausgetauscht wird)
- Temperaturregelung
- Luftfeuchtigkeitsregelung

Technische Anforderungen

- Guter Lüftungseffekt
- Störungsfreier Betrieb
- Einfache Technik
- Sturmsicherheit
- Großer Öffnungswinkel
- Einfache Bedienung

Freie Lüftungen

Funktion

Dabei erfolgt der Luftaustausch über zu öffnende Teile der Gewächshaushüllfläche und aufgrund von Unterschieden der Temperatur, der Luftfeuchtigkeit und der Windgeschwindigkeit zwischen Außenluft und Gewächshausluft.

Die auf den nächsten Seiten beschriebenen Lüftungssysteme unterscheiden sich durch ihre Bauart voneinander.

Einflüsse auf den Wirkungsgrad

- Größe der Lüftungsflächen
- Ort der Anbringung der Lüftungsflächen
- Temperaturunterschied
- Luftfeuchtigkeitsunterschied
- Windgeschwindigkeit und Windrichtung

Firstlüftung

Die Lüftungsklappen sind an der Firstpfette angebracht und ermöglichen einen optimalen Luftaustausch. Je nach Windgeschwindigkeit und Windrichtung müssen verschiedene Klappenstellungen berücksichtigt werden, um zu hohe Windgeschwindigkeiten im Kulturraum zu vermeiden und die Konstruktion nicht zu gefährden. Umso größer der Öffnungswinkel (mind. 15° über der Firstwaagrechten) der Lüftungsklappen, umso besser der zu erreichende Luftaustausch.

Dachlüftungen

Bei Cabriohäusern oder aber auch bei Großraumhäusern (Breiten ab 18 m) wird entweder die gesamte Dachfläche im Traufenbereich hochgeklappt (Cabriohaus) oder es werden ergänzend zur Firstlüftung im Dachbereich zusätzliche Lüftungsklappen eingebaut (Großraumhaus), um einen verbesserten Lüftungseffekt zu erzielen.

Firstlüftung bei mehrschiffigem Gewächshaus

Dachlüftungssysteme bei Cabriohäusern

Stehwandlüftung

Stehwandlüftung

Sie greift in die Traufenpfetten ein und öffnet Teile des Stehwandbereichs des Kulturraums. In Kombination mit einer Firstlüftung wird ein sehr guter Luftaustausch erreicht, da über die Stehwandlüftung frische, kühlere Luft ins Gewächshaus gelangen kann, während erwärmte Luft über die Firstlüftung rasch abgeleitet werden kann.

Giebellüftung

Diese Lüftungsart kommt meist bei Folientunnelsystemen zur Anwendung und ist auf Gebäudelängen bis zu 30 m beschränkt. Giebelelemente werden dabei meist händisch hochgeklappt, damit die Luft durch den Kulturraum streichen kann.

Zwangslüftung

Funktion

Im Gegensatz zur freien Lüftung wird bei der Zwangslüftung der Luftaustausch durch Ventilatoren, die meist im Giebelbereich eingebaut sind, erzwungen. Die Ventilatoren saugen die Luft aus dem Kulturraum und gleichzeitig strömt über bewegliche Lüftungsklappen Frischluft auf der gegenüberliegenden Seite in den Kultur-

Giebellüftung bei einem Folienhaus

Lüftungsventilatoren für Zwangslüftung im Giebel, seitlich Stehwandlüftung

raum. Um einen besseren Kühleffekt zu erzielen, können vor den Lüftungsklappen Kühlmatten angebracht werden. Über sie wird kaltes Wasser verrieselt und dadurch die einströmende Luft entsprechend gekühlt. Außerdem können an den Lüftungsklappen Insektenschutzgitter angebracht werden und so der Insekteneintrag (Blattläuse usw.) verhindert werden. Haupteinsatzbereiche sind Folientunnelsysteme mit Anbringung im Giebelbereich.

Vor- und Nachteile von Zwangslüftungen

Vorteile	**Nachteile**
• Witterungsunabhängiger Luftaustausch	• Hohe Betriebskosten
• Geringe Investitionskosten	• Lärmbelästigung
• Kühlmöglichkeit	• Gefahr von Zugluftbildung
• Erhöhung der Fotosyntheseleistung	

Schattierungen

Je nach Bauart unterscheidet man Systeme zur Innen-, Außen- und Dauerschattierung.

Anforderungen

- Reduzierung der Sonneneinstrahlung
- Senkung der Lufttemperatur
- Senkung der Pflanzentemperatur

Funktion

Je nach Pflanzenart und Entwicklungsstadium sind die Licht- und Wärmeansprüche der Pflanzen unterschiedlich. Um ein optimales Wachstum zu garantieren, muss das Kulturraumklima den Ansprüchen so weit wie möglich gerecht werden.

Ist die Strahlungsintensität zu hoch, entstehen Licht- bzw. Wärmeschäden. Da die Pflanzentemperatur (Blatttemperatur) bei intensiver Sonneneinstrahlung um bis zu 15 °C höher sein kann als die Lufttemperatur, muss durch gezielte Schattierung die Lichtintensität reduziert werden und folglich sinken Luft- und Blatttemperatur. Hat man früher durch das Aufbringen von Schattierfarben (z. B. Kalk) in den Sommermonaten eine Dauerschattierung erreicht, so werden heute verschiedene Gewebearten als bewegliche Schattierungen in oder außerhalb des Dachbereichs des Kulturraums angebracht und vollautomatisch gesteuert. Damit kann je nach Sonnenintensität und je nach Anspruch der Kultur die Einstrahlungsintensität geregelt werden. Als Sensoren dienen Fotozellen, die die Strahlungsintensität ermitteln und über zwischengeschaltete Verzögerungsautomaten ein Schließen bzw. Öffnen der Schattierungen steuern.

Innenschattierung

Die Schattiergewebevorrichtungen sind dabei im Dachraum des Kulturraums angebracht. Oft werden sie in Traufenhöhe als Einheiten von Binder zu Binder installiert, wodurch andere Inneneinrichtungen problemlos an den Bindern bzw. Zugbändern befestigt werden können. Meist werden Innenschattierungen auch mit Energieschirmen kombiniert, dadurch werden Investitionskosten aufgrund gemeinsamer Installations- und Antriebstechnik gespart. Nachteilig wirken sich dabei die teilweise gegensätzlichen Aufgaben aus. Während Schattiergewebe eine möglichst gute Luftzirkulation gewährleisten sollten, sollten Gewebe zur Energieeinsparung möglichst dicht sein, um einen Wärmeverlust nach außen bzw. das Eindringen von Kälte so gut wie möglich zu verhindern. Verschiedene Materialkombinationen und Gewebearten machen jedoch einen praxistauglichen Kompromiss möglich. Bei der Anbringung

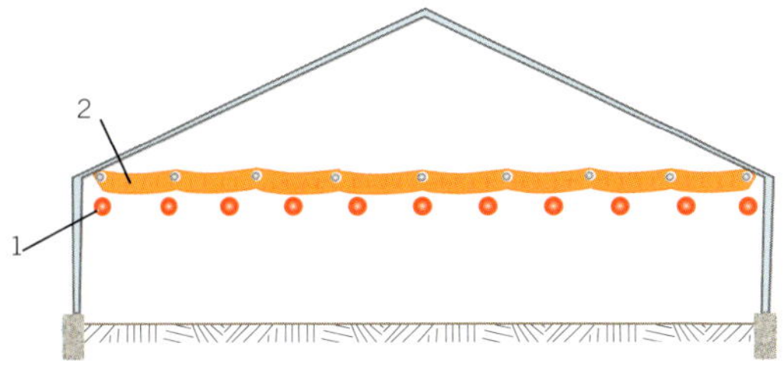

In Höhe der Traufe installierte Schattierung (2). Die Gewebebahnen werden in Längsrichtung bewegt. Die Anbringung erfolgt oberhalb der Heizungsrohre (1). Eine gute Wärmedämmung ist gegeben, die Lüftung wird allerdings relativ stark beeinträchtigt.

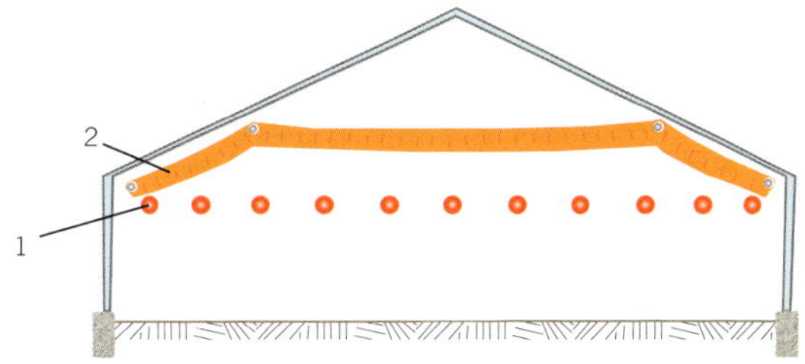

In Höhe der Traufe installierte Schattierung (2). Die Gewebebahnen werden in Längsrichtung bewegt. Die Anbringung erfolgt oberhalb der Heizungsrohre (1). Eine gute Wärmedämmung ist gegeben, die Lüftung wird allerdings beeinträchtigt.

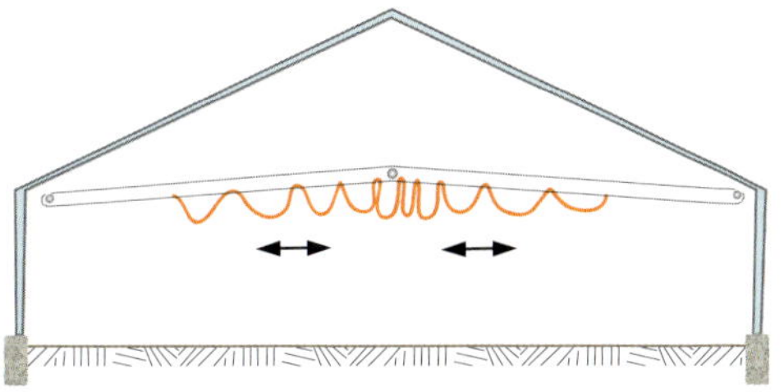

In Höhe der Traufe installierte Schattierung. Die Gewebebahnen werden quer zur Längsachse des Glashauses bewegt.

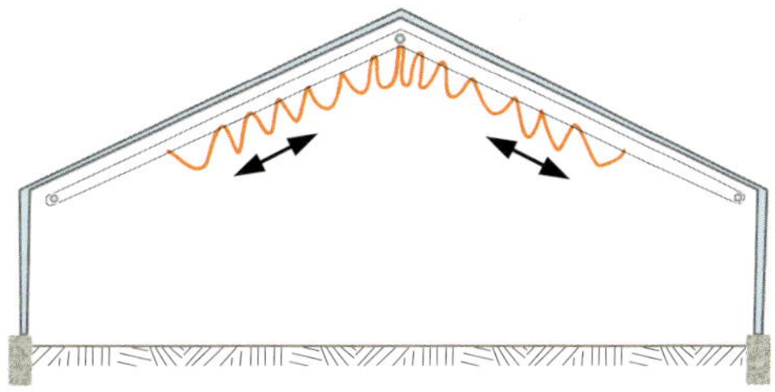

Parallel zum Dach montierte Schattierung. Die Gewebebahnen werden quer zur Längsachse des Glashauses bewegt. Die Lüftung wird stark beeinflusst.

Innenschattierung in Folien-Verkaufshaus

der Gewebebahnen ist unbedingt darauf zu achten, dass im geschlossenen Zustand die Luftzirkulation aufrecht bleibt und im geöffneten Zustand die Bahnen so gut gerafft sind, dass sie möglichst wenig Schatten werfen.

Außenschattierung

Diese Schattierungen werden meist im Firstbereich angebracht und über Seilzugsysteme über die gesamte Dachfläche gerollt. Da die montierte Technik allen Witterungseinflüssen ausgesetzt ist, sind diese Systeme wesentlich störungsanfälliger und von kürzerer Lebensdauer als Innenschattierungen. Der

Außenschattierung

Schattiereffekt und damit die Temperaturabsenkung sind aber ungleich größer, da Sonnenstrahlung erst gar nicht in den Kulturraum eindringen kann, sondern bereits vor dem Auftreffen auf die Eindeckung abgeleitet wird. Aufgrund der genannten Nachteile wird aber die Innenschattierung bevorzugt.

Dauerschattierung

Wie bereits eingangs erwähnt, wird durch das Aufbringen von Schattierfarbe meist die gesamte Eindeckung des Kulturraums oder aber nur die der Nachmittagssonne

Außenschattierung mit Schattierfarbe

Energieschirm in Verkaufsgewächshaus

zugewandten Flächen schattiert. Neben der fehlenden Anpassung an sich ändernde Einstrahlungsverhältnisse ist vor allem der hohe Arbeitsaufwand für Anbringung und Abwaschen ein gravierender Nachteil dieser Schattierungsart.

Materialien für bewegliche Schattierungen

Hauptsächlich kommen geknüpfte Acrylgewebebahnen zum Einsatz. Sie sind hoch UV-beständig und haben auch eine hohe Widerstandskraft gegenüber Feuchtigkeit und mechanischer Beanspruchung. Die Schattierungseffekte reichen von 30–95 % und hängen von Farbe und Gewebeart ab. Neben Acrylgeweben werden auch Gewebe aus Polyester, Polyamid, Polyethylen und Aluminium sowie Kombinationen daraus verwendet.

Energieschirm

Funktion

Energieschirme werden als weitgehend luftdichte Gewebebahnen in Traufenhöhe angebracht und bringen durch die Verkleinerung des Gewächshausvolumens, die Rückstrahlung der aufsteigenden Wärme und das Abhalten von eindringender Kälte von außen eine Energieeinsparung bis zu maximal 60 %. Meist erfolgt die Kombination mit Schattieranlagen, weshalb Gewebekombinationen aus verschiedenen Kunststoffen (Acryl, Polyester, Polyethylen, usw.) mit Aluminium eingesetzt werden. Aluminium ist aufgrund seiner stark reflektierenden Wirkung und seiner Unempfindlichkeit gegenüber Feuchtigkeit optimal. Wichtiger für einen hohen Energieeinsparungseffekt als das verwendete Material ist aber das dichte Schließen der einzelnen Gewebebahnen. Hochwertige Schirme verfügen über spezielle Dichtungslaschen oder Dichtungslippen, die einen optimalen Abschluss zu den einzelnen Binderelementen und im Stehwandbereich garantieren. Bei unüberlegtem Energieschirmeinsatz (rasches Öffnen des Schirmes) kann es zu übermäßiger Kondenswasserbildung und Kälteschäden an den Kulturen kommen, da sich die Luft während der Nacht im Dachraum stark abkühlt. Mit geeigneten Maßnahmen kann diesen Problemen vorgebeugt werden.

Maßnahmen zur Verhinderung des Kaltlufteinfalls

- Langsames, stufenweises Öffnen des Energieschirms
- Öffnen erst nach Erwärmung des Dachraums durch Sonneneinstrahlung
- Aufheizen des Dachraums vor dem Öffnen

Verdunkelungsanlagen

Verdunkelungsanlagen werden zur Kultursteuerung bei Kurztagpflanzen, wie Dendranthema, Kalanchoe oder Euphorbia verwendet. Je nach Größe der Kulturflächen werden entweder nur einzelne Tische, Beete oder gesamte Gewächshäuser mit lichtundurchlässigem Gewebe oder Folie abgedeckt. Die Verdunkelung erfolgt je nach Kulturführung manuell oder elektronisch gesteuert.

Bei dieser Poinsettien-Kultur wird das gesamte Gewächshaus verdunkelt.

Wiederholungsfragen

1. Welche Kulturraumeinrichtungen unterscheidet man?
2. Welche Aufgaben haben Lüftungen?
3. Welche Lüftungsarten unterscheidet man nach ihrem Funktionsprinzip?
4. Welche technischen Anforderungen sollen Lüftungen erfüllen?
5. Nenne verschiedene Kulturflächenarten.
6. Welche Möglichkeiten zur Bodenabdeckung gibt es für Grundbeete?
7. Wie funktionieren Rolltischsysteme?
8. Welche Vorteile bieten Mobiltischsysteme?
9. Welche Anforderungen werden an Schattierungen gestellt?
10. Welche Bauarten von Schattierungen unterscheidet man?
11. Erkläre die Funktion eines Energieschirmes.
12. Nenne Maßnahmen zur Verhinderung des Kaltlufteinfalls beim Energieschirmöffnen.

Heizungstechnik

Wärmeerzeugungsanlage	Heizraum	Heizungssysteme	Wärmebedarfsberechnung
Heizkessel			
Brenner			

Um die gewünschten Kulturansprüche hinsichtlich des Wärmebedarfs ganzjährig erfüllen zu können, reicht in unserer Klimazone die Wärmeversorgung allein durch die Sonne (Gewächshauseffekt) nicht aus. Das Zusammenwirken einzelner Bestandteile einer Heizungsanlage stellt die notwendige Wärme bedarfsgerecht zur Verfügung und sorgt damit für optimale Kulturbedingungen. Neben der Erfüllung der Kulturansprüche sollte aber auch dem Aspekt des effizienten Energieeinsatzes (Energiesparen) so gut wie möglich Rechnung getragen werden. Energiesparen zahlt sich ökonomisch (hohe Kosten der Energieträger) und ökologisch (Senkung des CO_2-Ausstoßes) aus. Eine klassische Heizungsanlage umfasst die Wärmeerzeugungsanlage (Heizraum mit Brenner, Kessel, Pufferspeicher, Steuerung, Pumpen) und das Heizungssystem (Rohrleitungen, Heizflächen, Fühler und Regelgeräte). Je nach Art der Wärmeabgabe unterscheidet man zwischen Rohrheizungen und Luftheizungen.

Wärmeerzeugungsanlage

Funktion

Bei herkömmlichen Heizungsanlagen hat die Wärmeerzeugungsanlage die Aufgabe, die Energie eines Energieträgers (Brennstoff) durch Verbrennung auf einen Wärmeträger (Wasser, Luft) zu übertragen und diese Energie dem Heizungssystem zur weiteren Verteilung an einer Übergabestation bereitzustellen.

Heizkessel

Aufgabe

Der Heizkessel hat die Aufgabe, die vom Brenner erzeugte Verbrennungsenergie möglichst verlustarm auf den Wärmeträger (Wasser oder Luft) zu übertragen. Neben einer optimalen Brennstoffaufbereitung und Verbrennung durch den Brenner ist eine gute Isolierung der Außenflächen und eine möglichst große Wärmeübertragungsfläche entscheidend für eine gute Brennstoffverwertung. Der Brennraum, in dem die Verbrennung stattfindet, und die Rauchgasrohre, über die die Abgase abgeleitet werden, werden deshalb entweder von Wasser oder Luft umgeben, damit die dort erzeugte Wärme möglichst verlustarm an das Heizungssystem weitergegeben werden kann. Bei Warmwasserheizungen wird der Kesselkreislauf aus dem Kesselwasservorlauf und dem Kesselwasserrücklauf gebildet. Der Vorlauf ist das erhitzte Wasser, das auf maximal 98° erwärmt wird; dieses verlässt den Kessel und durchfließt eine im Heizraum befindliche Verteilerstation, an der die Wärmeabgabe an das Heizungssystem erfolgt; durch die Wärmeabgabe sinkt die Wassertemperatur je nach Bedarf auf bis zu 60°. Das Wasser wird zur neuerlichen Erwärmung als Rücklaufwasser wieder in den Kessel gepumpt und durchläuft den Kreislauf von Neuem. Wird Luft als Wärmeträger verwendet, wie z. B. bei Feuerluftheizern, dann wird die erwärmte Luft direkt über verschiedene Leitsysteme (Folienschlauch, Strahlrohre usw.) in den

Kulturraum geleitet und als abgekühlte Luft für die neuerliche Erwärmung wieder aus dem Kulturraum angesaugt. Je nach Bauart unterscheidet man Öl-, Gas- und Festbrennstoffkessel.

Anlage mit Gas-Brennwertkesseln

Ölkessel, Gaskessel

Diese Kesselbauart ist aufgrund der Preisgünstigkeit der Brennstoffe und der einfachen Technik die gebräuchlichste Kesselvariante im Gartenbau. Meist werden Stahlkessel verwendet. Sie sind kostengünstiger und haben eine geringere Baugröße als Gusskessel. Letztere sind langlebiger (nicht so korrosionsanfällig) und dem jeweiligen Leistungsbedarf besser anzupassen. Bei der Regelung der Kesselwasserrücklauftemperatur ist speziell beim Brennstoff Öl die Bildung von schwefeliger Säure (H_2SO_3) und Schwefelsäure (H_2SO_4) zu verhindern, indem die Rücklauftemperatur nicht unter 60° sinken darf. Diese aggressiven Säuren führen zur sogenannten Kesselkorrosion – Kesselteile rosten und werden undicht –, was die Lebensdauer der Kesselanlage wesentlich verringert. Ebenso darf die Abgastemperatur am Kesselausgang 150 °C nicht unterschreiten, da es sonst im Schornstein zur Bildung schwefelhaltiger Niederschläge und zur Zerstörung des Schornsteins und umliegender Dachkonstruktionen kommen kann.

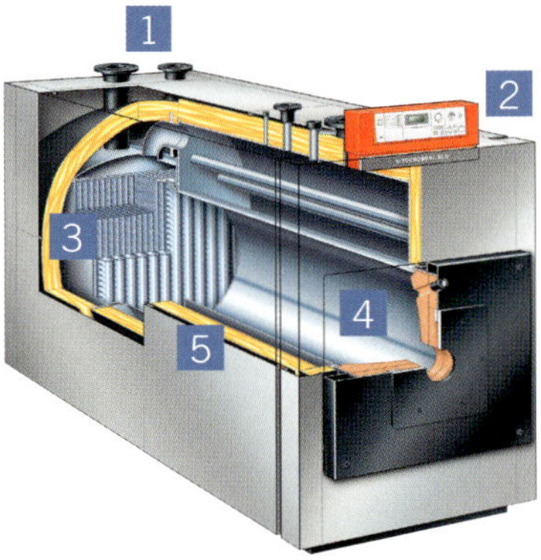

1 Zwei Rücklaufstutzen
2 Digitale Regelung
3 Heizfläche aus Edelstahl Rostfrei
4 Brennraum aus Edelstahl Rostfrei
5 Hochwirksame Wärmedämmung

Gas-Brennwertkessel mit Edelstahlheizfläche, Norm-Nutzungsgrad bis 98 %

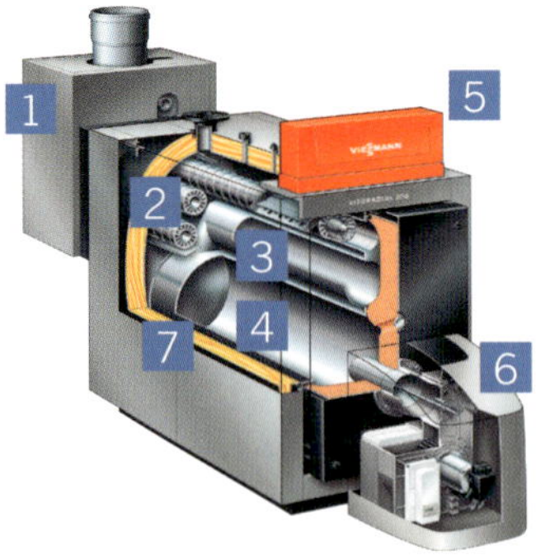

1 Wärmetauscher
2 Mehrschalige Konvektionsheizfläche
3 Zweiter Heizgaszug
4 Brennraum (erster Zug)
5 Regelung
6 Öl-Gebläsebrenner
7 Hochwirksame Wärmedämmung

Öl-Brennwertkessel 101 bis 335 kW, Norm-Nutzungsgrad 98 %, Öl-Gebläsebrenner

Festbrennstoffkessel

Stark gestiegene Ölpreise und die Probleme um die Versorgungssicherheit bei Erdgas, verbunden mit der CO_2-Diskussion, unterstützen eine stärkere Verbreitung von Festbrennstoffkesseln. Sie werden zur Verfeuerung von erneuerbaren Energieträgern wie Holzhackgut und Pellets oder für fossile Brennstoffe wie Kohle, Koks oder Anthrazit verwendet. Durch moderne Techniken können heutige Festbrennstoffkessel ebenso vollautomatisch betrieben werden wie Öl- oder Gaskesselanlagen. Aufgrund des höheren technischen Aufwands und der geringeren Stückzahlen in der Produktion ist der Anschaffungspreis entsprechend höher. Bei erneuerbaren Energieträgern ist aber die Lebensdauer aufgrund einer umweltfreundlichen Verbrennung (keine aggressiven Verbrennungsrückstände) wesentlich höher.

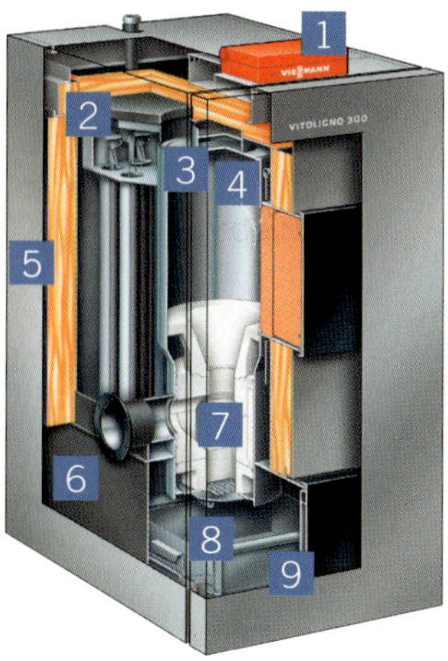

1 Bedieneinheit
2 Automatische Heizflächenreinigung
3 Anpassung der Heizfläche an den Wärmebedarf
4 Interne Rücklauftemperaturanhebung
5 Hochwirksame Wärmedämmung
6 Anschlussflansch für Einschubeinheit
7 Brennkammer aus hochhitzebeständiger Keramik
8 Lamellenrost aus Edelstahl
9 Integrierte Aschelade

Pelletkessel mit zweifacher Verbrennungsregelung, Wirkungsgrad bis 95 %

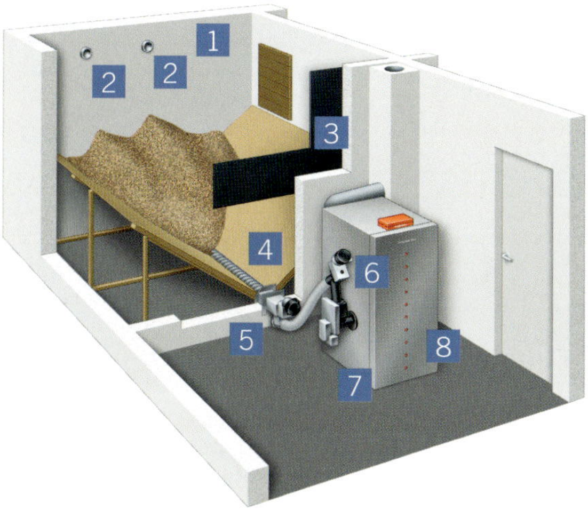

1 Pelletlagerraum
2 Befüll- und Absaugstutzen
3 Prallschutzmatte
4 Entnahmeschnecke
5 Flexible Schnecke
6 Anschlusseinheit flexible Schnecke
7 Anschlusseinheit Einschub mit Zellradschleuse
8 Pelletkessel

Pelletkessel-Anlage

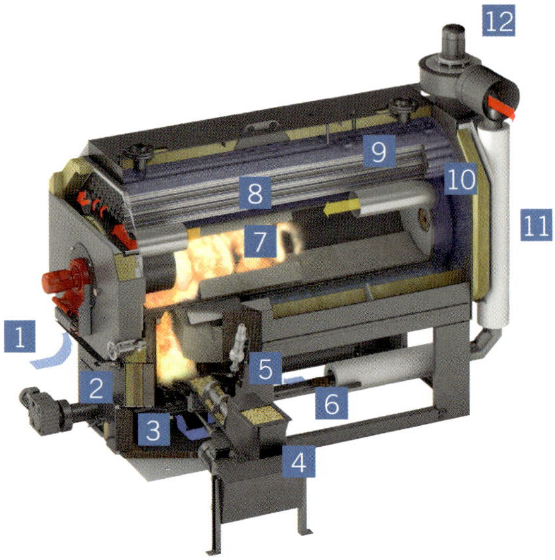

1 Sekundärluft geregelt mit Rotationsgebläse
2 Ascheaustragung
3 Ganzflächig bewegter Rost
4 Einschubschnecke mit Sperrschicht
5 Zündgebläse
6 Primärluft geregelt
7 Rotationsfeuerraum
8 Zweizugwärmetauscher
9 Sicherheitswärmetauscher
10 Pneumatische Rohrreinigung
11 Rezigas
12 Saugzuggebläse mit Lambda-Sonde und Temperaturfühler

Vollautomatischer Holzkessel mit Rotationsfeuerung, für Pellets, Hackschnitzel und Holzspäne, 90 bis 540 kW

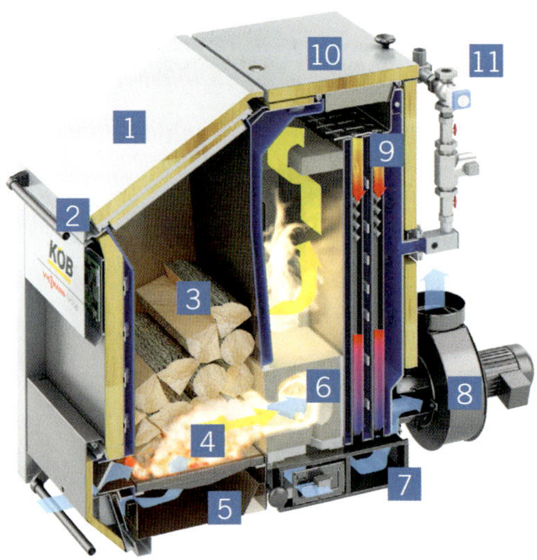

1 Gut zugängliche Fülltür für die Beschickung des Holzheizkessels von oben
2 Bedieneinheit
3 Nach unten konischer Füllraum
4 Entgasungszonen mit Gussrost und Schamottebett
5 Große, gut zugängliche Aschelade für die Rostasche
6 Brennkammer aus hochhitzebeständigem Feuerbeton
7 Aschebhälter unter Wärmetauscher
8 Saugzuggebläse mit Lambdasonde und Temperaturfühler
9 Senkrechter Röhrenwärmetauscher
10 Reinigungsdeckel oben
11 Kesselgruppe im Lieferumfang (Rücklauftemperaturanhebung) mit Kesselkreispumpe, Kesselregelventil, Vor- und Rücklauffühler

Stückholzkessel für Scheitholz, Holzbriketts und Holzreste, 35 bis 170 kW, Wirkungsgrad 92 %

Brenner

Flüssige oder gasförmige Brennstoffe müssen zur kontrollierten Verbrennung in ein zündfähiges Brennstoff-Luft-Gemisch integriert und schließlich entzündet werden. Diese Funktion übernimmt der Brenner.

Aufgaben

- Herstellung eines zündfähigen Brennstoff-Luft-Gemisches
- Zündung des Gemisches
- Überwachung und Regelung der Verbrennung

Öl-Gebläsebrenner Detailansicht und eingebaut

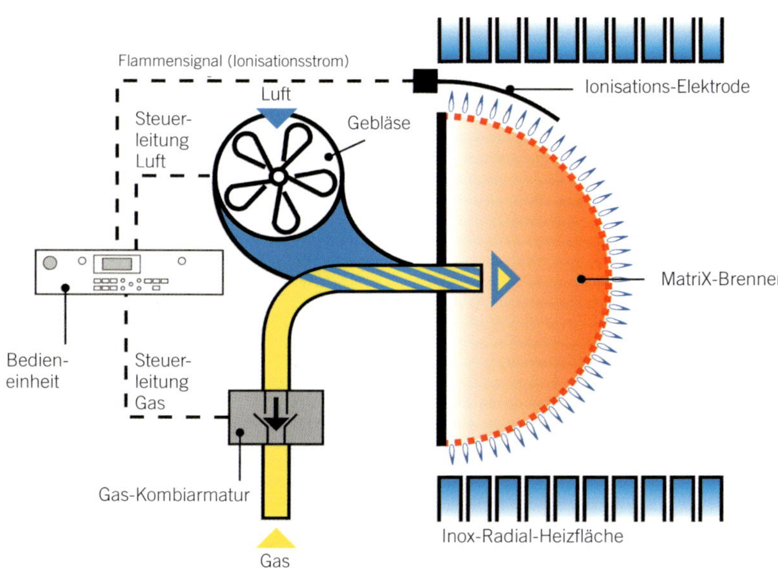

Funktionsschema eines Gasbrenners

Gasbrenner

Um ein zündfähiges Gemisch zu erzeugen, müssen flüssige Brennstoffe fein zerstäubt werden. Dabei wird das durch einen Filter gereinigte Öl von einer Pumpe über eine Düse in feinster Tröpfchenform in den Brennraum eingespritzt. Gleichzeitig bringt ein Gebläse dosiert Verbrennungsluft in den Brennraum, sodass das gewünschte Gemisch entsteht. Am Brennerkopf aufgebaute Elektroden zünden das Gemisch und eine Fotozelle übernimmt die Überwachung der Flamme. Sollte die Flamme erlöschen oder beim Zündvorgang erst gar nicht entstehen, übermittelt die Fotozelle einen Impuls zum Abschalten des Brenners und zur Meldung einer Brennerstörung.

Heizraum

Der Heizraum dient der Unterbringung sämtlicher Bestandteile der Wärmeerzeugungsanlage. Da in ihm mit Ausnahme von Fernwärmeheizungssystemen immer Verbrennungsvorgänge ablaufen, sind an seine Ausführung bestimmte feuerpolizeiliche Anforderungen gestellt.

Feuerpolizeiliche Anforderungen

- Nicht brennbare Baumaterialien
- Gute Frischluftzufuhr
- Brandschutztür feuerfest, selbstschließend, nach außen aufgehend
- Kein Abfluss
- Eingangsniveau höher als Bodenniveau

Heizungssysteme

Heizungssystem, Anschlüsse im Heizraum

Die Wärme von der Übergabestation der Wärmeerzeugungsanlage zu übernehmen und so effizient wie möglich im Kulturraum zu verteilen, dafür sorgt das Heizungssystem. Bei Warmwasserheizungen dient Wasser als Wärmeträger. Über den sogenannten Heizungsvorlauf wird die Wärme zu den einzelnen Abnahmestellen (Kulturräume, Arbeits- und Aufenthaltsräume, Verkaufsräume, Wohnhaus, Garagen, Warmwasserboiler usw.) transportiert und dort über verschiedene Wärmetauscher (Übergabestationen) oder Heizungsflächen verteilt. Jede Abnahmestelle entspricht einem Heizungskreislauf und wird steuerungstechnisch individuell geregelt. Nach der Wärmeabgabe an die Abnahmestelle sinkt die Wassertemperatur in den Rohrleitungen, und das ursprüngliche wärmere Vorlaufwasser wird als abgekühltes Rücklaufwasser zur Übergabestation der Wärmeerzeugungsanlage gepumpt, um wieder Wärme aufnehmen zu können und neuerlich als Vorlaufwasser die Funktion eines Wärmeträgers zu übernehmen. Bei Luftheizungen wird die zu erwärmende Kulturraumluft über die Wärmetauscherflächen des Heizlüfters geführt und dabei mit Energie angereichert. Verschiedene Verteilungssysteme, wie Folienschläuche, Strahlrohre oder einfache Leitbleche sorgen mit oder ohne Ventilatorunterstützung für die Verteilung der erwärmten Luft im Kulturraum.

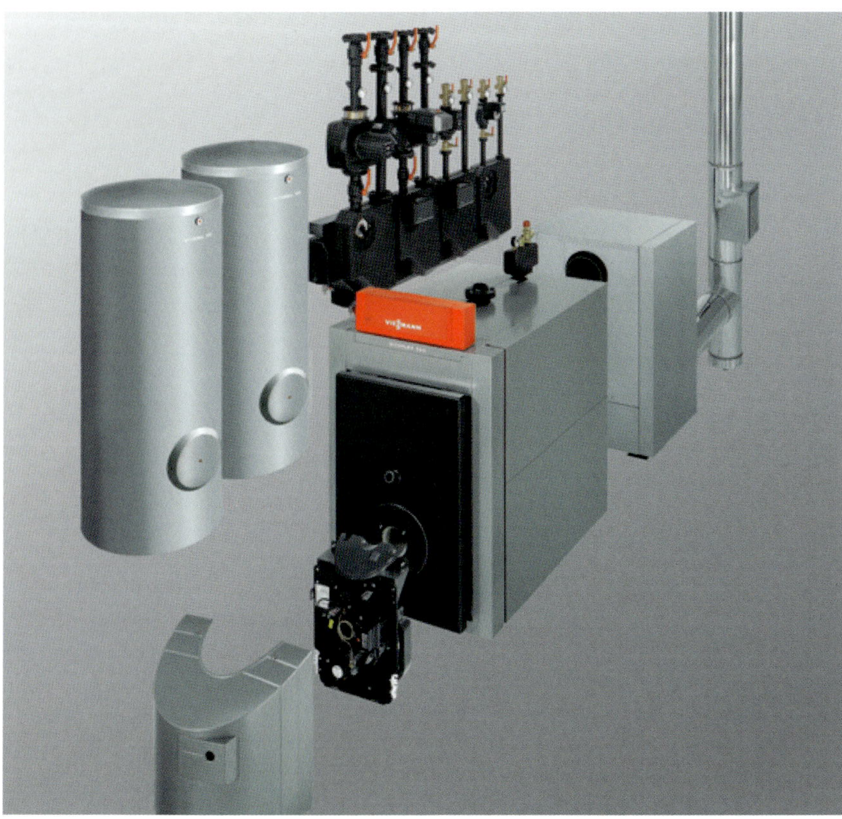

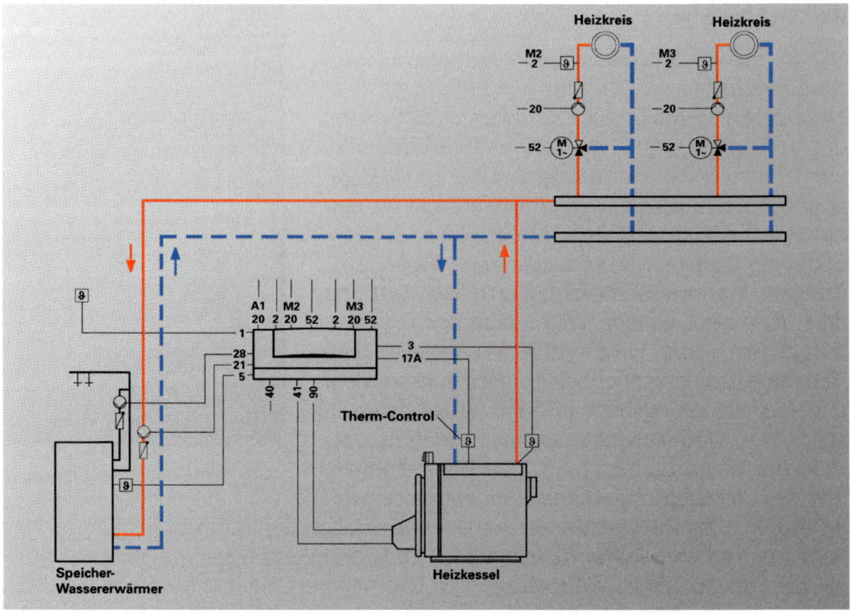

Beispiel: Schaltplan für Heizungssystem mit zwei Heizkreisen

Anforderungen an das Heizungssystem bezüglich der Wärmeabgabe

- Gleichmäßige Temperaturverteilung über die gesamte Kulturraumbreite
- Wärmeabgabe möglichst nur in Pflanzennähe
- Luftaustausch im Pflanzenbereich muss garantiert sein

Rohrheizungen

Die Wärmeabgabe erfolgt über verschiedene Rohrsysteme an unterschiedlichen Anbringungsorten im Kulturraum. Um die Wärmeabgabe zu verbessern haben die Rohre unterschiedliche Querschnitte, verschiedene Lackierungen und manchmal aufgeschweißte oder aufgelötete Metalllamellen (Konvektorheizungen). Durch die vergrößerte Oberfläche bei Lamellenrohren kann die Wärmeabgabe um bis zum Zehnfachen erhöht werden. Umso näher sich die Rohrsysteme an den Pflanzen befinden, umso niedriger muss die Vorlauftemperatur sein, um Verbrennungsschäden zu vermeiden. Durch den großen Wasserinhalt benötigen die Anlagen etwas längere Aufheizphasen, sorgen aber bei Heizungsausfall für ein langsameres Abkühlen des Kulturraums, was wertvolle Zeit für die Beseitigung von Störungen bringt und Pflanzenschäden durch Unterkühlung vermeidet. Je nach Bauart unterscheidet man die auf den nächsten Seiten beschriebenen Heizungssysteme.

Hohe Rohrheizung

Funktion

Die Heizungsrohre sind in Traufenhöhe oder darüber angebracht. Durch den hohen Anbringungsort wird viel Wärme in den Dachraum abgegeben.

Vor- und Nachteile der hohen Rohrheizung

Vorteile	Nachteile
• Einfache und günstige Konstruktion	• Hoher Energieverbrauch
• Gut zur Kälteabschirmung beim Öffnen des Energieschirms	• Wärmeabgabe in den Dachraum
• Gut zum Abtauen von Schnee und Eis	• Verringerung des Lichteinfalls
• Verhindert Abstrahlung in den Dachraum	• Luftbewegung wird reduziert

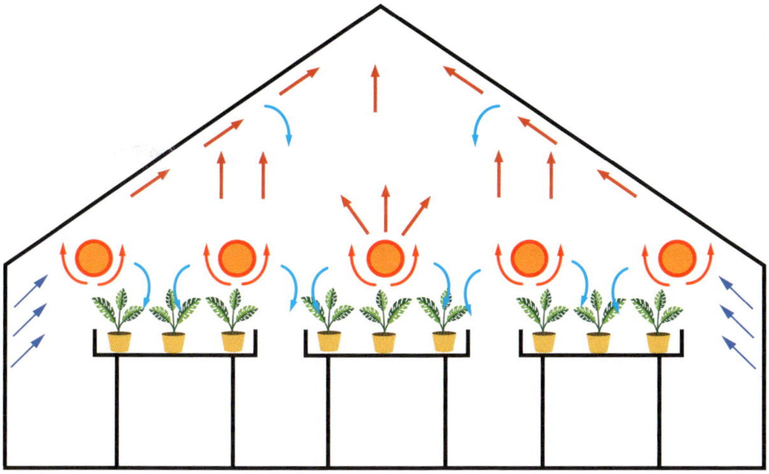

Hohe Rohrheizung

Stehwandheizung

Funktion

Rohrleitungen werden dabei entlang der Stehwände und Giebelwände verlegt.

Vor- und Nachteile der Stehwandheizung

Vorteile	Nachteile
• Verhindert Kaltlufteinfall im Wandbereich	• Hoher Energieverlust im Außenwandbereich
• Fördert die Luftzirkulation	• Hoher Energieverbrauch
• Gut zum Abtauen von Schnee und Eis	

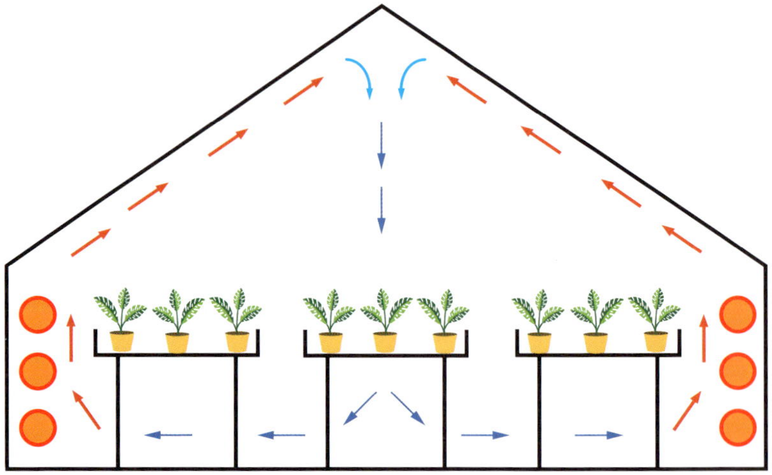

Stehwandheizung

Untertischheizung

Funktion

Dabei sind die Heizungsrohre unter den Tischen verlegt oder sie sind direkt in die Tischkonstruktion integriert. Um Pflanzenschäden infolge Überhitzung zu verhindern, darf die Vorlauftemperatur 60 °C nicht überschreiten.

Vor- und Nachteile von Untertischheizungen

Vorteile	Nachteile
• Wärmeabgabe im Pflanzenbereich	• Gefahr der Substrataustrocknung
• Gute Luftzirkulation	• Höherer Gießwasserbedarf
• Keine Arbeitsbehinderung	• Häufigeres Gießen
• Energieeinsparung	• Gefahr von Pilzinfektionen
• Förderung des Pflanzenwachstums durch Erwärmung im Wurzelbereich	• Max. 60 °C Vorlauftemperatur

Untertischheizung

Untertischheizung

Niedrige Rohrheizung

Funktion

Die Heizungsrohre sind an den Beeträndern in Bodennähe angebracht. Sie können zusätzlich als „Schienen“ für Erntewägen u.ä. verwendet werden.

Vor- und Nachteile niedriger Rohrheizungen

Vorteile	**Nachteile**
• Wärmeabgabe in Pflanzennähe	• Arbeitsbehindernd
• Energiesparend	• Beschädigungsgefahr der Rohrleitungen
• Gleichmäßige Temperaturverteilung	• Max. Vorlauftemperatur 60 °C
• Guter Luftaustausch	• Zu geringe Heizleistung bei niedrigen Außentemperaturen
• Für Niedertemperaturheizungskreisläufe nutzbar	
• Verminderung der Luftfeuchtigkeit im Pflanzenbestand	
• Geringerer Krankheitsdruck-Pilzbefall	

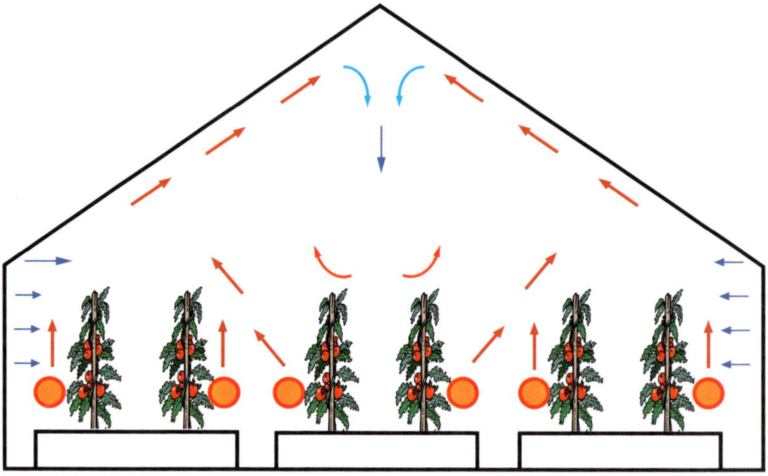

Niedrige Rohrheizung

Vegetationsheizung

Funktion

Während bei den meisten anderen Rohrheizungen Stahlrohre verwendet werden, erfolgt die Wärmeverteilung bei Vegetationsheizungen über Kunststoffschläuche. Meist sind diese aus PE (Polyethylen) oder auch aus PVC (Polyvinylchlorid), wobei PVC-Schläuche wegen ihrer Chlorabgabe als bedenklich gelten. Die Oberfläche ist entweder glatt oder gerillt. Gerillte Schläuche haben aufgrund ihrer größeren Oberfläche eine verbesserte Wärmeabgabe, sind aber gefährdet, beim Aufrollen zu knicken.

Vor- und Nachteile der Vegetationsheizung

Vorteile	**Nachteile**
• Wärmeabgabe in Pflanzennähe	• Beschädigungsgefahr
• Energiesparend	• Max. Vorlauftemperatur 60 °C
• Förderung der Luftzirkulation	• Als alleiniges Heizungssystem nicht ausreichend – zusätzliches System notwendig
• Für Niedertemperaturheizungskreisläufe nutzbar	• Höherer Arbeitsaufwand bei Bodenbearbeitungsmaßnahmen, da Schläuche entfernt werden müssen
• Verminderung der Luftfeuchtigkeit im Pflanzenbestand	
• Geringerer Krankheitsdruck-Pilzbefall	
• Leichte Montage	

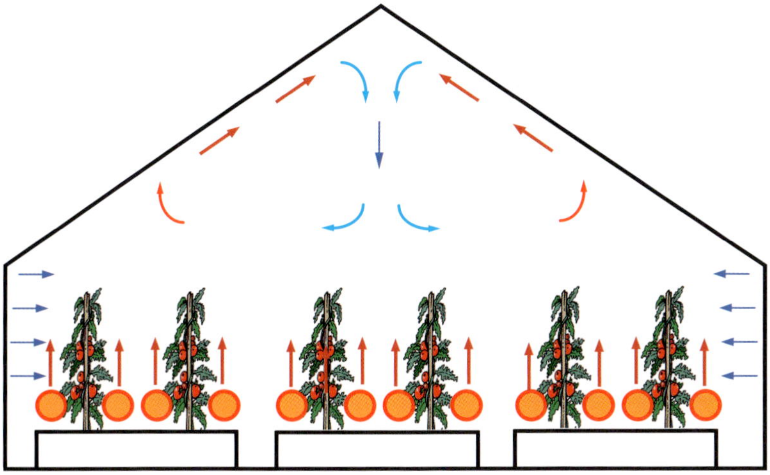

Vegetationsheizung

Bodenheizung

Funktion

Bodenheizungssysteme bringen die Wärme über PE-Schläuche in tieferen Bodenschichten (20–40 cm) ein. Durch die Wärmeabgabe im Wurzelraum wird das Pflanzenwachstum positiv beeinflusst, die Kulturraumluft wird aber kaum erwärmt, weshalb zusätzliche Heizungssysteme notwendig sind.

Hebe-Senk-Heizung

Dieses Heizungssystem bringt die Wärme möglichst nahe an die Pflanze. Der Abstand der Rohre zur Kultur kann optimal angepasst werden.

Vor- und Nachteile von Bodenheizungen

Vorteile	Nachteile
• Förderung von Wurzel- und Pflanzenwachstum • Förderung der Bodenaktivität • Für Niedertemperaturheizungs-Kreisläufe nutzbar	• Substrataustrocknung, erhöhter Gießaufwand • Max. Vorlauftemperatur 50 °C • Kaum Erwärmung der Kulturraumluft • Beschädigungsgefahr bei tieferer Bodenbearbeitung • Teuer

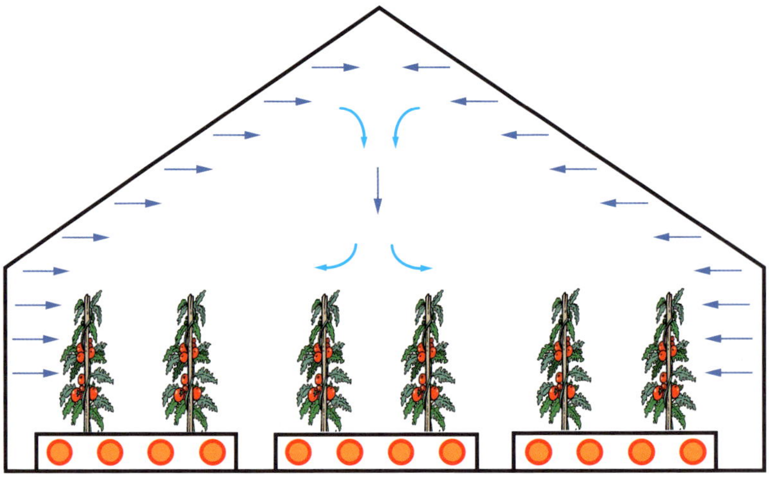

Bodenheizung

Luftheizungen

Bei Luftheizungen wird entweder die Gewächshausluft mittels Ventilatoren über an das Warmwasserheizungssystem angeschlossene Wärmetauscher gedrückt und dabei erwärmt, oder sie wird in einem Feuerlufthitzer erhitzt und über verschiedene Verteilungssysteme im Kulturraum verteilt. Aufgrund der höheren Strömungsgeschwindigkeit der Luft liegt die Pflanzentemperatur um bis zu 2 °C unter der Kulturraumtemperatur, was bei der Temperatursteuerung unbedingt berücksichtigt werden muss, um negativen Auswirkungen auf das Pflanzenwachstum vorzubeugen. Die rasche Luftumwälzung führt auch zu einer raschen Erwärmung und zu einer leichten Regelbarkeit dieser Heizungssysteme. Bei Ausfällen kühlt der Kulturraum jedoch aufgrund der fehlenden Wärmespeicher wie bei Rohrheizungen rasch ab. Gern werden Rohrheizungen mit Luftheizungen kombiniert. Man unterscheidet Deckenluft-, Wandluft- und Feuerluftheizer.

Deckenluftheizer/Wandluftheizer

Funktion

Luftheizung

Die zu erwärmende Luft wird über einen Ventilator durch einen von Warmwasser gespeisten Wärmetauscher gedrückt und über Leitbleche (Deckenluftheizer) oder Folienschläuche (Wandluftheizer) im Kulturraum verteilt. Bei Deckenluftheizern sind meist verschiedene Gebläsestufen einstellbar, wodurch die Leistung auf den Wärmebedarf abstimmbar ist. Durch die Stellung der Leitbleche muss verhindert werden, dass die Pflanzen im direkten Luftstrom stehen. Neben der leichten und raschen Steuerbarkeit und der guten Luftumwälzung ist auch die Erzeugung einer relativ trockenen Kulturraumluft für die meisten Pflanzen vorteilhaft. Eher nachteilig ist die schlechte Verteilung der Wärme. Wandluftheizer sind deshalb entweder mit Folienschläuchen zur besseren Wärmeverteilung ausgestattet, oder die erwärmte Luft wird über Kanäle aus Blech (Durchmesser 20–30 cm) in Längsrichtung über den Kulturraum verteilt. Der Luftaustritt erfolgt bei Folienschläuchen über Löcher und bei Blechkanälen über Luftschlitze, wobei die Anordnung je nach Anbringung (Traufenhöhe oder unterhalb der Tische) entweder oben oder unten erfolgt.

Feuerlufttheizer werden im zeitgemäßen Gartenbau vorrangig zur Erhöhung der CO_2-Konzentration eingesetzt. Diese beeinflusst das Wachstum vieler Pflanzen positiv.

Funktion von Feuerlufttheizern

Sie verfügen über eine eigene Wärmeerzeugungsanlage, d. h., sie verbrennen entweder Gas oder Öl unmittelbar im Kulturraum. Eine Kesselanlage mit Brenner, Brennkammer und Wärmetauscher sorgt für die Erwärmung der Kulturraumluft. Die Wärmeverteilung erfolgt meist über Folienschläuche. Bei den meisten Anlagen werden die Abgase ins Freie geleitet. Gasbetriebene Heizer können auch zur CO_2-Begasung genutzt werden, wobei ein Überschreiten der maximalen Arbeitsplatzkonzentration (MAK-Wert) für CO_2 von 0,5 %, die Bildung von giftigem Kohlenmonoxid und Stickoxiden sowie Sauerstoffmangel verhindert werden müssen.

Wärmebedarfsberechnung

Um die Heizungsanlage optimal auf die Kulturansprüche abzustimmen, ist eine genaue Planung notwendig. Basis dafür ist die Berechnung des Wärmebedarfs für einen bestimmten Kulturraum bei bestimmter Ausstattung und bestimmten Temperaturbedingungen. So hat ein Gewächshaus mit Einfachverglasung und gemischter Heizungsanlage einen U'-Wert von 7,6 W/m²K.

$$Q = U' \cdot A \cdot V \cdot (T_i - T_a)$$

Neben dem sogenannten Wärmeverbrauchskoeffizienten (U'-Wert) ist die Größe der Grundfläche des Kulturraums (A_H) und die Temperaturdifferenz zwischen Innen (T_i) und Außen (T_a) notwendig zur Berechnung des Wärmebedarfs (Q). Der Faktor V beschreibt das Verhältnis von Hüllfläche zu Grundfläche.

Energieträger

Fossile Energieträger:	Erneuerbare Energieträger:
Heizöl	Biomasse
Erdgas	Biogas
Kohle, Koks, Anthrazit	Wind- und Wasserkraft

Zur Erzeugung der zur Kulturraumheizung notwendigen Energie können je nach Wärmeerzeugungsanlage verschiedene Energieträger verwendet werden. Aufgrund ihrer Entstehungsgeschichte unterscheidet man zwischen **fossilen und erneuerbaren Energieträgern.** Während fossile Energieträger über Millionen Jahre entstanden sind und in ihrem Vorkommen begrenzt sind, sind erneuerbare Energieträger regenerierbar bzw. nachwachsend und somit ihre Vorkommnisse unerschöpflich.

Fossile Energieträger

Sie tragen im Rahmen ihrer Verbrennung wesentlich zur CO_2-Belastung der Atmosphäre und somit zur Klimaerwärmung bei. Im Rahmen von Klimaschutzprogrammen werden sie immer stärker mit Steuern belastet, um den Einsatz zu reduzieren.

Heizöl

Heizöl gilt als Hauptbrennstoff im Gartenbau. Neue Anlagen werden fast ausschließlich mit Heizöl EL (extra leichtflüssig) betrieben, während bei Altanlagen mit hohen Heizleistungen (über 5 MW) häufig Heizöl S (schwerflüssig) verwendet wurde. Während Heizöl EL mittels einfacher Verbrennungstechnik relativ rückstandsarm vollautomatisch verfeuert werden kann, ist die Heizöl-S-Verbrennung an hohe technische Anforderungen gebunden. Neben der vorherigen Erhitzung des zähflüssigen Öls müssen nach der Verbrennung die Abgase intensiven Reinigungsprozessen unterzogen werden, um die Schadstoffbelastung der Umwelt durch SO_2, NO_x und Staub gering zu halten. Die Lagerung von Heizöl erfolgt meist in unterirdischen Tanks, die aus Umweltschutzgründen doppelwandig ausgeführt sein müssen und über eine Leckölsicherung verfügen, die bei Beschädigungen eine Warnanlage aktiviert.

Erdgas

Erdgas ist der zweitwichtigste Energieträger im Gartenbau. Sein Hauptbestandteil ist Methan (CH_4), ein Stoff, der auch nicht unwesentlich zur Klimaveränderung beiträgt. Neben der CO_2-Belastung, wie bei allen fossilen Energieträgern, ist der Ausstoß an anderen Schadstoffen sehr gering. Erdgas gilt als relativ umweltfreundlich, ist aber infolge der Anlieferung über Pipelines nur in Ballungszentren verfügbar. Propangas ist unter Druck verflüssigtes Gas, das in Druckflaschen angeliefert wird oder per Drucktankwagen zur Lagerung in Drucktanks gefüllt werden kann. Lagerung und Verwendung sind mit hohen Sicherheitsauflagen verbunden.

Kohle, Koks, Anthrazit

Sie zählen zu den festen fossilen Brennstoffen. Durch aufwendige Verbrennungstechniken können auch sie vollautomatisch verbrannt werden. Wie bei der Verwendung von Heizöl S müssen auch die Abgase dieser Brennstoffe einer speziellen Reinigung unterzogen werden. Die Lagerung der Brennstoffe erfolgt meist unter Flugdächern, damit die Brennstoffentnahme zur Befüllung von Vorratsbehältern mittels Kompakt- oder Radladern oder vollautomatisch durch eingebaute Schubböden erfolgen kann.

Erneuerbare Energieträger

Im Unterschied zu fossilen Energieträgern sind erneuerbare Energieträger auch als Brennstoffe CO_2-neutral und werden daher steuerlich begünstigt. Während viele Systeme hauptsächlich der Stromerzeugung dienen, ermöglichen sie zusätzlich die Nutzung von Abwärme für Heizungszwecke, was speziell für Gartenbaubetriebe interessant ist. Ihre Vorteile für die Umwelt und der noch eher geringe Verbreitungsgrad wirken sich gegenwärtig noch negativ auf die Konkurrenzfähigkeit aus. Durch gezielte Förderprogramme versucht man die Wirtschaftlichkeit alternativer Anlagen zu verbessern.

Biomasse

In unmittelbarer Konkurrenz zu Heizöl und Erdgas entwickelte sich in den letzten Jahren Biomasse als alternativer Energieträger für Wärmeerzeugungsanlagen. Als Grundstoff dient Holz, das aus verschiedenen Herkünften (Waldhackgut, Sägereststoffen, Rinde usw.) zu Hackgut oder Pellets verarbeitet wird. Während Hackgut aus speziell zerkleinerten Biomassegrundprodukten besteht, werden Pellets aus Sägemehl unter hohem Druck in genormte Formen gebracht. Beide Stoffe sind als genormte Handelsware bei Brennstoffhändlern lose oder als gesackte Ware erhältlich. Ausgereifte Anlagentechniken ermöglichen einen vollautomatischen, störungsfreien und wartungsarmen Betrieb, ähnlich dem von Öl- oder Gasheizungen. Die Brennstoffpreise liegen umgerechnet auf die erzeugte Wärmeeinheit unter jenen der fossilen Konkurrenzprodukte. Trotzdem schrecken die ca. doppelten Investitionskosten viele Betriebsführer vor Umstellungen ab, während bei Neubauten verstärkt in alternative Energieträger investiert wird.

Pellets sind die komprimierteste Form der Holzenergie mit einem hohen Brennwert

Unbehandelte Holzspäne fallen in holzverarbeitenden Einrichtungen wie z. B. Sägewerken und Tischlereien an.

Holzhackschnitzel sind zerkleinertes (z. B. gehacktes), naturbelassenes Holz, mit oder ohne Rinde.

Als Mischholz bezeichnet man die unbearbeitete Mischung aus Holzhackschnitzeln und Sägespänen.

Biogas

Biogas

Biogas besteht überwiegend aus Methan (CH_4) und wird durch Fermentierprozesse aus meist landwirtschaftlichen Rohprodukten wie Silomais, Gras, Gülle, Stallmist oder Kompost erzeugt. Mit dem gewonnenen Gas werden Gasmotoren zur Stromproduktion betrieben und das Kühlwasser der Anlage kann für Heizungszwecke genutzt werden. Da Biogasanlagen nur als Großanlagen (mindestens 500 KW) wirtschaftlich sind und das Verhältnis Stromleistung zu Wärmeleistung ca. 2 : 1 beträgt, fällt ausreichend Abwärme zur Kulturraumheizung an, während der Strom als Ökostrom ins öffentliche Netz eingespeist wird. Neben der erzeugten Energie fällt auch hochwertige, geruchsfreie Biogasgülle als wertvoller organischer Dünger an.

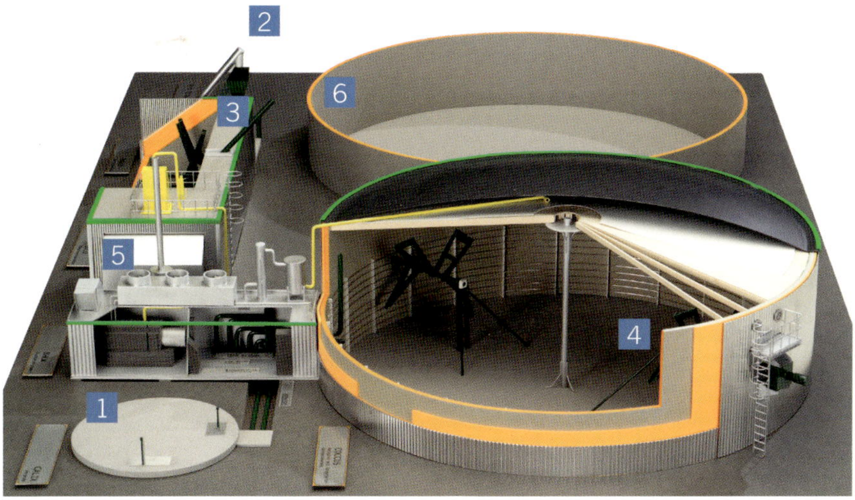

1 Vorgrube
2 Einbringungstechnik
3 Pfropfenstromfermenter
4 Grubenspeicherfermenter
5 Blockheizkraftwerk (BHKW) und professionelle Steuerung im Technik-Container AIO (All-in-One)
6 Gärrestelager

Biogasanlage, die Nassfermentation zur Gasgewinnung einsetzt. Die Fermentation in der Biogasanlage erfolgt in einem geschlossenen System. Die geruchsneutralen, mineralischen Inhaltsstoffe und Spurenelemente bleiben im Gärrest enthalten. Dieser wird zur Schließung der Nährstoffkette als Dünger auf die Felder ausgebracht.

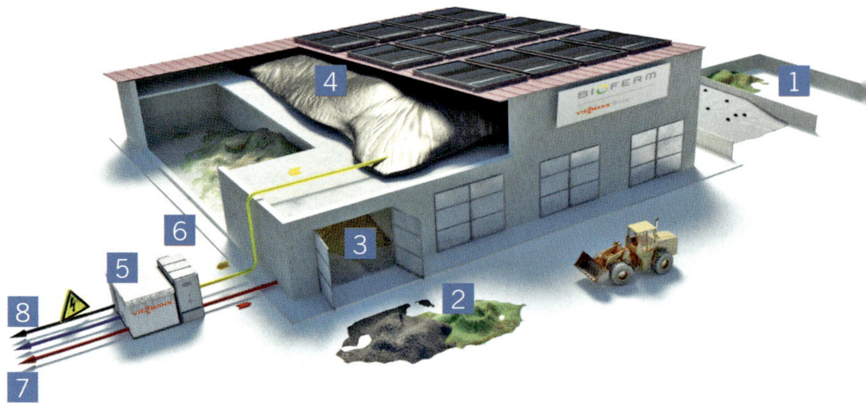

1 Biomasse
2 Anmischplatz
3 Fermenter
4 Gasspeicher
5 Heiztechnik
6 Blockheizkraftwerk
7 Kälte-/Wärmenutzung
8 Stromeinspeisung

Auf Trockenfermentation basierende Biogasanlagen setzen Biomüll und nachwachsende Rohstoffe biologisch anaerob um. Ziel ist die Erzeugung von Biogas und dessen Verwertung in einem Blockheizkraftwerk zu Strom und Wärme. In einer Feststoffvergärungsanlage kann bis auf wenige Ausnahmen jedes biogene Material unter der Gewinnung von Biogas vergoren werden.

Wind- und Wasserkraft

Während Wasserkraftwerke in vielen Alpenländern seit jeher die Basis der Stromerzeugung darstellen, wird durch Windparks speziell im Flachland versucht, alternative Stromerzeugungsquellen zu erschließen. Hochtechnisierte Windturbinen können auch bei niedrigen Windgeschwindigkeiten effizient Strom erzeugen. Über spezielle Förderprogramme und gestützte Stromeinspeistarife ist ein wirtschaftlicher Betrieb solcher Anlagen möglich.

Staudamm Mooserboden

Wiederholungsfragen

1. Woraus besteht eine klassische Heizungsanlage?
2. Nenne die Bestandteile einer Wärmeerzeugungsanlage.
3. Welche Aufgabe hat der Heizkessel?
4. Nenne die Aufgaben des Brenners.
5. Welche Anforderungen werden an das Heizungssystem bezüglich Wärmeabgabe gestellt?
6. Erkläre die Funktion von Rohrheizungen.
7. Unterscheide die einzelnen Rohrheizungen aufgrund ihrer Vor- und Nachteile.
8. Erläutere das Funktionsprinzip von Luftheizungen.
9. Wofür dient eine Wärmebedarfsberechnung?
10. Welche Energieträger werden im Gartenbau verwendet?
11. Wodurch unterscheiden sich fossile Energieträger von erneuerbaren Energieträgern?

Klimasteuerung in Kulturräumen

Kulturräume ermöglichen in Kombination mit verschiedenen technischen Inneneinrichtungen (Lüftung, Heizung, Schattierung, Energieschirm, Belichtung, Bewässerung usw.) auch bei höchsten Kulturansprüchen in unseren Klimaten eine ganzjährige Produktion. Die einzelnen Wachstumsfaktoren werden meist über die in den Kulturräumen eingebauten Regelsysteme mittels Klimacomputer gesteuert und kontrolliert. Alle Regelgrößen (z.B. Innenraumtemperatur, Luftfeuchtigkeit, Bewässerungsintervalle, Sonnenintensität, usw.) werden als sogenannte Sollwerte über den Computer in den zentralen Steuerschrank eingegeben und mit den von den einzelnen Messstellen ermittelten Istwerten verglichen. Bei entsprechenden Abweichungen werden die verschiedenen Regelgeräte über Schaltimpulse angesteuert

Eine Wetterstation im Außenbereich sowie Sensoren im Gewächshaus erfassen die aktuellen Klimawerte

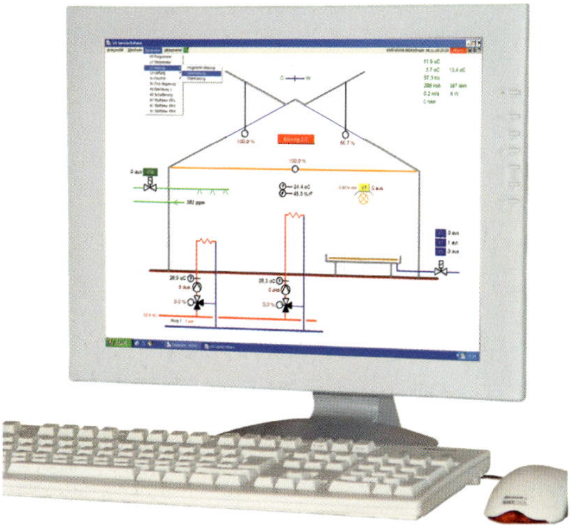

Klimacomputer

und aktiviert. Ein Regelgerät bleibt so lange aktiv, bis die Messinstrumente (Temperaturfühler, Luftfeuchtigkeitsmesser, Niederschlagsmesser, Windrichtungsgeber, usw.) das Erreichen der Sollwerte melden und damit die gewünschten Wachstumsfaktoren gegeben sind. Die einzelnen Messdaten und Schaltimpulse können am Bildschirm des Klimacomputers abgelesen und somit genau mitverfolgt werden bzw. zur genauen Dokumentation und eventuellen Fehleranalyse als Grafik oder Tabelle ausgedruckt werden.

Rechnergestützte Automatisierung in Gewächshäusern

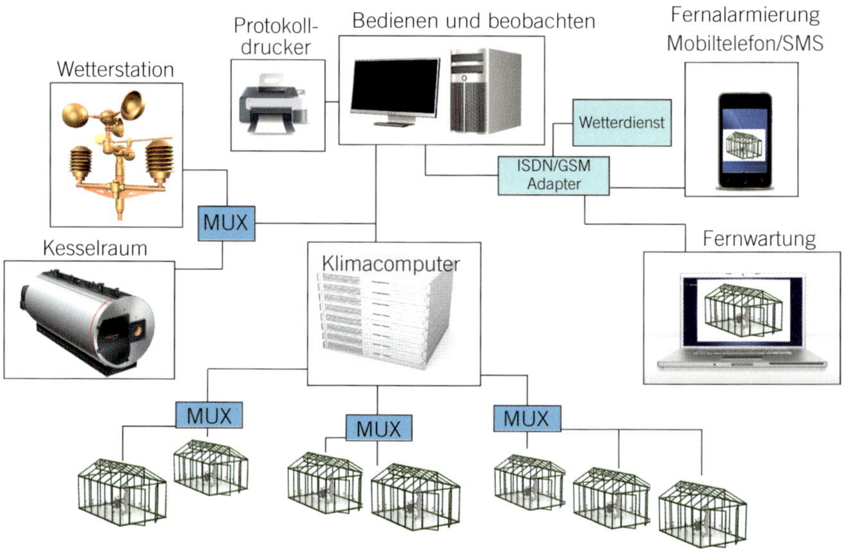

Schematische Darstellung moderner rechnergestützter Gewächshausautomatisierung
MUX = „Multiplexerboxen“ und Schaltschränke

Wiederholungsfragen

1. Welche technischen Einrichtungen können im Rahmen der Kulturraumklimasteuerung vollautomatisch gesteuert werden?
2. Erläutere die Funktion einer Kulturraumklimasteuerung.

3 Motorkunde und Zugmaschinen

Kraftstoffe und Schmierstoffe

Kraftstoffe	Schmierstoffe
	Schmieröle
	Zweitaktöle
	Hydrauliköle
	Kettenöle
	Schmierfette

Kraftstoffe

- Benzin ist ein Gemisch aus über 100 verschiedenen Kohlenwasserstoffen und wird hauptsächlich aus veredelten Komponenten aus der Erdölraffination hergestellt und als Kraftstoff eingesetzt.
- Diesel ist ein Gemisch aus Kerosin, das vorwiegend durch Fraktionierung von Erdöl als Destillat gewonnen und entschwefelt wird.
- Biodiesel durch Veresterung von Pflanzenöl (Rapsöl, Sojaöl)
- Methylester (als Beimischung zum Diesel)
- Autogas (LPG)
- Erdgas (CNG)
- Methan (Biogas)
- Alkohol (rein oder als Beimischung)

Schmierstoffe

Sie dienen zur Verringerung von Reibung, der Geräuschentwicklung und besonders des Materialverschleißes. Darüber hinaus ermöglicht die Verwendung von Schmieröl auch die Wärmeabfuhr.

Schmieröle

Man unterscheidet nach Herstellungsart:

- Mineralöl: wird aus Grundölen hergestellt, die direkt aus Erdöldestillaten gewonnen wurden.
- Teilsynthetiköl: teilsynthetisches Motoröl wird aus einer Mischung mineralischer und synthetischer Grundöle hergestellt.
- Synthetiköl: wird ausschließlich synthetisch hergestellt.

Viskositätsklassen

- SAE-Klassifikation (SAE = Society of Automotive Engineers)

Motoröle für Kraftfahrzeuge werden in Sommer- und Winteröle unterteilt.

Sommeröle erhalten nach der SAE J-300 eine der Viskositätsklassen 20 (dünnflüssig), 30, 40, 50 oder 60 (sehr dickflüssig).

Winteröle erhalten nach der SAE J-300 eine der Viskositätsklassen 0W (sehr dünnflüssig), 5W, 10W, 15W, 20W oder 25W, wobei das „W" für „Wintereignung" steht.

Nach SAE J-300	**Sommeröle**	**Winteröle**
Sehr dünnflüssig		0W
Dünnflüssig	20	5W
↑ 30W	10	
↓ 40W	15	
Dickflüssig	50	20W
Sehr dickflüssig	60	25W

Mehrbereichsöl, z. B.	**Niedrigtemperatur-Viskosität**	**Hochtemperatur-Viskosität**
SAE 0W–40W	von 0 SAE	bis 40 SAE
SAE 10W–60W	von 10 SAE	bis 60 SAE
SAE 20W–60W	von 20 SAE	bis 60 SAE
SAE 15W–40W	von 15 SAE	bis 40 SAE

- API-Klassifikation (API = American Petroleum Institute)

Sie definieren gewisse Mindestanforderungen an Motoröle. Man unterscheidet Klassifikationen für Ottomotoren und Dieselmotoren. Der Buchstabe S steht für Ottomotoren, C für Dieselmotoren, zusätzlich angegeben wird ein weiterer Buchstabe, der die Qualitätsstufe beschreibt. Je höher im Alphabet der Zusatzbuchstabe ist, umso höher ist die Qualität. Somit hat ein Motoröl mit der Kennung API SL eine höhere Qualitätsklasse als eines mit API SG. Die derzeit höchsten Qualitätsklassen sind SL bzw. CF.

Getriebeöle für Kraftfahrzeuge tragen die Viskositätsklassen SAE 70 (sehr dünnflüssig) bis SAE 250 (sehr dickflüssig).

Getriebeöle werden mit dem Kürzel GL (Gear Lubricant) und den Ziffern 1–5 beschrieben. Die Ziffern kennzeichnen die Belastbarkeit des Öls, wobei GL-1 für Getriebe mit niedrigen Belastungen geeignet sind, GL-4 und GL-5 dagegen für hochbelastete Getriebe verwendet werden.

Zweitaktöle

Die Schmierung eines Zweitaktmotors unterscheidet sich grundlegend von den Prinzipien eines Viertakters, da hier nach dem Prinzip der sogenannten Verlustschmierung gearbeitet wird. Außerdem muss das Öl, auch beim Einsatz eines separaten Öltanks, über eine gute Mischbarkeit mit dem Kraftstoff verfügen. Erreicht wird dies durch den Einsatz spezieller Additivzusätze, die darüber hinaus auch die Ablagerungen in der Brennkammer reduzieren und die mit Öl versorgten Motorteile schützen. Wenn die Mischung zu viel Öl enthält, ist sie zu „fett" und erzeugt mehr Abgasrauch. Das ist nicht nur vom Umweltgesichtspunkt her inakzeptabel, sondern lässt auch erkennen, dass eine übermäßige Menge Öl verbrannt wird. Weitere Kennzeichen für eine zu fette Ölmischung sind eine verschmutzte Zündkerze und/oder übermäßige Ölabscheidungen am Auspuffrohr oder Schalldämpfer. Eine zu magere Mischung bewirkt einen übermäßigen Materialverschleiß. Der Grund hierfür ist, dass zu wenig Öl vorhanden ist, um in der Kolbenbohrung einen Kontakt zwischen den Metalloberflächen zu verhindern. Die Klassifikationen API TA bis TC bezeichnen speziell Zweitaktöl.

Hydrauliköle

Qualitätsanforderungen:

- Hohe Alterungsbeständigkeit
- Hohes Benetzungs- und Haftvermögen
- Hoher Flammpunkt
- Niedriger Stockungspunkt
- Verträglichkeit mit Dichtungen
- Harz- und Säurefreiheit
- Geringer Temperatureinfluss auf die Viskosität
- Druck- und Volumsbeständigkeit
- Geringe Schaumbildung

Hydrauliköle auf Mineralölbasis

Die am häufigsten eingesetzten Hydraulikflüssigkeiten sind auf Mineralölbasis mit entsprechenden Zusätzen aufgebaut und haben die Bezeichnungen:

- HL: mit Wirkstoffen zum Erhöhen des Korrosionsschutzes und der Alterungsbeständigkeit
- HM: mit Wirkstoffen zum Erhöhen des Korrosionsschutzes, der Alterungsbeständigkeit sowie zur Verminderung des Fressverschleißes im Mischreibungsgebiet
- HV: mit Wirkstoffen zum Erhöhen des Korrosionsschutzes, der Alterungsbeständigkeit, zur Verminderung des Fressverschleißes im Mischreibungsgebiet sowie zur Verbesserung des Viskositäts-Temperatur-Verhaltens

Hydraulikflüssigkeit mit Öl in Wasser als Emulsion

mit einem Wassergehalt >80 % und Konzentrat auf Mineralölbasis. Dadurch wird sie schwer entflammbar, und ist für Temperaturen zwischen +5 bis +55 °C einsetzbar.

Hydraulikflüssigkeit: Wasser in Öl Emulsionen

Die Flüssigkeit mit einem Wassergehalt >40 % enthält Mineralöl. Sie ist schwer entflammbar und einsetzbar für Temperaturen zwischen +5 bis +60 °C.

Synthetische Hydraulikflüssigkeiten

aus Phosphorsäureestern, chlorierten Kohlenwasserstoffen oder Fettsäureestern. Sie haben höhere Dichte als Mineralöl oder Wasser, können Probleme beim Ansaugverhalten von Pumpen verursachen und greifen viele Dichtungswerkstoffe an. Sie sind schwer entflammbar und einsetzbar für Temperaturen zwischen –20 °C bis +150 °C.

Kettenöle

Eine ausreichende und wirksame Schmierung der Kettengelenke erhöht die Lebensdauer der Ketten um ein Vielfaches. Der richtig ausgewählte Schmierstoff und das passende Schmierverfahren gewährleisten gute Verschleißminderung, ausreichenden Korrosionsschutz und optionale Dämpfeigenschaften.

Bioöl: Sägekettenöle gehen aufgrund der Verlustschmierung nach einmaliger Nutzung verloren und belasten damit Böden und Gewässer. Daher sollte eine rasche biologische Abbaubarkeit gewährleistet sein. Durch den Einsatz von Pflanzenölen als erneuerbare Rohstoffe werden fossile Ressourcen geschont.

Biologische Schmierstoffe müssen einen Pflanzenölanteil von mindestens 95 % der Masse aufweisen. Zusatzstoffe sind auf 5 % begrenzt.

Schmierfette

Schmierfette werden eingesetzt, um mechanische Abnutzung durch Reibung zu verhindern. Das Fett führt zu einem Film zwischen den Bauteilen und verhindert so den direkten Kontakt der sich zueinander bewegenden Oberflächen. Die Reibung wird stark vermindert und die Bauteile können leichter laufen und erzeugen weniger Reibungswärme und Lärm.

Schmierfette sind pasteartige Schmierstoffe, die aus einem Öl und einem Bindemittel bestehen.

In der Regel bestehen Schmierfette aus ca. 80 % Schmieröl, ca. 5–10 % Eindicker und ca. 10–15 % Zusätze.

Der Verbrennungsmotor

Bei den im Gartenbau verwendeten Motoren unterscheiden wir zwischen Verbrennungsmotor und Elektromotor. Verbrennungsmotoren werden zum Antrieb von Kraftfahrzeugen, Ein- und Zweiachsschleppern, Stromaggregaten, Pumpen usw. verwendet. Ein Verbrennungsmotor ist eine Wärmekraftmaschine, die durch innere Verbrennung von Treibstoff mechanische Arbeit verrichtet. Die Verbrennungstemperatur liegt oberhalb von 2 000 °C, der theoretische Wirkungsgrad beträgt über 90 %. In der Praxis liegt er bei üblichen Motoren deutlich unter 30 %.

Verbrennungsmotor	Kühlung	Kraftstoffe	Konstruktionen	Füllarten	Elektromotor
Viertaktmotor	Wasserkühlung	Diesel	Reihenmotor	Saugmotor	Wechselstrom
Zweitaktmotor	Luftkühlung	Benzin	V-Motor	Lademotor	Gleichstrom
Selbstzündung	Ölkühlung	Bioöle	Boxermotor		Drehstrom
Fremdzündung	Kombikühlung	Gas	Wankelmotor		
		Alkohol	Sternkolbenmotor		
		Wasserstoff	Gegenkolbenmotor		

Funktionsweise

Bei einem Verbrennungsmotor wird ein Kraftstoff-Luft-Gemisch in einem Zylinder entzündet und verbrannt. Der durch die Expansion der Verbrennungsgase entstandene Druck verschiebt einen auf einer Welle gelagerten Kolben. Die Kraftübertragung erfolgt über die Welle auf die Arbeitsmaschine.

Der Arbeitszyklus ist bei allen gleich und besteht aus vier Arbeitsschritten:

- Ansaugen
- Verdichten
- Leistung erbringen
- Ausstoßen

Ausstoßen und Ansaugen dienen dem Gaswechsel, d. h. dem Austausch von Abgas (Ausstoßen) gegen Frischgas (Ansaugen).

Verdichten und Arbeiten dienen der Umwandlung von chemischer Energie (Verbrennung des Kraftstoff-Luft-Gemisches).

Die Arbeitsschritte werden oft als Takte bezeichnet.

Arten von Verbrennungsmotoren

In der Geschichte des Motorenbaus sind viele Konzepte erdacht und realisiert worden.

Einteilung nach dem Arbeitsverfahren (Kurbelwellenumdrehungen/Arbeitsspiel)

Viertaktverfahren

Im ersten Takt wird das Ansaugtakt-Einlassventil geöffnet und das Auslassventil geschlossen. Dabei wird während der Abwärtsbewegung des Kolbens ein Kraftstoff-Luft-Gemisch in den Zylinder „gesaugt".

Beim zweiten Takt (Verdichtungstakt) sind beide Ventile geschlossen, und der Kolben verdichtet in seiner Aufwärtsbewegung das Kraftstoff-Luft-Gemisch im Zylinder. Am Ende des zweiten Taktes (oberer Totpunkt) erfolgt eine Zündung.

Im dritten Takt bleiben die Ventile weiter geschlossen und das Kraftstoff-Luft-Gemisch verbrennt. Durch den bei der Explosion entstehenden Druck wird der Kolben im Zylinder nach unten gedrückt. Diese Längsbewegung des Kolbens wird über den Pleuel auf die Kurbelwelle weitergeleitet und in eine Drehbewegung umgesetzt.

Im vierten Takt (Auslasstakt) wird das Einlassventil geschlossen und das Auslassventil geöffnet. Der sich nach oben bewegende Kolben drückt die verbrannten Abgase aus dem Zylinder.

Zweitaktverfahren

Hier laufen alle vier Arbeitsschritte in zwei Takten ab. Dies ist möglich, weil ein Teil des Ansaugens und der Verdichtung (das Vorverdichten) außerhalb des Zylinders im Kurbelgehäuse stattfindet. Die Kurbelwelle dreht sich während aller Arbeitstakte nur einmal. Durch den besonderen Bau von Zylinder und Kolben ist der Gaswechsel offen. D. h., es kommt zu einer partiellen Durchmischung von Frischgas und Abgas, da der Motor keine Ventile besitzt.

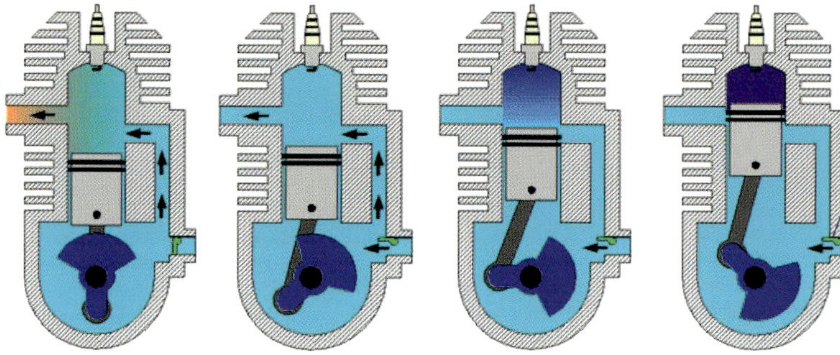

Schematische Darstellung eines Otto-Zweitaktmotors mit Vorverdichtungsventil am Kurbelgehäuse

Vergleich der Arbeitsverfahren

Zweitaktmotoren

Sie haben ein gleichmäßigeres Drehmoment, da sie bei jeder Kurbelwellenumdrehung Arbeit verrichten. Sie können nicht den gesamten Hubraum zur Expansion nutzen, da ein Teil des Hubraums aufgrund der Ein- und Auslassschlitze einen Druckaufbau nicht zulässt.

Zweitakter können wesentlich einfacher und billiger gebaut werden, weil sie keine Ventilsteuerung benötigen. Ohne Ventilsteuerung treten bei diesen Motoren geringere Massenkräfte auf, deshalb sind höhere Drehzahlen möglich. Sie haben einen höheren spezifischen Verbrauch und schlechtere Abgaswerte, weil ein Teil des Kraftstoff-Luft-Gemisches unverbrannt ausgestoßen wird. Der Wirkungsgrad eines Zweitaktmotors ist geringer als der eines vergleichbaren modernen Viertaktmotors.

Viertaktmotoren

Es sind Ventile erforderlich, weil die Ein- und Auslassöffnungen für Frisch- und Abgas bei jeder zweiten Kurbelwellenumdrehung geöffnet beziehungsweise geschlossen werden müssen.

Anwendungen

Zweitaktmotoren werden vorwiegend dort eingesetzt, wo das geringere Gewicht des Motors und eine hohe Leistung notwendig sind. Für kraftvolle und ausdauernde Ansprüche werden Viertaktmotoren eingebaut. Wo Gesetzgeber und Verbraucherinteresse auf Umweltschutz und Kraftstoffverbrauch achten, haben sich Viertaktmotoren durchgesetzt.

Einteilung der Motoren nach dem thermodynamischen Prozess

Ottomotor

Der Ottomotor ist nach seinem Konstrukteur NIKOLAUS AUGUST OTTO benannt. Bei diesem Verbrennungsmotor wird Benzin mit der angesaugten Luft durch eine aktive Zündvorrichtung zur Explosion gebracht.

Merkmale des Ottomotors

- Fremdzündung: Das Gemisch wird zu einem definierten Zeitpunkt durch den Funken einer Zündkerze gezündet.
- Äußere Gemischbildung: Kraftstoff und Luft werden vor dem Brennraum gemischt.
- Die Leistung wird mit einer Drosselklappe über die Menge des zugeführten Kraftstoff-Luft-Gemisches geregelt.
- Begrenztes Kompressionsverhältnis des angesaugten zum verdichteten, brennfähigen Gemisch.

Benzin-Direkteinspritzer: Die Direkteinspritzung des Kraftstoffs in den Brennraum ist nicht an die Steuerzeiten der Ventile gebunden und kann auch in der Verdichtungsphase erfolgen. Damit werden unterschiedliche Gemischzusammensetzungen ermöglicht.

Dieselmotor

Der Dieselmotor ist ein Verbrennungsmotor, der nach RUDOLF DIESEL benannt ist. Das charakteristische Merkmal ist die Selbstzündung des eingespritzten Kraftstoffs.

Merkmale des Dieselmotors

- Selbstzündung: Der in die erwärmte Luft eingespritzte Kraftstoff entzündet sich ohne eine externe Zündhilfe. Zum Kaltstart sind Zündhilfen (z. B. Glühkerzen, Startkraftstoff) notwendig.
- Kraftstoff und Luft werden erst im Brennraum gemischt; dies bezeichnet man als „innere Gemischbildung".
- Eine Selbstzündung ist durch das hohe Verdichtungsverhältnis möglich.
- Die Motorleistung wird durch den Kraftstoffgehalt einer konstanten Gasmenge erhöht.

Ausführungen

Dieselmotoren werden als Zweitaktmotor oder als Viertaktmotor mit oder ohne Turbolader ausgeführt.

Der Zweitakt-Dieselmotor ist so aufgebaut wie ein Viertakt-Dieselmotor. Im Gegensatz zu Zweitakt-Ottomotoren hat der Zweitakt-Dieselmotor nur ein Auslassventil, das auch mehrfach ausgebildet sein kann. Anstelle des Einlassventils gibt es im unteren Bereich des Zylinders Einlassschlitze, die vom auf und ab gehenden Kolben geöffnet und geschlossen werden.

Dieselmotor

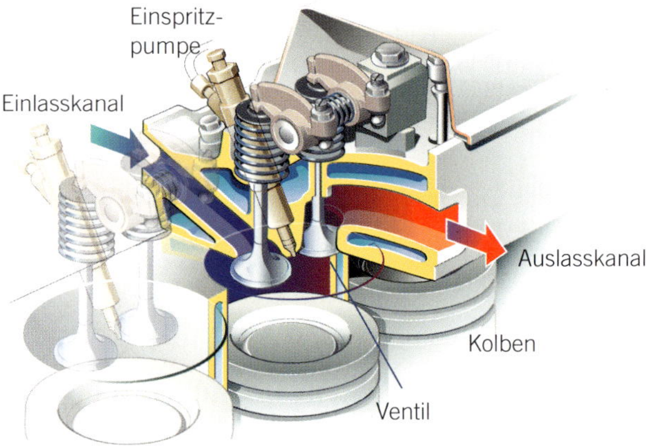

Einspritzpumpe und Ventile

Einspritzverfahren lassen sich nach einem kompakten und nach einem unterteilten Brennraum unterscheiden:

- Bei geteiltem Brennraum in Kammermotoren unterteilt man in Vorkammer- und Wirbelkammer-Einspritzverfahren.
- Bei einteiligem Brennraum wird die Direkteinspritzung eingebaut, wobei der Brennraum teilweise oder ganz im Kolbenboden liegen kann.

Vor- und Nachteile von Dieselmotoren

Vorteile:

- Ein günstiges Verhältnis zwischen Kraftstoffverbrauch und Wirkungsgrad
- Geringerer Ausstoß von Kohlenwasserstoffen, Kohlenmonoxid und Stickoxid
- Einsatz von einfacher herzustellenden Kraftstoffen
- Lange Lebensdauer

Nachteile:

- Höherer Ausstoß von Stickstoffoxiden
- Partikelausstoß (Feinstaub), der jedoch mit einem Partikelfilter reduziert werden kann
- Höhere Produktionskosten
- Höhere Geräuschentwicklung
- Eine begrenzte Höchstdrehzahl, die durch den Zündverzug des Dieselkraftstoffs begründet ist. Höhere Leistung kann durch Turbolader oder Kompressor erzielt werden.
- Die Schmieröle müssen andere Eigenschaften mitbringen als die von Ottomotoren.

Einspritzdüsen bestehen aus dem Düsenkörper und der Düsennadel. Durch den Kraftstoffdruck wird eine Druckfeder zurückgedrückt und der Kraftstoff wird über die Düsennadel in den Brennraum eingespritzt. Fällt der Druck ab, schließt die Düse. Die Düsenöffnungsdrücke liegen je nach Hersteller zwischen 115 und 300 bar. Der maximale Einspritzdruck kann allerdings je nach System und Motorlast/-drehzahl bei bis zu 2 000 bar liegen.

Abgase und Partikelfilter

Dieselfahrzeuge verursachen beim Abgasausstoß feinen Staub (Partikel). Aufgrund der geringen Größe der Partikel können diese tief in die Lunge eindringen und Krankheiten verursachen. Partikelfilter können die Partikel beinahe gänzlich aus den Abgasen filtern.

Animationen zu den hier beschriebenen Motoren finden Sie auf avBUCH.net

Einteilung der Motoren nach dem Bewegungsablauf

Kreiskolbenmotor (Wankelmotor)

ist ein Verbrennungsmotor, bei dem ein kreiskolbenförmiger Zylinder auf einer Exzenterwelle in einem Trochoïden-Gehäuse (ovalbogige Form) kreist. Die Ecken des Kolbens stehen ständig in Kontakt mit dem Gehäuse und bilden so drei unabhängige Arbeitsräume, in denen der Treibstoff eindringt, verdichtet und gezündet wird.

Wankelmotor

Umlaufmotor, Sternmotor

Dies ist ein Verbrennungsmotor, bei dem das Kurbelgehäuse und die Zylinder um die Kurbelwelle rotieren. Die Zylinder sind bei vielen Modellen sternförmig um die Kurbelwelle angeordnet. Motoren dieser Bauweise werden nicht mehr verwendet.

Hubkolbenmotor

Durch die Ausdehnung des Gases beim Verbrennungsvorganges wird ein Kolben in Bewegung ge-

Hubkolbenmotor

Umlaufmotor von 1914 im Deutschen Museum

setzt und verrichtet dadurch Arbeit. Die Auf- und Abbewegung des Kolbens wird auf eine Drehbewegung umgesetzt.

Kugelkolbenmotor: Es handelt sich im Grundkonzept um einen Drehkolbenmotor, der als Besonderheit sowohl die Einlasssteuerung wie auch die Brennraumgröße durch eine Taumelbewegung realisiert. Der Kolben stellt zwei sich gegenüberstehenden Halbkugeln dar. Getrennt werden sie durch eine fest stehende Trennwand. Es entstehen zwei Arbeitskammern. Der Kolben dreht sich auf einer Kurbelwelle und versetzt diese in Drehbewegung. Umschlossen wird der Kugelkolben von zwei halbrunden Zylindern, die in ihrer Mitte die Trennwand halten.

Der Freikolbenmotor besteht aus zwei starr miteinander verbundenen Kolben in zwei Zylindern, die eine abwechselnde Hin-und-her-Bewegung ausführen. Der jeweilige obere Totpunkt der Hubbewegung eines Kolbens entspricht hierbei dem unteren Umkehrpunkt/Totpunkt des anderen Kolbens. Die erzeugte Kraft wird mittels Zahnstangen auf ein Zahnrad übertragen. Der Wirkungsgrad ist höher als beim Ottomotor.

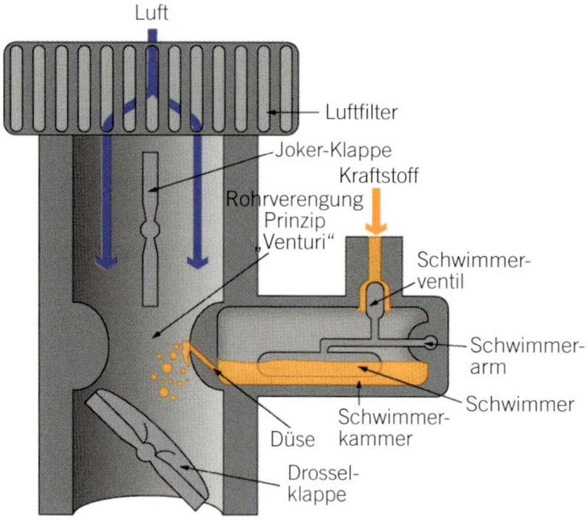

Vergaser

Vergaser

Der Vergaser ist der Motorteil, der zum Vermischen von Kraftstoff und Luft benötigt wird. Dadurch entsteht ein brennbares Gemisch. Ein Vergaser besteht aus einem Steuer- und Drosselsystem für die Verbrennungsluft (Drosselklappe, Schieber etc.), aus Steuer- und Drosselsystem für den Kraftstoff (Düse, Düsennadel etc.) und einem Regelsystem für die Treibstoffzufuhr (Schwimmerkammer mit Schwimmer und Nadelventil, Membrane etc.). Zusätzlich können diese Teile durch Leerlauf-Hilfseinrichtungen (Leerlauf-Luftdüse, Leerlauf-Treibstoffdüse), Starthilfe (Choke, Startdüse etc.) und Vorwärmsysteme, Beschleunigerpumpe, Teil- und Volllastklappen usw. ausgestattet sein.

Einteilung der Motoren nach der Gemischbildung

Vor der Verbrennung müssen Kraftstoff und Luft durchmischt werden. Der Kraftstoff muss verdampfen. Folgende Formen werden unterschieden:

- Äußere Gemischbildung:

Kraftstoff und Luft werden außerhalb des Zylinders vermischt, dann dem Zylinder zugeführt und verdichtet. Beispiele sind Ottomotor mit Vergaser oder der Zweitaktmotor.

- Innere Gemischbildung:

Dem Zylinder wird nur Luft zugeführt und diese verdichtet. Der Kraftstoff wird erst später in den Brennraum eingebracht. Die Zündung erfolgt dann durch Selbstzündung (Dieselmotoren) oder Fremdzündung (Ottomotoren mit Direkteinspritzung).

Einteilung nach dem Zündverfahren

- Fremdzündung

Die Fremdzündung wird beim Ottomotor eingesetzt. Die Zündung des Kraftstoff-Luft-Gemisches erfolgt durch eine Zündkerze. Bester Zeitpunkt ist kurz vor dem oberen Totpunkt.

- Selbstzündung

Dieselmotoren arbeiten mit Selbstzündung. Im Zylinder wird reine Luft stark verdichtet, und kurz vor dem oberen Totpunkt wird der Dieselkraftstoff eingespritzt. Durch die hohe Hitze entzündet sich der Kraftstoff selbst.

Einteilung nach der Füllungsart

- Saugmotor

Ein Saugmotor ist ein Verbrennungsmotor, bei dem die Luft nicht wie beim Ladermotor zusätzlich durch einen Kompressor oder einen Turbolader vorverdichtet wird. Die Bewegung der Kolben in den Zylindern erzeugt einen Unterdruck, durch den die Luft angesaugt wird. Bei Viertaktmotoren ist einer der vier Arbeitstakte der Ansaugtakt. Die Luft wird durch die Bewegung des Kolbens in den Zylinder gesaugt.

- Lademotor

Durch den Zündverzug ist die Leistung beschränkt. Deshalb ist eine effektive Leistungssteigerung nur durch Aufladung zu erreichen. Die gängigste Maßnahme für die Aufladung ist der Einsatz von Abgasturboladern. Durch die Vorverdichtung der Luft erhält jede Zylinderfüllung mehr Sauerstoff, die Einspritzmenge kann dann erhöht werden. Dadurch erhöht sich die Leistung deutlich, der Wirkungsgrad des Motors verbessert sich um etwa 5–10 %.

Einteilung der Motoren nach dem Kühlverfahren

- Wasserkühlung bzw. Flüssigkeitskühlung

Die im Verbrennungsmotor erzeugten Temperaturen von über 2 000 °C bedrohen die Motorbauteile. Die überschüssige Wärme muss deshalb schnell abgeleitet werden. Dies gelingt immer noch am besten mit der Flüssigkeitskühlung. Der Motor wird zusätzlich ummantelt. In diesen Zwischenraum wird eine spezielle Kühlflüssigkeit gefüllt. Der Wasserumlauf mittels Pumpe über den Kühler wird in Abhängigkeit von der Kühlwassertemperatur mit einem Thermostat geregelt.

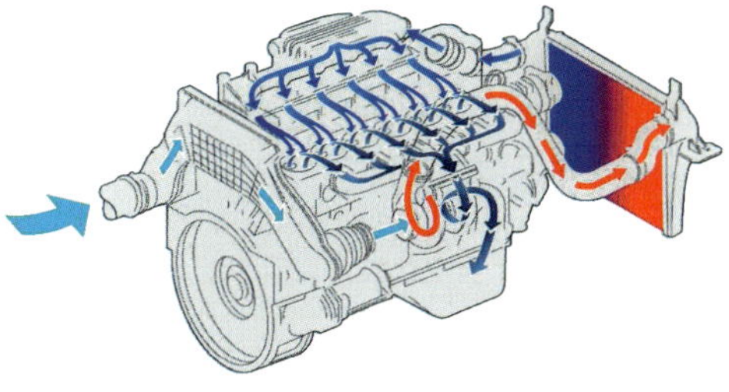
Wasserkühlung

- Luftkühlung

Damit soll erreicht werden, dass an alle wärmekritischen Stellen des Motors die Wärme unmittelbar an die Luft abgegeben wird. Wärmebeanspruchte Teile werden mit Kühlrippen versehen. Luft wird entweder durch den Fahrtwind oder durch ein besonderes Gebläse daran vorbeigeführt.

Vorteil: Der Motor wird schneller warm. Das Kühlungssystem kann weder einfrieren noch undicht werden.

Nachteil: Die Kühlrippen müssen immer gereinigt werden. An heißen Tagen nimmt die Luft weniger Wärme auf und auch der Wärmeübergang ist schwieriger.

- Ölkühlung

Neben der Schmierung übernimmt das Motorenöl auch die Aufgabe der Kühlung. Die Wärmeabfuhr erfolgt bei vielen Motoren über die Ölwanne, die zur Verbesserung der Kühlung aus Aluminium hergestellt und oft mit Kühlrippen versehen ist. Bei Motoren mit Trockensumpfschmierung kühlt der Schmierstoff im separaten Ölbehälter (Ölkühler) ab.

- Kombinationen aus Luft-/Ölkühlung

Einteilung nach Bauformen und Anzahl der Zylinder

Abhängig von der Anzahl der Zylinder werden Otto- und Dieselmotoren gebaut als:

- Einzylinder (1)
- Reihenmotor (mit 2, 3, 4, 5, 6, 8 Zylindern)
- V-Motor (mit 2, 4, 5, 6, 8, 10, 12, 16 Zylindern)
- Boxermotor (mit 2, 4, 6, 12 Zylindern)
- Sternmotor (mit 3, 5, 7, 9 Zylindern)
- Gegenkolbenmotor (nur bei Zweitaktmotor)

Wichtige Motorenbauer (Auswahl)

- CARL BENZ
- RUDOLF DIESEL
- NIKOLAUS OTTO
- GOTTLIEB DAIMLER
- WILHELM MAYBACH
- SIEGFRIED MARCUS
- FELIX WANKEL
- FRANK STELZER

Hubraum

Die Größe des Hubraums ist ein wichtiges Merkmal für die Klassifizierung von Ottomotoren. Der Hubraum bezeichnet das Volumen, das vom Kolben zwischen unterem und oberem Totpunkt verdrängt wird. Bei Mehrzylindermotoren wird der Hubraum aller Zylinder addiert.

Elektromotor

Ein Elektromotor ist ein elektromechanisches Gerät, das elektrische Energie in mechanische Energie umwandelt. Dabei wird die Kraft, die von einem Magnetfeld auf die stromdurchflossenen Leiter einer Spule ausgeübt wird, in Bewegung umgesetzt. Damit ist der Elektromotor das Gegenstück zum Generator. Elektromotoren erzeugen meist rotierende Bewegungen, sie können aber auch translatorische Bewegungen ausführen (Linearantrieb). Elektromotoren werden zum Antrieb verschiedener Arbeitsmaschinen und Fahrzeuge (vor allem Schienenfahrzeuge) eingesetzt.

Drehstrommotor

In den Spulen des Motors wird durch die drei Phasen des Drehstromes ein rotierendes magnetisches Feld erzeugt. Dieses magnetische Feld übt eine Kraft auf den beweglichen Teil des Motors – den Rotor – aus, was diesen in Drehung versetzt. Gespeist wird der Drehstrommotor mit dreiphasigem Wechselstrom (3 ~ 400 V/50 Hz). Drehstrommotoren können auf zwei unterschiedliche Arten verschaltet werden:

Die Dreieckschaltung:

Bei der Dreieckschaltung wird jeweils ein Spulenanschluss mit dem Spulenanschluss einer anderen Spule verbunden. An die so entstandenen drei Anschlusspunkte werden die drei Außenleiter L1, L2 und L3 angeschlossen. Bei der Dreieckschaltung entfällt der Nullleiter.

Die Sternschaltung:

Bei der Sternschaltung wird von jeder Spule jeweils ein Spulenanschluss mit dem Anschluss einer anderen Spule verbunden (Anschluss U2, V2, W2). Dadurch entsteht ein Knotenpunkt, der auch als Sternpunkt oder Mittelpunkt bezeichnet wird. In diesem Knotenpunkt wird der Nullleiter N (auch Mittelleiter oder Sternpunktleiter genannt) angeschlossen. An die anderen drei Spulenanschlüsse U1, V1, W1 der drei Spulen werden die drei Außenleiter L1, L2 und L3 angeschlossen.

Die Drehstrommotoren sind serienmäßig in Dreieckschaltung ausgeführt.

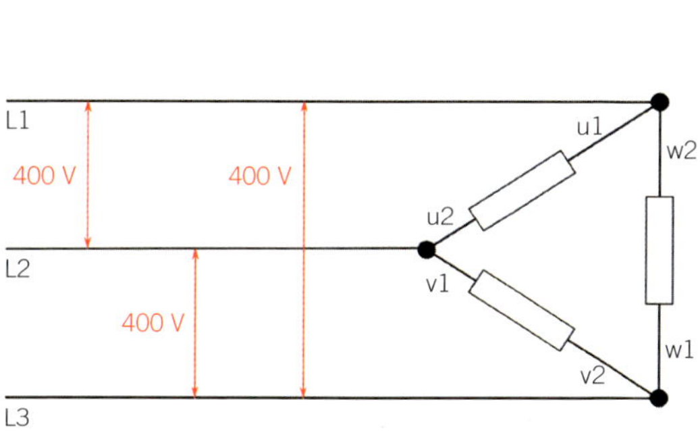

Die Dreieckschaltung

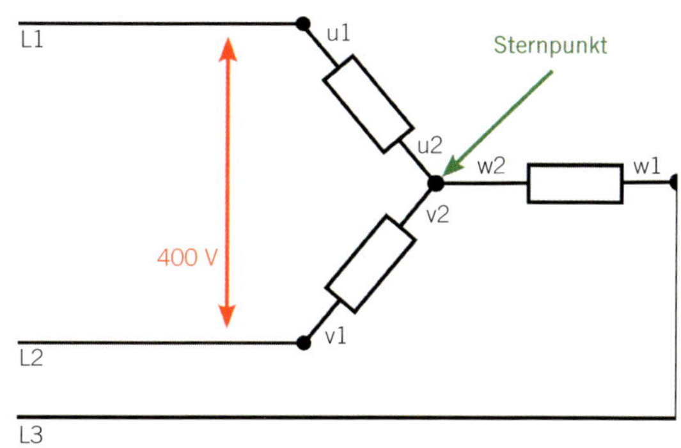

Die Sternschaltung

Wechselstrommotoren

Genau wie Gleichstrommotoren bestehen sie im Wesentlichen aus einem drehbar gelagerten Anker (Rotor) und einem Feldmagneten (Stator). Ausschließlich als Wechselstrommotoren gebaute Geräte verfügen aber nicht über einen Kollektor (Polwender). Wie der Name bereits sagt, werden diese Motoren mit Wechselstrom betrieben. Durch den Anker wird hingegen Wechselstrom geleitet. Dieser Wechselstrom bewirkt die Entstehung eines Magnetfeldes, dessen Pole sich im Takt des Wechselstroms ändern. Bei der Netzfrequenz (50 Hz) polt sich das Magnetfeld des Ankers also 50-mal je Sekunde um. Versetzt man den Anker aber vor der Stromzuführung bereits in Rotationsbewegung, dann kann er bei richtiger Drehfrequenz seine Rotation fortsetzen. Dies geschieht dann, wenn der Anker in dem Moment, in dem er sich gerade am magnetischen Nordpol des Feldmagneten vorbeibewegt, infolge der Stromumpolung dort auch selbst seinen eigenen magnetischen Nordpol ausbildet. Die gleichnamigen Pole stoßen sich ab und die Drehbewegung wird fortgesetzt. Gleiches gilt für die magnetischen Südpole.

Bei der beschriebenen Bauform eines Wechselstrommotors muss der Anker mit der gleichen Frequenz rotieren, mit der auch der elektrische Wechselstrom seine Richtung ändert. Man nennt solche Motoren Synchronmotoren.

Gleichstrommotor

Im Inneren eines Gleichstrommotors ist ein Rotor, der in den meisten Fällen aus einer Spule mit Eisenkern (dem sogenannten Anker) besteht, der drehbar im Magnetfeld zwischen den Polschuhen des Stators gelagert ist.

Die Stromzuführung für den Anker erfolgt über einen segmentierten Kommutator und Schleifkontakte (Kohlebürsten). Schickt man durch den Rotor Strom, entsteht auch hier ein Magnetfeld, das jetzt in Wechselwirkung mit dem Magnetfeld des Stators tritt. Er dreht sich somit um seine Achse und schaltet über den sich mitdrehenden Kommutator immer die passenden Wicklungen in den Stromweg und kann so elektrische Arbeit in mechanische Arbeit umwandeln.

Kraftübertragung

Von Kraftübertragung spricht man, wenn eine Kraft von einem Maschinenelement zum anderen übertragen wird.

- Statische Kraftübertragung: Die von einem Motor erzeugte Kraft wird von einem Bauteil aufgenommen und wird mithilfe einer Verbindungstechnik auf das rotierende Werkzeug weitergeleitet.
- Dynamische Kraftübertragung: Dies ist eine Leistungsübertragung. Dabei wird eine Entfernung überwunden und bei Bedarf die Richtung verändert. Dabei besteht die Möglichkeit der Regelung oder Steuerung. Leistungsübertragung innerhalb eines größeren technischen Systems wird Getriebe genannt.

Getriebe sind gelenkige Verbindungen von rotierenden Teilen, die zum Übertragen und Umwandeln von Kräften dienen. Das Getriebe wird meist zwischen dem Antriebsaggregat (Motor) und dem zu treibenden Maschinenteil häufig mittels Kupplungen eingebunden.

Schnittbild eines modernen Steyr-Traktor-Getriebes

Getriebeunterteilung nach Bauart

- Festes Getriebe: Drehzahlverhältnis, die Drehmomentwandlung wird nicht verändert.
- Verstellgetriebe können in gestufte und stufenlose Getriebe unterteilt werden.
- Schaltgetriebe – Drehzahl und Drehmoment können abgestuft geschaltet werden. Die Funktion kann auch in einer Drehrichtungsumkehr in Form eines Rückwärtsgangs liegen.
- Leistungsteilungsgetriebe, z. B. Differenzialgetriebe
- Zugmittelgetriebe, z. B. Kettengetriebe oder Riemengetriebe

Unterteilung der Getriebe nach der Art der Kraftübertragung

Formschlüssige Getriebe

- Getriebe mit Zahnrädern:
  - Stirnradgetriebe: Eingangs- und Ausgangswelle sind parallel angeordnet. Wird bei vielen Pkw-Antrieben verwendet.
  - Planetengetriebe: An- und Abtriebswelle sind koaxial. Die Übersetzung läuft wie ein Planet um die Antriebswelle herum.
  - Kegelradgetriebe: An- und Abtriebswelle sind in einem Winkel (meist 90°) angeordnet.
  - Schraubenradgetriebe: Eine schraubenförmige Wellenachse treibt ein Zahnrad an.
  - Ausgleichsgetriebe, auch Differenzialgetriebe genannt: Das Getriebe weist vier Zahnräder auf. Dadurch wird es ermöglicht, dass sich ein Rad langsamer und das andere schneller drehen kann. So wird eine Kurvenfahrt ermöglicht. Bei Bedarf kann die Differenzialsperre zugeschaltet werden.
- Kettengetriebe: Kraftübertragung erfolgt über eine Kette.
- Zahnriementrieb: Kraftübertragung erfolgt über einen Zahnriemen. Beide Antriebsarten sind elastischer und können Geschwindigkeits- und Kraftunterschiede leichter ausgleichen.

Kraftschlüssige Getriebe

- Reibradgetriebe
- Riementrieb, z. B. Keilriemen
- Wälzkörpergetriebe

Alle diese Arten der Kraftübertragung erfolgen über Materialien, die bei starker Beanspruchung früher oder später hohe Verschleißerscheinungen aufweisen. Daher sind höhere Kosten für den Austausch zu rechnen.

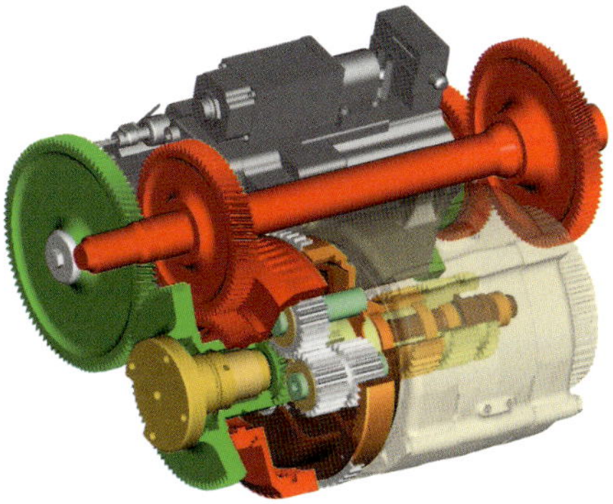

Stufenloses Getriebe

Differenzialgetriebe

Unterscheidung nach dem Antrieb

- Hydraulische Getriebe: Die Antriebsseite setzt eine Flüssigkeit im Inneren in Bewegung, die die Abtriebsseite antreibt. Es wird zwischen hydrostatischen und hydrodynamischen Getrieben unterschieden.
- Pneumatische Getriebe: Pneumatische Getriebe werden häufig als Antrieb für Getriebe und Mechanismen verwendet.
- Elektrische Getriebe: Dabei wird eine elektronische Schaltung verwendet, die ebenso zur Drehzahl- oder Drehmomentänderung führt.

Einteilung nach der Bauform

- Offene Bauform: bedeutet, dass die einzelnen Getriebeelemente frei zugänglich sind. Häufig werden sie jedoch auch aus sicherheitstechnischen Gründen verkleidet.

  Beispiele: Riemengetriebe, Transmission
- Geschlossene Gehäuse: Bei geschlossenen Getrieben kann eine permanente Schmierung erfolgen. Beispiele: Kraftfahrzeuggetriebe, Differenzialgetriebe

Die Motorwartung

Die Motorpflege ist ein wichtiges Thema und sollte nicht vernachlässigt werden. Je nach Hersteller und Modell sind unterschiedliche Wartungsarbeiten notwendig. Fristen und Maßnahmen sind in den Betriebsanleitungen nachzulesen. Vielfach sind auch Spezialwerkzeuge notwendig. Werden Servicearbeiten nicht oder nicht zeitgerecht durchgeführt, erlischt die Garantieleistung.

Bei den Wartungsarbeiten werden Ölverlust, Kühlmittelverlust, Verschmutzungen oder Einstellungsveränderungen behoben. Probleme wie z. B. Startprobleme, Zylinderkopfdichtungswechsel, Motorschaden etc. sollte dem Fachmann überlassen werden.

Wartungsarbeiten

Täglich wird durchgeführt:

- Luftfilter reinigen
- Ölstandkontrolle
- Schmierstellen fetten
- Kühlwasserkontrolle
- Treibstoff nachfüllen
- Sichtkontrolle (Beschädigungen, fehlende Maschinenteile)

Nach Serviceplan wird durchgeführt:

- Keilriemen
- Ölwechsel bei gleichzeitigem Filterwechsel
- Einstellarbeiten
- Batteriecheck
- Getriebeölkontrolle
- Vor dem Winter Frostschutzmittel prüfen

Wiederholungsfragen

1. Wie funktioniert ein Viertaktmotor?
2. Wie funktioniert ein Zweitaktmotor?
3. Wie funktioniert der Dieselmotor?
4. Wie funktioniert der Ottomotor?
5. Welche Kühlungsarten gibt es bei Verbrennungsmotoren?
6. Welche Kraftstoffe werden bei Verbrennungsmotoren verwendet?
7. Welche Motorkonstruktionen gibt es?
8. Was ist der Unterschied zwischen einem Saugmotor zu einem Lademotor?
9. Was versteht man unter einem Drehstrommotor?
10. Was versteht man unter einem Wechselstrommotor?
11. Was versteht man unter einem Gleichstrommotor?
12. Welche Arten der Kraftübertragung gibt es?
13. Was versteht man unter einem Differenzialgetriebe?
14. Was sollte bei der täglichen Maschinenpflege durchgeführt werden?
15. Wo sind periodisch wiederkehrende Wartungsarbeiten nachzulesen?

Schlepper-, Traktorenkunde

Auswahlkriterien für eine optimale Kaufentscheidung richten sich primär nach den erforderlichen Einsatzbereichen und bestimmen neben der Bauart die Größe und Ausstattung des Traktors. Zur technischen Grundausstattung eines Traktors gehören ein Dieselantriebsmotor, ein Schaltgetriebe mit verschiedenen Schaltgruppen und Vorwärts- und Rückwärtsgängen, eine Hydraulikanlage mit Hubgestänge zum Anbau von Hydraulikgeräten, mindestens ein Heckzapfwellenantrieb als Antriebsquelle für zapfwellengetriebene Maschinen und Geräte und eine Fahrerkabine oder ein Überrollbügel als Unfallschutzeinrichtung. Zusatzausrüstungen sind neben Komfortkabinen verschiedene Aufbauten wie Frontlader, Fronthydraulik, Frontzapfwelle, Druckluftanlagen, Fremdanschlüsse für Hydraulikgeräte, Schnellkupplungssysteme zum rascheren Anhänger- und Geräteanbau usw.

Je nach Bauart unterscheidet man die folgenden Schlepper.

Universalschlepper

Sie werden auch als Standardtraktor bezeichnet. Je nach Ausstattung können Anbaugeräte im Heckanbau und Frontanbau verwendet werden. Neben der Hydraulik als Anbaumöglichkeit und Antriebsquelle für diverse Hydraulikzylinder und Ölmotoren verfügen Traktoren immer über eine Heckzapfwelle als zentrales Antriebsorgan für Anbau- und Anhängegeräte. Eine Frontzapfwelle gilt als Zusatzausrüstung, schafft aber Möglichkeiten, mehrere Arbeitsgänge gleichzeitig durchzuführen. Durch den Aufbau eines Frontladers können speziell allradgetriebene Traktoren wie Kompaktlader oder andere Ladersysteme eingesetzt werden, wodurch ihre Wirtschaftlichkeit zusätzlich gesteigert wird. Wird der Traktor vermehrt für Straßenfahrten verwendet, sollte mindestens eine Getriebeversion mit 40 km/h bzw. 50 km/h gewählt werden. Für optimalen Fahrkomfort sorgen neben einer Komfortkabine Lastschaltgetriebe-Bauarten oder stufenlose Getriebe. Motorzapfwellen und Hydraulikmanagement werden computergesteuert und entlasten den Fahrer bei steuerungsintensiven Arbeiten.

Systemschlepper

Neben den vorderen und hinteren Anbauräumen verfügen sie auch über eine Ladefläche hinter der Fahrerkabine. Außerdem haben sie vier gleich große Räder mit Allradtechnik.

Geräteträger

Der Geräteanbau kann bei Geräteträgern zusätzlich im Zwischenachsbereich erfolgen. Geräteträger zeichnen sich durch eine optimale Rundumsicht aus, sodass Geräte im Heck-, Zwischenachs- und Frontanbau leicht eingesehen werden können und ein höchst effizienter Arbeitsprozess möglich ist.

Spezialschlepper

Schmalspur- oder Kleinschlepper sind speziell für den Garten- und Landschaftsbau konzipiert. Ihre geringe Spurbreite und niedriger Achsabstand machen sie zu extrem wendigen Transport und Antriebsmaschinen. Bezüglich Ausstattung und Technik sind sie mit Standardtraktoren vergleichbar.

Einachsschlepper

Sie haben Motorleistungen von 2,5–10 kW, werden von Zweitakt- oder Dieselmotoren angetrieben und verfügen über Zapfwelle, Mehrganggetriebe, Aufnahmevorrichtungen für Heck- und Frontanbau, Einzelradlenkung sowie verstellbare Spurbreite.

Einachsschlepper sind vielseitig einsetzbar: als Zugmaschine für kleine Anhänger, zum Anbau von Mähern u. v. m.

4 Messer und Scheren

Handwerkzeuge

Messerarten

Zur Grundausstattung der gärtnerischen Berufe gehören spezielle Messer und Scheren. Grundsätzlich sollten Qualitätsprodukte bevorzugt werden. Neben dem besseren Arbeitskomfort halten sie den Schliff besser und im Bedarfsfall sind Ersatzteile erhältlich.

Kopuliermesser

Diese Messerbauart gilt als die gebräuchlichste im Gartenbau. Die Klinge ist einseitig geschliffen und nach vorn spitz zulaufend. Der Messergriff sollte eine raue Oberfläche aufweisen und gut in der Handfläche liegen.

Okuliermesser

Ein Rindenlöser, entweder am Messerrücken oder am Klingenende, ist typisch für diese Messerbauart. Mit dem Rindenlöser kann die Okulation optimal vorbereitet werden.

Hippe

Sie verfügt über einen nierenförmigen Griff, damit die Kraftübertragung verbessert wird. Die Klinge ist nach vorn hin spitz zulaufend und stark nach unten gebogen, um das Arbeiten im Baumschulbereich zu erleichtern. Der Schliff ist im Gegensatz zu den anderen Gärtnermessern beidseitig angebracht.

Gärtnermesser mit Kopulier- und Okulierklinge

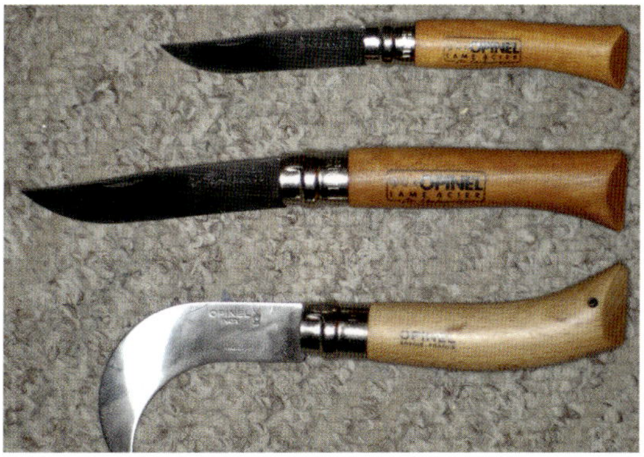

Hippe

Scherenarten

Qualitätsscheren unterscheiden sich wesentlich von No-name-Produkten. Ihre optimierten Griffformen ermöglichen eine ideale Passform, wodurch der Arbeitsprozess stark erleichtert wird. Über Einstellvorrichtungen kann im Bedarfsfall das Griffspiel bzw. der Spielraum zwischen Klinge und Gegenschneide angepasst werden; dadurch kann immer für eine optimale Schnittführung gesorgt werden. Verschleißteile wie Klingen oder Grifffedern können problemlos nachgekauft und ausgetauscht werden.

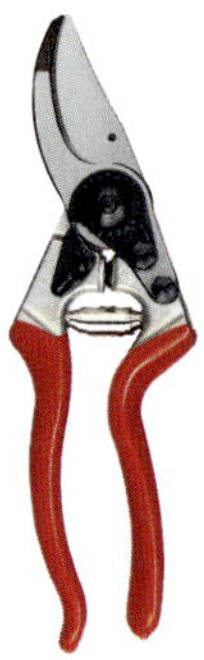

Baumschere, ergonomisch geformt

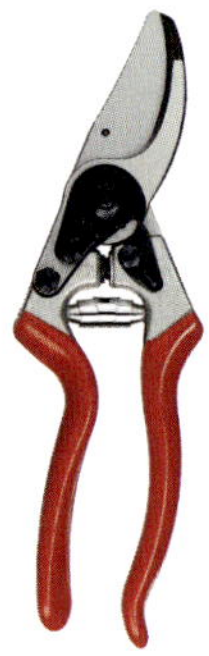

Ergonomische Baumschere für Linkshänder

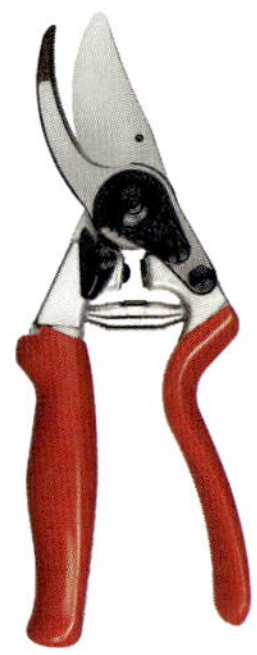

Rollgriffschere mit Bypass-Klinge

Baumschere

Baumscheren ermöglichen bei verholzten Materialien Schnitte bis zu einem Durchmesser von 25 mm. Qualitätsscheren sind auch als Linkshänderausführungen erhältlich. Zur Arbeitserleichterung werden einzelne Scheren als Rollgriffscheren ausgeführt. Je nach Einsatzbereich werden Baumscheren als Bypassscheren oder als Ambossscheren angeboten.

Rollgriffschere

Bei dieser Scherenbauart ist ein Griffteil um die eigene Achse drehbar. Dadurch wird die Reibung an den Fingeroberflächen reduziert, es kommt zu geringeren Hornhautbildungen und der Kraftaufwand ist etwas geringer.

Bypassschere

Der Schnitt wird als gezogener Schnitt sehr schonend ausgeführt. Die einseitig geschliffene Klinge gleitet dabei an der kantigen Gegenschneide exakt vorbei. Ein guter Schliff und eine optimale Einstellung vorausgesetzt, ermöglichen diese Scheren einen exakten Schnitt ohne Quetschungen. Bypassscheren sind aber sehr empfindlich gegenüber verschmutzten Pflanzenteilen, da durch den Schmutz die Klinge an Schliff verliert und entweder ständiges Schärfen notwendig ist oder mit erhöhtem Kraftaufwand quetschende Schnitte durchgeführt werden.

Ambossschere

Sie führen einen quetschenden Schnitt aus. Die beidseitig geschliffene Klinge trifft beim Schnitt direkt auf die Gegenschneide. Um eine gerade Schnittfläche zu erreichen, muss der Schliff der Klinge optimal sein; lässt der Schliff nach, entstehen

Bypass-Astschere

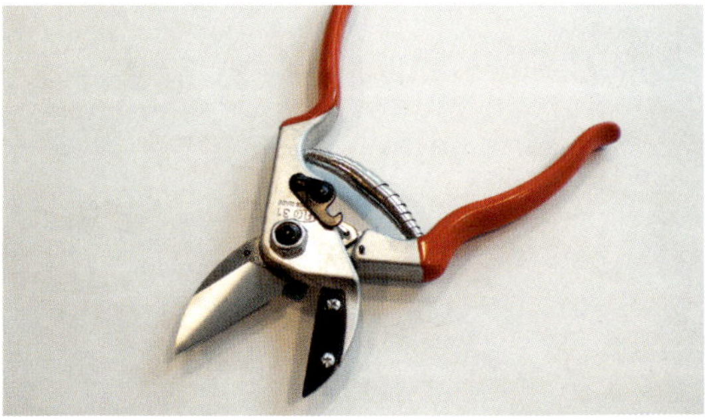

Amboss-Baumschere

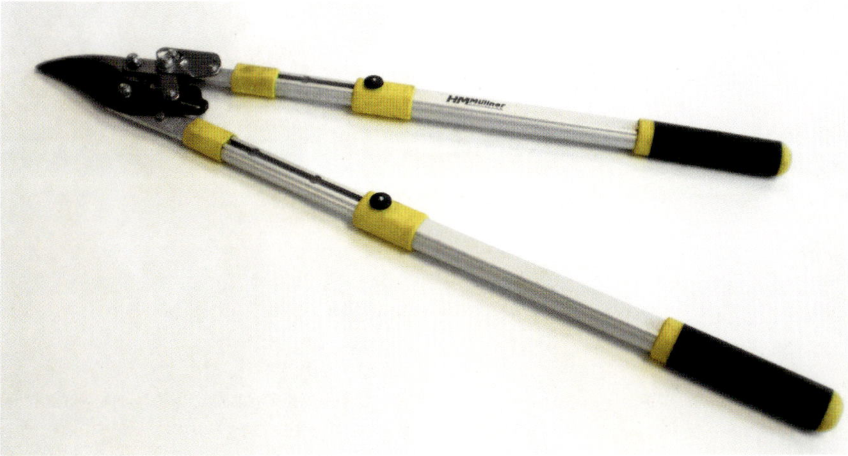

Astschere mit Griff-Verlängerung

starke Quetschungen und der Kraftaufwand steigt, trotzdem ist die Schnittleistung befriedigend, da das Schnittgut direkt an die Gegenschneide gepresst und abgeschnitten wird. Speziell bei stark verschmutztem Schnittgut und geringen Ansprüchen an die Schnittqualität ist mit Ambossscheren eine höhere Arbeitsleistung zu erzielen.

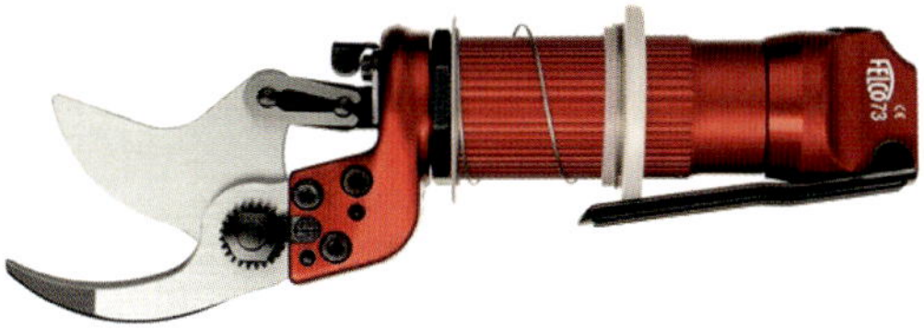

Luftdruckschere

Astschere

Um Äste mit einem Durchmesser bis zu 45 mm zu schneiden, verfügen Astscheren über verlängerte Griffhebel. Je nach Bauart beträgt die Hebellänge zwischen 30 und 75 cm. Die Hebellänge ermöglicht nicht nur das Scheiden stärkerer Pflanzenteile, sondern erleichtert auch das Arbeiten in bodennahen Zonen, da das beschwerliche Bücken wegfällt. Auch über Kopf ist der Arbeitsradius größer. Astscheren werden wie Baumscheren entweder als Ambossscheren oder Bypassscheren angeboten.

Luftdruckschere

Mit minimalem Kraftaufwand lassen sich Luftdruckscheren bedienen. Ein leichtes Antippen genügt und der Schnitt wird druckluftunterstützt ausgeführt. Der Einsatz der Scheren ist jedoch ortsgebunden, da jede Schere über einen Druckluftschlauch mit der Druckluftverteilerleitung verbunden sein muss.

Wiederholungsfragen

1. Welche Messerarten werden im Gartenbau eingesetzt?
2. Wodurch unterscheiden sich die einzelnen Messerarten?
3. Welche Scherenarten eignen sich für den gärtnerischen Gebrauch?
4. Wie funktioniert eine Rollgriffschere?
5. Wodurch unterscheiden sich Bypassscheren von Ambossscheren?

5 Maschinen und Geräte zur Bodenbearbeitung

Handwerkzeuge	Bodenabtrag	Bodenlockerung	Bodenverdichtung	Bodenaufbereitung
Spitzhacke	Löffelbagger	Bodenfräse	Trittbrett	Erdsieb
Krail	Flachbagger	Motorhacke	Walzen	Erdmischer
Haue	Sonderformen	Pflug	Kombigeräte	Erddämpfung
Spaten		Grubber		
Grabgabel		Kultivator		
Schaufel		Eggen		
		Grabenfräse		
		Tiefenlockerer		

Werkzeug zur Bodenbearbeitung

Man unterscheidet Bodenbearbeitungsgeräte für bautechnische Zwecke und für vegetationstechnische Zwecke. Wichtige Gesichtspunkte, die bei der Geräteauswahl beachtet werden sollten, sind Leistungsabstimmung und Maschinenkosten.

Spitzhacke

Die Spitzhacke oder der Krampen, mit einer Spitze statt dem Blatt, ist eigentlich ein Pickel. Damit werden stark verdichtete Böden gelöst. Einsatz bei Grabearbeiten.

Haue

Die Haue ist eine viereckige oder dreieckige, leichte Gartenharke mit Blatt, in Ostösterreich auch Heindl genannt. Sie dient zur oberflächlichen Bodenlockerung und mechanischen Unkrautbekämpfung.

Spitzhacke

Haue

Krail

Ähnlich wie eine Grabgabel mit abgewinkelten oder gebogenen runden Zinken. Mit dem Krail werden Bodenlockerungsarbeiten ausgeführt.

Krail

Spaten

Der Spaten ist ein Werkzeug zum Lösen, Wenden bzw. Bewegen von Boden.

Besonders geeignet für das Anlegen neuer Beete, zum Pflanzen von Gehölzen und allen Grabearbeiten. Der Spatenstiel ist fest im Spatenblatt eingespannt. Er sollte wackelfrei und doppelt mit dem Spatenblatt vernietet sein. Das Spatenblatt sollte der Bodenbeschaffenheit angepasst sein. Wir unterscheiden zwischen rechteckigen, trapezförmigen oder dreieckigen Spatenformen. Aufgesetzte Tritte am oberen Blattrand dienen zur Schonung der Schuhe. Viele Spatenblätter besitzen eine selbstnachschärfende Blattkante. Ein ergonomisch geformter, feuchtigkeitsunempfindlicher Eschenholzstiel federt die Stöße ab und liegt angenehm warm in der Hand. Als Griffform gibt es neben dem einfachen Knauf den T- oder den D-Griff.

Spatenblatt: Herzform, Trapezform; Spatengriff: T-Form, D-Form

Grabgabel

Das Spatenblatt ist wie bei einer Gabel durchbrochen, allerdings mit ca. 2–3 cm breiten Zinken, meist drei oder vier. Die Grabgabel wird gleich dem Spaten zum Lockern und Wenden des Bodens benutzt.

Schaufel

Die Schaufel dient vorrangig dem Aufnehmen und Transport des Materials. Eine Schaufel hat ein Blatt, das sowohl in Längs- wie auch in Querrichtung mehr oder minder konkav ist, mit Rändern seitlich und/oder an der Hinterkante und je nach Typ unterschiedlicher Vorderkante. Ergonomisch geformte Stiele erleichtern die Arbeit.

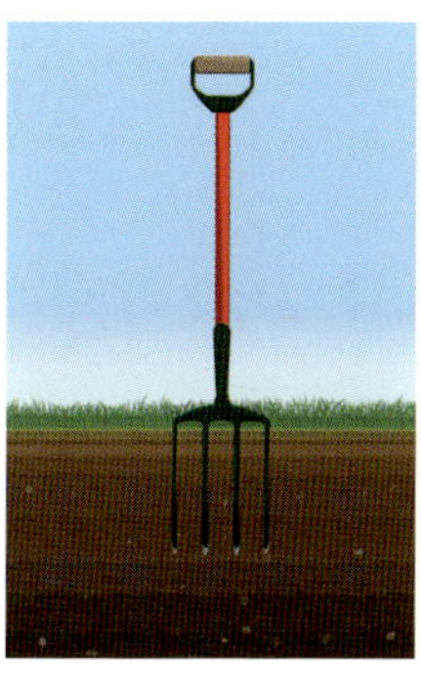

Grabgabel

Rechen

Diese Handgeräte bestehen aus Metall oder Holz. Kunststoff kommt seltener zum Einsatz. Zahnlängen und deren Abstände sind unterschiedlich. Die Breite ist abhängig vom Arbeitseinsatz. Der Rechen wird zur Bodenbearbeitung, zum Planieren, Auflesen oder Einarbeiten verwendet.

Heurechen haben lange Zinken und werden auch heute noch oft aus Holz gefertigt

Metallrechen gibt es in vielen verschiedenen Formen und Breiten.

Gartenhacke

Gartenhacke mit drei Zinken und leicht gewölbem Blatt

Diese Handwerkzeuge dienen vor allem zur Bodenauflockerung und Belüftung. Das Blatt wird in verschiedenen Breiten angeboten. Die schmale Variante ist für enge und dicht bewachsene Beete geeignet. Die mehrzinkige Seite wird vor allem zur tieferen Bodenlockerung und zum Lösen von Unkrautwurzeln verwendet. Gartenhacken sind auch für die Bearbeitung schwerer Böden gut geeignet.

Pflanzkelle, Setzschaufel

Pflanzkellen kommen vorwiegend beim Auspflanzen von Beet- und Schnittblumen sowie Gemüsepflanzen zum Einsatz.

Pflanzkelle, Setzschaufel

Maschinen zum Bodenabtrag

Diese Arbeitswerkzeuge dienen zum Lösen und Laden und sind mit einer Schaufel oder einem Schild in verschiedenen Größen und Breiten ausgebildet. Die Bewegung der Geräte erfolgt durch Hydraulikzylinder oder mechanisch über Seilzug. Der Antrieb erfolgt durch Diesel- oder Benzinmotoren. Die Höchstgeschwindigkeit von 20 km/h wird kaum überschritten.

Bagger

Ein Bagger dient zur Bewegung von Boden, insbesondere zum Ausheben und Wiederverfüllen von Erdvertiefungen, sowie zur Geländemodellierung und Planierung. Er kann aber auch zur Bewegung von Schüttmaterial über geringe Distanzen eingesetzt werden.

Löffelbaggerarten

Man unterscheidet:

- Tieflöffelbagger – für Ausschachtarbeiten. Der Aushub erfolgt unter dem Standniveau.
- Hochlöffelbagger – für das Abgraben von Erhöhungen. Das Arbeiten erfolgt über dem Standniveau.
- Teleskopbagger – ähnlich wie Tieflöffelbagger. Der Greifarm ist teleskopartig ausfahrbar.
- Greifbagger – für punktgenaues Arbeiten. Aufnahme erfolgt oberhalb und unterhalb des Standniveaus.

Tieflöffelbagger

Hochlöffelbagger

Teleskopbagger

Greifbagger

Flachbaggerarten (Fahrbagger)

Sie dienen zum Lösen, Fördern und Einbauen von Böden in Schichten von 10–40 cm.

- Planierraupe – zum Lösen und Transport von Material bis 50 m.
- Radplanierer (Raddozer) – auch für weitere Strecken geeignet.
- Scraper (Schürfkübel)– zum Lösen, Transport und Einbau von Böden bis zu einer Dicke von 20 cm.
- Grader (Straßen- oder Erdhobel) – dienen zum Planieren und Profilieren von Bodenoberflächen.

Planierraupe

Scraper

Laser-Grader

Kombinationsfahrzeuge

Baggerlader mit verschiedenen Anbaugeräten stellen eine Kombination zwischen Bagger und Lader dar und werden häufig als Universalgeräte eingesetzt.

Besondere Anbaugeräte

Die meisten Bodenbearbeitungsgeräte lassen sich über die Hydraulikleitung bedienen und an diverse Bagger und Lader anbauen, z. B. Erdbohrer, Schremmhammer, Verlegegeräte.

Planierschild

Ist ein Front-Anbaugerät und komplett aus Metall. Breite: 1,40–2,60 m. Durch Hydraulikleitung schwenkbar nach links und rechts. Heben und Senken durch die Mechanik der Frontkupplung möglich. Die Unterkante besteht aus verschleißfestem Spezialstahl mit doppelter Schneide (umkehrbar). Die Geräte sind mit Abstellfuß, Absperrbolzen und zwei schwenkbaren Gummilaufrädern (blockierbar) ausgestattet.

Schaufelarten

- Universalschaufeln für generelle Grabearbeiten; Breiten: 25 cm–100 cm;
- Felsschaufeln für Arbeiten in felsigem Gelände
- Steinverlegeschaufeln für Spezialarbeiten im Fels
- Hydraulisch schwenkbare Böschungsschaufeln ab 100 cm Breite

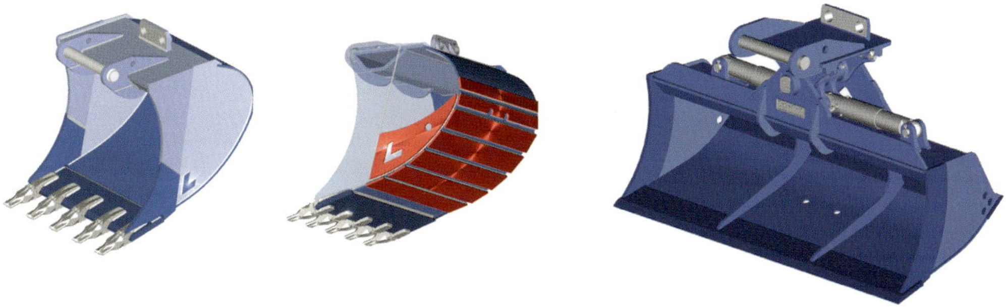

Schaufelarten: Grabschaufel, Felsschaufel, Böschungsschaufel

Nach Art des Fahr-/Schreitwerks unterscheidet man:

- Raupenbagger (Kettenbagger) bis ca. 1 000 t
- Radbagger oder Reifenbagger mit Allradantrieb bis ca. 8 t, bis 100 t mit Achsschenkellenkung oder Knicklenkung
- Schreitbagger, diese sind geländegängig bis ca. 10 t

Sonderformen

- Minibagger (Kompaktbagger) bis ca. 1–6 t und einer Breite von unter 1,5 m. Sie können auf Gummiketten fahren. Auch innerhalb von Gebäuden ist ihr Einsatz möglich.
- Anbaubagger

  Werden auf dem Trägergerät (Traktor) aufgebaut und kommen häufig für Künettenarbeiten zum Einsatz.

Minibagger

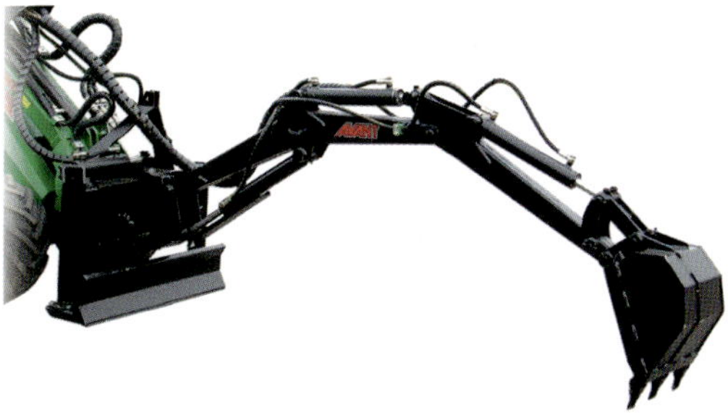

Anbaubagger

Maschinen zur oberflächlichen Bodenlockerung

Zum Bereich der Grundbodenbearbeitung oder Primärbodenbearbeitung zählen die Arbeiten des Wendens, Lockerns und Mischens von Boden. Diese Arbeiten dienen der Saatbettbereitung bzw. der Pflanzvorbereitung. Übliche Arbeitstiefen liegen zwischen 15 und 35 cm. Wir unterscheiden zwischen rotierenden und gezogenen Geräten.

Rotierende Geräte

Bodenfräse

Bodenfräse

Die Fräse wird als Anbaugerät an einen Einachsschlepper oder in die Dreipunkthydraulik eines Traktors montiert und von dessen Motor mittels einer Zapfwelle angetrieben. Die etwa 15 cm langen, am äußeren Ende abgewinkelten Messer der Fräse rotieren um eine waagrechte Welle. Die Messer schneiden Erde aus dem Boden heraus und werfen sie gegen das Prallblech, was zur Krümelung führt. Je langsamer die Fahrgeschwindigkeit, desto feiner wird der Boden zerschlagen. Durch die Rotation der Welle wird der Boden vermengt und kann auch zur Einarbeitung von organischer Masse verwendet werden. Das Fräswerkzeug ist zur Unfallvermeidung üblicherweise von einem Gehäuse umgeben. Kraftbedarf: ca. 15–30 kW je m Arbeitsbreite. Arbeitstiefe: 15–25 cm, 3–8 km/h.

Nachteile: Zerstörung der Bodenstruktur, Verschlämmen, Frässohle.

Motorhacke

Sie dient der Bodenbearbeitung im Garten und ersetzt das Umgraben von Beeten. Der Motor dreht eine horizontale Achse, an der hackenförmige Klingen angebracht sind. Diese zerteilen den verdichteten Boden und schleudern die Bodenteile nach hinten. Dadurch wird eine gleichmäßige Krümelung und Vermischung erreicht. Die Arbeitstiefe liegt zwischen 15 und 25 cm und kann bei einigen Geräten über einen Tiefenanschlag eingestellt werden. Es gibt Geräte mit einer Antriebsleistung von ca. 300 W–4 kW.

Motorhacke

Umkehrfräse

Umkehrfräse

Eine Umkehrfräse ist baugleich mit oben beschriebener Fräse, die Welle läuft allerdings gegen die Laufrichtung. Die Bodenteile werden gegen ein Sieb geschleudert. Feine Körnungen werden durchgelassen, grobe fallen gleich hinunter und werden von den Feinteilen abgedeckt. Die Grobplanierung entfällt somit.

Grabenfräse

Diese Fräsenart ist mit einem Schaufelwerk auf einer Gliederkette oder als Schaufelrad ausgestattet und dient als kontinuierlich arbeitendes Erdbaugerät. Das Fräsgut wird seitlich ausgeworfen und kann gleich zur Wiederverfüllung verwendet werden. Aufgrund seiner geringen Aushubbreite liegt ihr Hauptanwendungsgebiet im Grabenbau und in der Bewässerungstechnik im Freiland. Die Grabenfräse ist für leicht bis mittelschwer lösbare Böden geeignet.

Grabenfräse

Planieregge (Rüttelegge)

Doppel-Planieregge

Sie stellt eine besondere Eggenart dar. Zwei bis vier gegenläufige Balken mit Zinken werden durch Zapfwellenantrieb horizontal hin und her bewegt; dadurch werden Klumpen zerschlagen, die Oberfläche gemischt, gekrümelt und geebnet. Die Rüttelegge kann auf nicht zu stark verfestigten Böden die Fräse ersetzen. Mit einer angebauten Abziehbrett schafft sie ein gutes Planum. In zunehmendem Maß werden Rütteleggen als handgeführte selbstfahrende Geräte mit hydrostatischem Antrieb eingesetzt. Bei feuchten, lehmig-tonigen Böden ungeeignet.

Kreiseleggen

Kreiselegge

Auch Horizontalfräsen genannt, haben an horizontal drehenden Achsen starre oder gefederte Zinken. Der Lockerungseffekt ist geringer als bei der Bodenfräse. Der Kraftbedarf je Meter Arbeitsbreite ist geringer, die Arbeitsgeschwindigkeit höher. Lockerungstiefe: 5–15 cm.

Spatenpflug

Spatenpflug

Spatenartige Stahlblätter, die über eine Gelenkwelle in den Boden senkrecht eindringen und den Boden nach hinten ablegen. Der Vorteil liegt darin, dass unterhalb der bearbeiteten Oberschicht keine Pflugsohle entsteht.

Gezogene Geräte

Die hier angeführten Geräte werden an Zugmaschinen, wie Schlepper oder Traktoren, angekoppelt und gezogen.

Pflug

Mit dem Pflug wird der Boden gewendet, so erhält man eine gröbere Oberfläche. Der Erfolg des Pflügens ist vom richtigen Zeitpunkt und von der Witterung abhängig. Normalerweise wird im Herbst gepflügt. Grobe Erdschollen können danach über den Winter durch Frostsprengung zerfallen (= Frostgare). Pflugtiefe liegt bis ca. 35 cm; Arbeitsbreiten variieren zwischen 30 und 45 cm je Pflugkörper.

Pflugarten

- Beetpflug

  Pflug mit einer Reihe Scharen, der den Boden nur in eine Richtung, meist nach rechts, wendet.
- Volldrehpflug (Wendepflug)

  Pflug mit zwei Reihen Scharen, der durch Drehen links- und rechtswendend arbeiten kann.
- Scheibenpflug

  Die Pflugscharen sind durch schräg gestellte Scheiben ersetzt, die den Boden oberflächlich wenden.

Beetpflug

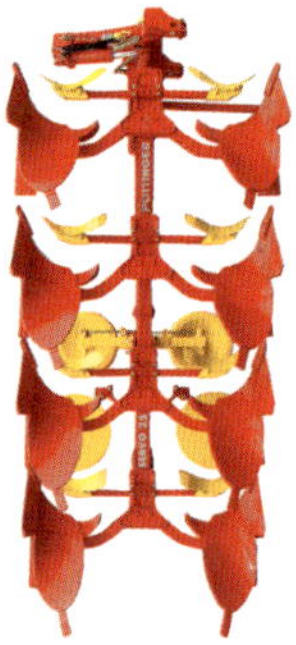

Volldrehpflug

Scheibenpflug

Grubber

Ziel der Bodenbearbeitung mit dem Grubber ist die oberflächliche Bodenlockerung und das eventuelle Einmischen von Ernterückständen oder Dünger, um eine schnellere Rotte zu erreichen. Der Grubber besteht aus einem Metallrahmen, der quer zur Fahrtrichtung steht und auf dem Zinken in festem Abstand angebracht sind.

Zinkenformen

- Starre Zinken mit einer Scherschraube als Überlastsicherung
- Halbstarre Zinkenform mit einer Druckfeder, meist mit Hydrauliksystem gegen Überbelastung
- Vollgefederte Zinkenform als Spiralfeder- oder Blattfederzinken

Arbeitstiefe 10–20 cm bei Flachgrubbern, bis 25 cm bei Tiefengrubbern. Der Kraftbedarf beträgt ca. 25–30 kW je m Arbeitsbreite.

Nachteil: begrenzte Arbeitstiefe

Vorteile: höhere Flächenleistung durch höhere Fahrgeschwindigkeit (8–10 km/h) und schonendere Behandlung der Bodenstruktur.

Grubber

Kultivator

Darunter versteht man ein landwirtschaftliches Gerät mit einem eisernen Rahmen und Federzinken, gestützt auf zwei bis vier Räder, mit denen der Boden je nach Einstellung mehr oder weniger tief aufgerissen werden kann. Zweck sind die Bodenlockerung und die Unkrautvernichtung. Die Arbeitstiefe liegt bei 10–20 cm, als Handgerät bei 10 cm.

Kultivator

Eggen

Geräte zum Zerkleinern von Erdschollen nach dem Pflügen bzw. Grubbern zur Saatbeetbereitung. Eggen werden ohne Antrieb über den Boden gezogen. Man unterscheidet Zinkeneggen und Scheibeneggen. Die Zinkenformen teilen sich in Spitz-, Löffel-, Gare- und Federzinken.

Kreisel-Egge

Scheibenegge

Netzegge

Front- und Heckaufreißer (Tiefenlockerer)

Im Rahmen von Rekultivierungsmaßnahmen kann eine Tiefenlockerung erforderlich sein. Dabei werden hoch verschleißfeste Stähle in der Form von übergroßen Zinken als Untergrundlockerung eingesetzt. Sie haben verschiedene Formen und sind mit oder ohne Schenkelschutz ausgestattet. Ein Einsatz ist nur mit Laderaupen möglich. Arbeitstiefe 20–80 cm, Zugbedarf ab 45 kW.

Heckaufreißer

Maschinen und Geräte zur Bodenverdichtung

Diese dienen zur Saatbeetvorbereitung bei Vegetationsflächen oder als Untergrundherstellung bei bautechnischen Flächen (siehe Wege- und Mauerbau).

Trittbrett

Für Kleinstflächen im Rasenbau. Sie bestehen aus Holz oder Kunststoff und können mit Schlaufen an den Arbeitsschuhen fixiert werden. Damit wird der eingebaute Grassamen angedrückt.

Trittbrett

Glattmantelwalze

Darunter versteht man eine Erdwalze für den Handbetrieb zum Anwalzen von Saatflächen, die vorwiegend bei Rasenanbau verwendet wird. Große Walzen werden als Dreiradwalze, Tandemwalze oder Anhängerwalze gebaut. Damit großflächiger Druck ausgeübt werden kann, besteht der Walzkörper aus Gusseisen oder aus einem dichten Stahlblech, in dem Wasser eingefüllt werden kann.

Gitterwalze

Besteht aus einem stabilen Gitter in Walzenform. Die Breite der Walze richtet sich nach dem Geräteträger. Die Auflast wird durch Ballast erzeugt. Gitterwalzen sind häufig Bestandteil einer Umkehrfräse oder einer Saatbeetkombination. Damit wird einerseits der bereits aufgelockerte Boden leicht angedrückt, anderseits eine grobe Oberfläche fein gekrümelt.

Handwalze

Kombinationsgeräte

Bei motorbetriebenen Anbaugeräten sind Bodenwalzen integriert. Damit können Ansaaten in einem Arbeitsgang fertiggestellt werden.

Glattradwalze

Gitterwalze

Maschinen und Geräte zur Erdaufbereitung

Handsieb

Erdsieb

Es dient zur Substratherstellung und Bodenverbesserung.

Handsieb

Ein Handsieb besteht aus Holz oder Kunststoff mit auswechselbaren Siebeinsätzen aus Drahtgitter von 2–8 mm. Kreisrunde und rechteckige Siebe werden angeboten. Sie sind besonders geeignet für Ansaaten im Zierpflanzenbau.

Durchwurfsieb

Durchwurfsieb

Diese Siebart besteht meist aus einem feuerverzinkten Stahlrahmen in einer Größe von 80 × 100 cm mit einer Abstützung und einem aufgespannten Gitter. Maschengröße zwischen 2–5 cm. Das Sieb kommt immer dann zum Einsatz, wenn feine Gartenerde in geringen Mengen benötigt wird. Beim Durchsieben werden die groben Bestandteile der Erde oder des Komposts durch Überwerfen getrennt.

Trommelsiebmaschine

Trommelsiebmaschinen werden als Standmaschinen oder aufgebaut auf einem Zweiachs-Sattelauflieger hergestellt. Sie bestehen aus einer Siebtrommel mit verschiedenen Durchmessern und einem Materialbunker. Ein innen liegendes Schneckengewinde dient zur Steigerung der Durchgangsleistung und zur zuverlässigen Ableitung der groben Beimengungen (z. B. Stroh, Holzstücke usw.). Einsatz bei Wiederaufbereitung von unbrauchbaren Böden. Durch Zugabe von Verbesserungsstoffen werden in einem geschlossenen System sofort vor Ort nutzbare Auffüllmaterialien erzeugt.

Erdaufbereitungsmaschinen

Erdmischer werden zur Aufbereitung, Mischung und Belüftung von Erden, Kompost und Torf im Gartenbau, der Landwirtschaft oder Kommunen eingesetzt. Der Erdmischer hat die Aufgabe, verschiedene Komponenten zu einem den Bedürfnissen der Pflanzen entsprechenden Substrat zu mischen. Ein im Erdbehälter befindliches Gummitransportband transportiert die Komponenten in Richtung des Mischers. Durch den kontinuierlichen Lauf des Mischers wird das Substrat gemischt, wobei die Mischzeit wählbar ist. Die Maschinen sind mit Elektro- bzw. Verbrennungsmo-

Trommelsiebmaschine

Maschinell befüllbarer Erdmischer

Manuell befüllbarer Erdmischer

Vollautomat für Dämpfung auf Freilandkulturflächen

toren oder Zapfwellenantrieb ausgestattet und haben eine Stundenleistung bis ca. 10 m^3/h. Während des Mischens kann das Substrat befeuchtet werden und Dünger hinzugegeben werden, kombinierbar mit Kistenfüller oder Topfmaschine.

Erddämpfer

Tiefendämpfung mit dem Dämpfpflug

Die Pflugdämpfung ist das wirkungsvollste Tiefdämpfsystem für große Flächen über Seilzug. Bei entsprechender Bodenlockerung werden problemlos Dämpftiefen bis 60 cm mit 90 °C erreicht. Die Dämpfbreite beträgt bis zu 3 m. Der Pflug wird von zwei Stahlseilen durch das Antriebsaggregat mit stufenlos regelbarer Geschwindigkeit von 5–15 m/h gezogen. Die durchschnittliche Arbeitsgeschwindigkeit beträgt ca. 10 m/h.

Vollautomatische Tiefendämpfung erfolgt mit einem Kettenfahrzeug mit gebautem Dampfkessel und direkter Dampfzufuhr. 3 m Arbeitsbreite, Dämpftiefe 40 cm mit 90 °C, Arbeitsgeschwindigkeit 15 m/h.

Oberflächendämpfung/Foliensystem

Die Fläche wird mit Folien oder hitzebeständigem und verrottungssicherem Isoliervlies abgedeckt und seitlich durch Sandsäcke abgedeckt. Die Dampfeinführung

Foliendämpfung auf Bankbeeten

unter die Folie erfolgt durch einen Injektor. Bei breiten Folien wird der Dampf durch einen Verteiler und zwei Injektoren zugeführt. Die Dämpfzeit beträgt je nach Bodenbeschaffenheit und Außentemperatur pro 10 cm Dämpftiefe ca. 1–1,5 Stunden bei einer Bodentemperatur von ca. 90 °C.

Flächendämpfung mit dem Vakuum-Dämpfsystem

Die zu dämpfende Fläche wird, genau wie beim Foliendämpfsystem, unter eine spezielle Dämpffolie gelegt, ringsum beschwert, abgedichtet und der Dampf mit Injektor und Schutztunnel unter die Folie geleitet. Bei kurzen Flächen bis 30 m Länge wird der Dampf stirnseitig eingefüllt, bei längeren Flächen in der Beetmitte. Eine zentrale Absaugleitung, bestehend aus verzinkten Schnellkupplungsrohren, wird in einem gleichmäßigen Rastermaß von 1,50 m angekuppelt und die Schlauchenden mit einem speziellen Einsteckstab in die gewünschte Dämpftiefe gesteckt. Sobald die Dämpffolie durch den Dampfdruck aufgeblasen ist und Spannung mit einer Höhe von ca. 1 m erreicht hat, wird die Absaugturbine eingeschaltet. Durch die in den Boden eingesteckten Absaugschläuche wird zunächst die Luft im Boden abgesaugt. Es entsteht ein Vakuum und das Dampfpolster unter der Folie wird zwangsweise nach unten geführt. Wenn die erwünschte Dämpftiefe erreicht ist, läuft der Ventilator nonstop und bläst zunehmend heißeren Dampf aus. Damit der abgesaugte Dampf nicht verloren geht, wird er wieder zurück unter die Folie geführt.

Substratdämpfung in Behältern

Dazu benötigt man verschließbare Dämpfboxen von 10–20 m^2 mit Schütthöhe von 1 m, perforierter Bodenfläche und Absaugsystem. Rationelle Arbeitsweise erreicht man durch maschinelle Be- und Entlademöglichkeit. Hitzebeständige Hochleistungsturbine bzw. Dampfabsaugung garantiert gleichmäßige Temperaturverteilung und kurze Dämpfzeiten. Die Arbeitsleistung ist abhängig von der Substratart und liegt zwischen 1 und 20 m^3/h.

Dämpfung mit Flies

Haubendämpfung

Dieses Verfahren ermöglicht das Bearbeiten bis zu 36 m Dämpffläche je Arbeitsgang. Im Freigelände wird eine Haube aus Holz oder Kunststoff mit dem Traktor an einer speziellen vorgespannten 4-Punkt-Aufhängung versetzt. Die Dämpfzeit liegt bei 30 min pro 25 cm Tiefe bei 90 °C. Den Einsatz von variablen Haubengrößen macht ein Baukastensystem möglich.

Substratdämpfung

Haubendämpfung auf Bankbeeten

Vollautomatische Dämpfung

Der Betreiber positioniert die Maschine am Anfang des Treibhauses mit der Dämpfhaube voraus. Nach dem Absenken der Dämpfhaube beginnt die Bodendämpfung. Nach Erreichen der gewünschten Dämpftiefe und Dämpftemperatur hebt die Haube selbständig an und die Raupe versetzt die komplette Einheit um die Haubenbreite nach vorne in den gelockerten Boden, um dann die Dämpfung erneut zu starten.

Die Streckenführung durch das Gewächshaus, bzw. durch den Folientunnel erfolgt durch Taster, die sowohl rechts als auch links von der Dämpfhaube angebracht sind. Am Ende des Treibhauses stoppt die Maschine automatisch. Dabei wird die ganze Hausbreite, max. 12 m, bis in eine Tiefe von 40 cm gedämpft. Da die Maschine sich auf pflanzbereitem Boden bewegt, ist der Bodendruck mit 0,37 kg/cm^2 so gering bemessen, dass keine starke Bodenverdichtung entsteht. Sicherheitssysteme lassen die Maschine sofort stoppen, sobald sie gegen ein Hindernis läuft.

Dieser Vollautomat ist mit einer Stachelhaube ausgestattet, die gleichzeitig über die Tiefe und oberflächlich Dampf in den Boden einbringt. Durch dieses neue Verfahren werden bis zu 30 % Zeit und Energie eingespart im Vergleich zu einem klassischen Dämpfmethode mit der Dämpfhaube. Der Dämpfvorgang benötigt hier lediglich 5 min., um eine Tiefe von bis zu 25 cm zu erreichen. So können noch effektiver und in kürzer Zeit große Flächen gedämpft werden. Ideal für den Großbetrieb mit mehreren ha Kulturfläche.

Vollautomat für Dämpfung auf Freilandkulturflächen

Wiederholungsfragen

1. Welche Handwerkzeuge werden bei der Bodenbearbeitung eingesetzt?
2. Welche Maschinen werden zum Bodenabtrag verwendet?
3. Welche Maschinen werden zur Bodenlockerung verwendet?
4. Wie können Bagger weiterbewegt werden?
5. Welche Schaufelarten werden bei Bodenarbeiten verwendet?
6. Welche Pflugarten gibt es?
7. Welche Eggenarten gibt es?
8. Mit welchen Maschinen werden Bodenverdichtungen erreicht?
9. Mit welchen Maschinen werden Böden/Substrate aufbereitet?
10. Welche Dämpfungsmethoden gibt es?

6 Maschinen und Geräte zur Pflanzenvermehrung

Jungpflanzen

Generative Vermehrung	Vegetative Vermehrung	Sämaschinen	Pflanzmaschinen
Saatgutqualität		Drillmaschine	
Saatgutformen		Einzelkornsägerät	
Fotosynthese			

Ziel der Pflanzenvermehrung im Gartenbaubetrieb ist die Schaffung großer einheitlicher Jungpflanzenbestände. Auch in der Pflanzenvermehrung zeigt sich eine zunehmende Spezialisierung der Betriebe. Einige Betriebe produzieren ausschließlich Jungpflanzen, andere kaufen Jungpflanzen für die Weiterkultur zu. Grundsätzlich unterscheidet man bei der Pflanzenvermehrung zwischen generativer (geschlechtlicher) und vegetativer (ungeschlechtlicher) Vermehrung.

Generative Vermehrung

Unter der generativen Vermehrung versteht man die Vermehrung durch Aussaat.

Vor- und Nachteile der generativen Vermehrung

Vorteile	Nachteile
• Geringerer Arbeitsaufwand • Geringerer Platzbedarf • Massenvermehrung möglich • Für viele Pflanzenarten einzige Möglichkeit der Vermehrung	• Längere Kulturzeiten • Nicht bei jeder Pflanzenart möglich

Saatgutqualität

Voraussetzung für die generative Vermehrung ist qualitativ hochwertiges Saatgut. Die Saatgutqualität wird bestimmt durch:

- Gesundheitszustand: Nur von gesunden Mutterpflanzen kann gesundes Saatgut gewonnen werden.
- Reinheit: Zur Ermittlung der Reinheit wird berechnet, wie viel Prozent des Saatguts nicht durch Sand, Erdereste, Steinchen, Samen anderer Pflanzen usw. verunreinigt sind.

- **Keimfähigkeit:** Die Keimfähigkeit von Samen wird durch eine Keimprobe festgestellt. Dabei wird eine genau abgezählte Menge Samenkörner ausgesät und eine genau festgelegte Keimzeit unter optimalen Bedingungen kultiviert. Danach werden die gekeimten Samen ausgezählt und der Prozentsatz berechnet. Je nach Pflanzenart sind Samen ein bis sechs Jahre lang keimfähig. Während dieser Zeit verbraucht der Keimling die im Samen gespeicherten Nährstoffe und stirbt dann ab.

Das Tausendkorngewicht (TKG) wird durch Auszählen von 1 000 Samenkörnern ermittelt und gibt Auskunft über die Größe der Samen. Auch der benötigte Saatgutbedarf kann mithilfe des Tausendkorngewichts berechnet werden.

Saatgutformen

Man unterscheidet:

- **Kalibriertes Saatgut:** ist nach der Größe sortiert. Es ist für den Einsatz von Einzelkornsämaschinen gut geeignet.
- **Pilliertes Saatgut:** Die Samen werden von einer Hüllmasse umgeben. Kleine Saatkörner werden so künstlich vergrößert.
- **Granuliertes Saatgut:** Bei sehr feinem Saatgut werden mehrere Samenkörner mit einer Streckmasse vermengt und gepresst.
- **Saatbänder:** enthalten Saatgut, das von wasserlöslichem Papier oder Folie umgeben ist.

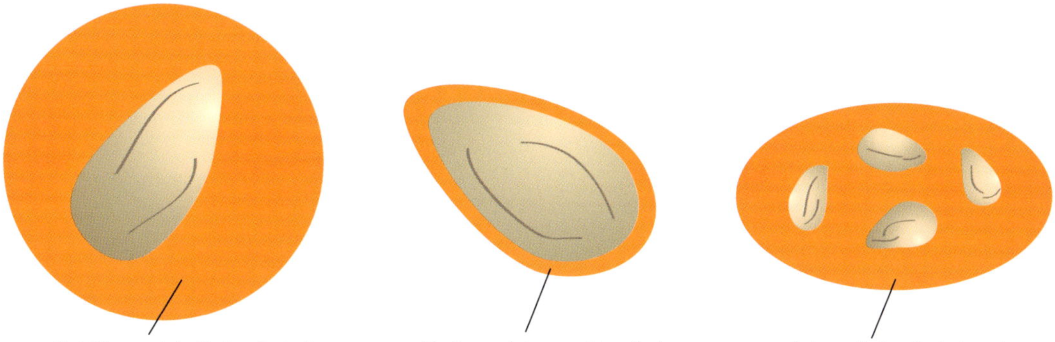

Die Hüllmasse bei pilliertem Saatgut bewirkt, dass alle „Samenkörner" die gleiche Form und Größe haben. Dadurch können sie maschinell leichter verarbeitet werden.

Die Ummantelung von inkrustiertem Saatgut enthält Pflanzenschutzmittel, die den Keimling vor ersten Krankheiten, Schädlingen oder Vogelfraß schützen.

Bei granuliertem Saatgut werden mehrere feinkörnige Samen gemeinsam in eine Form gepresst. Dies erleichtert die Aussaat besonders feinen Saatguts.

Verschiedene Saatgutformen

Saatgutlagerung

Saatgut kann aus eigener Produktion oder aus dem Fachhandel bezogen werden. Kann es nicht sofort verwendet werden, wird es gelagert. Während der Lagerung nimmt die Keimfähigkeit der Samen ab, weil der Keimling die im Nährgewebe gespeicherten Stoffe durch Atmung verbraucht. Um die Atmung herabzusetzen und auch um Schimmelbildung zu minimieren, sollten die meisten Samen bei 10 °C und 30 % relativer Luftfeuchtigkeit gelagert werden (siehe Seite 254).

Keimbedingungen

- Feuchtigkeit: Der Samen benötigt Wasser zum Quellen. Trocknet der Samen während der Keimung aus, stirbt der Keimling ab. Daher muss das Saatgut ständig feucht gehalten werden.

- Sauerstoff: Der Samen benötigt auch Sauerstoff, um seinen hohen Energiebedarf durch Veratmen der gespeicherten Nährstoffe zu decken. Während des Keimprozesses muss das Substrat daher locker und luftdurchlässig sein.

- Wärme: fördert die Keimung. Die optimale Keimtemperatur ist von der Pflanzenart abhängig.

- Besonderheiten der Keimung: Einige Pflanzen benötigen neben optimaler Temperatur, Sauerstoff und Feuchtigkeit weitere Bedingungen zur Keimung. So gibt es Samen, die Licht bzw. Dunkelheit zum Keimen benötigen. Andere brauchen zur Überwindung der Keimruhe bestimmte Bedingungen wie z. B. kalte Temperaturen.

Aussaattechniken

Egal ob von Hand oder maschinell, unterscheidet man zwischen Breitsaat, Reihensaat und Einzelkornsaat.

- Breitsaat: Hierbei werden die Samenkörner möglichst gleichmäßig über die gesamte Fläche verteilt.
- Reihensaat: Das Saatgut wird in Reihen ausgesät.
- Einzelkornsaat: Die Samen werden innerhalb der Reihe in gleichem Abstand ausgebracht.

Durchführung der Aussaat

Im Freiland wird im Frühjahr je nach Kultur zwischen März und Mai ausgesät. Hochwertiges oder empfindliches Saatgut wird gewöhnlich im Gewächshaus ausgesät. Damit können die Aussaaten besser kontrolliert werden und können unabhängig von der Jahreszeit und Witterung vorgenommen werden.

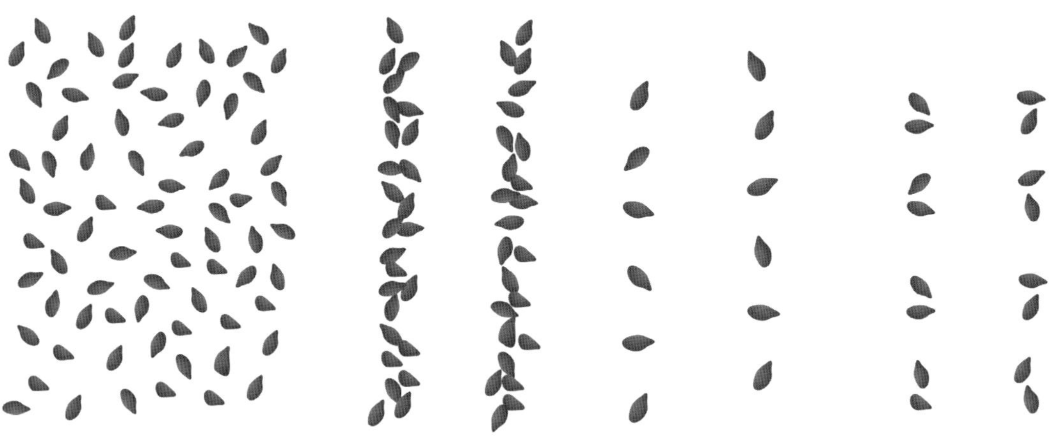

Breitsaat, Reihensaat, Einzelkornsaat, Dibbelsaat

Ablauf der Keimung

Der Samen braucht Bodenschluss, damit er genügend Wasser für die Quellung aufnehmen kann. Durch die Aufnahme von Wasser werden Enzyme aktiviert, die den Abbau der gespeicherten Nährstoffe einleiten. Das Volumen des Keimlings und des Nährgewebes nimmt zu, wodurch die Samenschale gesprengt wird. Zuerst werden die Keimwurzeln gebildet, die die Pflanze im Boden verankern und Wasser aufnehmen. Anschließend entfalten sich die Keimblätter und die Sprossachse streckt sich. Wenn die ersten Laubblätter gebildet sind, ist die Keimung abgeschlossen. Die Pflanze kann nun Fotosynthese betreiben und die Versorgung der Pflanze übernehmen.

Fotosynthese

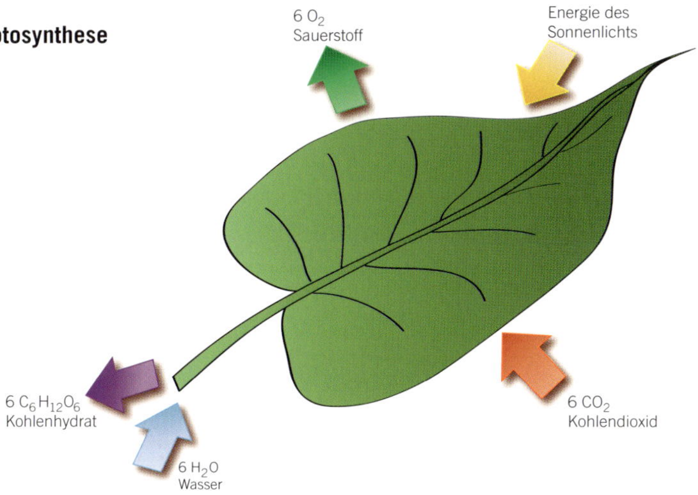

Fotosynthese

Erst nachdem die junge Pflanze ihre ersten Laubblätter gebildet hat, kann sie Fotosynthese betreiben und somit die für sie lebensnotwendigen Stoffe selbst bilden. Bis zu diesem Zeitpunkt ist sie auf die gespeicherten Reservestoffe angewiesen, die auch während der Lagerung eine wichtige Rolle spielen (siehe Kapitel Kühlräume, Seite 252). Die Fotosynthese ist eine Reaktion, bei der das Blattgrün (Chlorophyll) in den Chloroplasten der Blätter die Energie der Sonne so umwandelt, dass sie für die Pflanze nutzbar wird. Bei diesem Vorgang baut die Pflanze mithilfe der Lichtenergie aus Kohlenstoffdioxid (CO_2) und Wasser (H_2O) Traubenzucker ($C_6H_{12}O_6$) auf und scheidet dabei Sauerstoff (O_2) aus. Die Ausgangsstoffe Kohlenstoff und Wasser sind energiearme Stoffe, der Traubenzucker hingegen ist ein energiereicher Stoff. Das Kohlendioxid nimmt die Pflanze aus der Luft auf und den Sauerstoff gibt sie wieder an die Luft ab, wo sie von Tier und Mensch zur Atmung benötigt werden. Das Wasser stammt aus dem Boden und wird durch die Wurzeln aufgenommen. Grüne Pflanzen sind also autotrophe Lebewesen, d. h., sie können die zum Leben notwendigen Stoffe selbst herstellen. Heterotrophe Lebewesen besitzen kein Chlorophyll, können daher keine Fotosynthese betreiben und sind auf die Zufuhr organischer Substanz angewiesen. Die Fotosynthese ist der größte Energielieferant und Energiespeicher der Erde! Nur grüne Pflanzen können aus energiearmen Ausgangsstoffen energiereiche Verbindungen herstellen.

Der Traubenzucker dient der Pflanze als Baustoff für andere organische Verbindungen (z. B. Stärke, Fett, Cellulose …) und liefert die zum Leben benötigte Energie. Die gespeicherte Energie wird durch Abbau von Traubenzucker unter Aufnahme von Sauerstoff zu Kohlendioxid und Wasser freigesetzt. Dieser Vorgang heißt **Atmung (Dissimilation)** und wird von Enzymen gesteuert, damit die Energie schrittweise freigesetzt wird. Für die Pflanze geht jedoch nur ein geringer Teil der Energie bei der Atmung verloren, der größere Teil wird an die Orte des Bedarfs transportiert.

Sämaschinen

Von der Einbettung des Saatguts und der Pflanzen im Boden hängt Wachstum und Ertrag der Kultur ab. Fehler wie z. B. unregelmäßige Verteilung des Saatguts oder falsche Pflanztiefe können später kaum korrigiert werden. Saatgut oder Pflanzen müssen daher in gleichem Abstand und gleicher Tiefe abgelegt werden. Nur so sind hohe und qualitativ gute Erträge gewährleistet.

Sämaschinen sollen sowohl für feinkörniges als auch grobkörniges Saatgut verwendet werden können. Die Ablagetiefe soll grundsätzlich umso größer sein, je größer das Samenkorn.

Drillmaschine

Zur Aussaat von Kulturen mit hohen Saatgutmengen, z. B. Erbsen, Spinat, Kräuter, usw. werden üblicherweise Drillmaschinen eingesetzt. Die Körner werden allerdings in unregelmäßigen Abständen in den Boden gebracht, was zu unregelmäßigen Pflanzenabständen führt. Drillmaschinen arbeiten mit Nockenrädern oder Bürstenrädern. Die Drehzahl der Räder wird je nach Aussaatmenge abgestuft. Auch durch die Öffnung der Bodenklappe kann die Aussaatmenge gesteuert werden.

Einzelkornsägerät

Einzelkorngeräte werden verwendet, wenn Samen in exakten Abständen und auf optimale Tiefe abgelegt werden sollen. Mit diesen Maschinen können z. B. für Zuckerrüben, Mais, Bohnen usw. optimale Keimungsbedingungen geschaffen werden. Bei kleinen Samen ist die Saatbeetvorbereitung besonders wichtig und er darf nicht zu tief abgelegt werden. Mit dem Einzelkornsägerät ist es möglich, für jedes Samenkorn optimale Bedingungen zu schaffen. Es gibt Geräte für Handbetrieb und solche, die vom Traktor gezogen werden und über mehrere Beete aussäen.

Je nach Größe der Kulturfläche kommen gezogene oder handgeführte Maschinen zur Anwendung

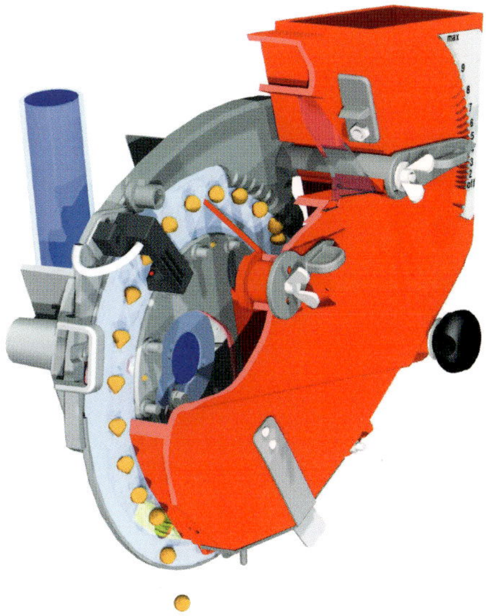

Funktionsweise der Einzelkornsämaschine

Einzelkornsämaschine als Anbaugerät am Schlepper

Man unterscheidet mechanische und pneumatische Sägeräte.

Mechanisches Einzelkornsägerät:

Diese Geräte arbeiten abgestimmt auf die Größe und Form der Samen mit Zellenrädern, Lochscheiben oder Lochbändern. Das Saatgut muss kalibriert oder pilliert sein, da nur einheitliche Größen ein optimales Pflanzergebnis liefern. Vor allem für Rote Rübe, teilweise auch für Rettich, Radieschen oder Feldsalat wird diese Maschine eingesetzt.

Pneumatisches Einzelkornsägerät:

Pneumatische Sägeräte werden oft im Freilandgemüsebau eingesetzt, da sie auch nicht kalibriertes oder pilliertes Saatgut verarbeiten können. Sie funktionieren wie Staubsauger. Das Saatgut wird aus einem Vorratsbehälter an die Lochscheiben gesaugt, abgestreift und mit Überdruck im Boden abgelegt.

Vegetative Vermehrung

Bei der vegetativen Vermehrung entwickelt sich aus einem Pflanzenteil eine neue Pflanze.

Vor- und Nachteile der vegetativen Vermehrung

Vorteile	Nachteile
• Für sterile Pflanzen, die keine Samen ausbilden	• Höherer Arbeitsaufwand
• Für Hybriden	• Mehr Platzbedarf
• Für Pflanzen, bei denen Aussaat schwierig durchzuführen ist	
• Kürzere Kulturzeiten	
• Einheitliche Pflanzenbestände	

Pflanzmaschinen

Beim Pflanzen werden entweder wurzelnackte Jungpflanzen oder Pflanzen in Erdpresstöpfen verwendet. Jungpflanzen sollten, besonders wenn sie keinen Topfballen haben, möglichst bald gepflanzt werden.

Auf kleinen Flächen kann die Pflanzung mit der Hand vorgenommen werden, auf großen Flächen werden Pflanzmaschinen eingesetzt.

Wiederholungsfragen

1. Worin zeigt sich die zunehmende Spezialisierung der Gartenbaubetriebe?
2. Was ist der Unterschied zwischen generativer und vegetativer Vermehrung?
3. Was sind die Vor- und Nachteile der generativen Vermehrung?
4. Welche Kriterien sind bei der Saatgutqualität von Bedeutung?
5. Was ist das Tausendkorngewicht?
6. Was sind die Vor- und Nachteile der vegetativen Vermehrung?
7. Was ist ein Einzelkornsägerät?
8. Erkläre den Unterschied zwischen einem mechanischen und einem pneumatischen Einzelkornsägerät.
9. Wie funktioniert eine Drillmaschine?

7 Maschinen und Geräte zur Bewässerung

Bedeutung des Wassers	**Wasserbedarf**	**Wasser-gewinnung mit Pumpen**	**Wasser-förderung**	**Wasserqualität**	**Wasserauf-bereitung**
Bedeutung für die Pflanze		Grundwasser	Kreiselpumpe		
Wasserkreislauf		Oberflächen-wasser	Kolbenpumpe		
		Trinkwasser	Kenndaten von Pumpen		
		Regenwasser	Pumpenarten		

Einteilung der Bewässerungs-verfahren	**Bewässerungs-verfahren**	**Vernebeln von Wasser**	**Automati-sierung der Bewässerung**	**Abwasser**	
Offenes oder geschlossenes Bewässerungs-verfahren	Regner				
Bewässerungs-verfahren im Freiland und unter Glas	Gießwagen				
	Düsenrohr-Bewässerung				
	Tropfbe-wässerung				
	Fließrinnen				
	Fließmatten				
	Ebbe-Flut-Rinnen				
	Ebbe-Flut-Tische				
	Geschlossene Matte				
	Aeroponic				

Bedeutung des Wassers

Bedeutung für die Pflanze

Wasser ist die Grundlage des Lebens und damit eine Voraussetzung für das Leben von Pflanzen. Wasser gehört zu den Wachstumsfaktoren, das sind jene Faktoren, die das Wachstum der Pflanze beeinflussen.

Wasser ist für die Pflanze lebensnotwendig weil es:

- bei der Keimung für die Samenquellung verantwortlich ist
- die Nährstoffe im Boden löst und in die Pflanze transportiert
- Fotosynthese als einer der Ausgangsstoffe ermöglicht
- die Pflanze durch den Turgordruck aufrecht hält und
- durch Verdunstung die Blätter kühlt und die Luftfeuchtigkeit erhöht.

Wasserkreislauf

Schematische Darstellung des Wasserkreislaufs

Das Wasser vollzieht auf der Erde einen Kreislauf, den sogenannten Wasserkreislauf.

Durch die Wärme der Sonne verdunstet Wasser aus Gewässern und der Erdoberfläche. Der dabei entstehende Wasserdampf steigt auf, es bilden sich Wolken, die vom Wind weitergeblasen werden und sich schließlich als Niederschlag auf die Erde ergießen. Der größte Teil des Niederschlags verdunstet sofort, der Rest versickert im Boden. Es bildet sich eine unterirdische Wasserlandschaft, Flüsse und Seen werden vom Grundwasser gespeist und manchmal tritt das Wasser als Quelle an die Oberfläche. Flüsse und Grundwasser fließen zum Meer, wo das Wasser wieder verdunstet. Der Wasserkreislauf ist geschlossen.

Wasserbedarf

Der Wasserbedarf einer Kultur hängt ab von:

- den Ansprüchen der Kultur
- vom Wasserverbrauch des Bewässerungsverfahrens
- dem Standort der Kultur

Der Wasserbedarf einer Pflanze wird in mm Wasser angegeben.

1 mm Wasser	= 1 l/m^2
1 l/m^2	= 10 000 l/ha
1 l/m^2	= 10 m^3/ha

Der jährliche Bewässerungsbedarf im Freiland (100–200 l/m^2) liegt deutlich unter dem einer Containerkultur (600–800 l/m^2). Bei Freilandpflanzen liegt der Wasserbedarf in den Sommermonaten meist höher, als durch Bodenwasser und Niederschlag geliefert werden kann. Dieses Manko muss durch Beregnungsanlagen ausgeglichen werden.

Bei der Wasserverwendung im Gartenbau ist zu beachten:

- Wasserqualität ist für Pflanzen sehr wichtig.
- Wasser ist wichtig für das Pflanzenwachstum, aber ein Teil verdunstet, gelangt in die Kanalisation, oder versickert ungenützt.
- Wasser ist knapp und teuer.

Deswegen sollte mit Wasser sorgsam umgegangen werden!

Wassergewinnung

Das Wasser eines Betriebs kann aus dem öffentlichen Netz (Trinkwasser) oder einer betriebseigenen Anlage (Grundwasser, Oberflächenwasser, Regenwasser) bezogen werden.

Die Wasserentnahme aus Brunnen, Flüssen, Teichen usw. bedarf einer behördlichen Genehmigung.

Grundwasser

Grundwasser ist Wasser, das die Hohlräume der Erde ausfüllt. Es versickert nach Niederschlägen im Boden und wird von den Bodenschichten gefiltert. Die Oberfläche des Grundwassers wird als Grundwasserspiegel bezeichnet.

Das Grundwasser ist abhängig von:

- Beschaffenheit und Gestaltung des Bodens: Verschiedene Gesteinsarten und Bodenschichten setzen dem Wasser unterschiedlich großen Widerstand entgegen. Sand und Schotter z. B. nehmen Wasser auf, Tongestein und Granit hingegen halten das Wasser zurück.
- Stärke und Dauer des Regens: Durch den Niederschlag steigt der Grundwasserspiegel an.

- **Abflüsse:** Natürliche Abflüsse und Entnahme mittels Brunnen führen zur Senkung des Grundwasserspiegels. Langfristig kommt es zu einer Absenkung des Grundwasserspiegels, da mehr entnommen wird als zufließen kann.

Die Gewinnung von Grundwasser erfolgt über Brunnen. Je tiefer der Brunnen, umso mehr Bodenschichten musste das Wasser bei seiner Versickerung durchfließen und umso besser ist das gewonnene Wasser gefiltert.

Vorwiegend werden Rohrbrunnen eingesetzt. Sie sind bis zu 300 m tief und haben einen Durchmesser von 10 cm–2 m. Die Wassergewinnung erfolgt über eine lotrechte Bohrung. Horizontalfilterbrunnen haben eine Tiefe von 10–12 m. Vom Schacht zweigen horizontal bis zu 170 m lange Rohre ab. Die Verwendung von Schachtbrunnen ist heute selten. Die Wassergewinnung erfolgt hier durch eine offene Sohle oder Schlitze im Mauerwerk. Manchmal tritt das Grundwasser auch als Quelle zutage.

Vor- und Nachteile der Grundwassergewinnung

Vorteile	**Nachteile**
• Preisgünstig • Teilweise keimarmes, gefiltertes Wasser	• Genehmigungspflichtig • Hohe Investitionskosten (Brunnenbau) • Teilweise hohe Salzgehalte • teilweise hartes Wasser • Absenkung des Grundwasserspiegels

Oberflächenwasser

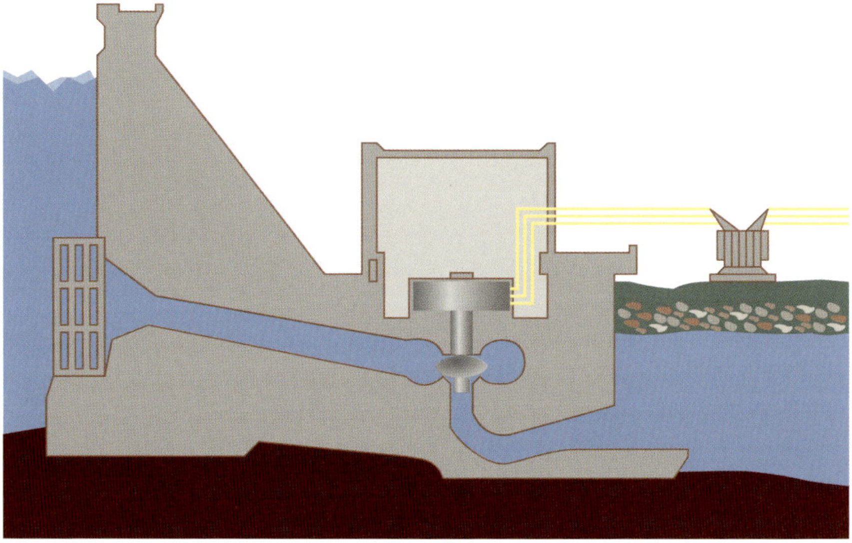

Talsperre

Oberflächenwasser kann aus Flüssen, Seen oder Talsperren gewonnen werden. Besonders Flusswasser ist allerdings durch Abwässer der Industrie und Städte teilweise stark verunreinigt. Da die Aufbereitung schwierig ist, sollte aus Gründen der Hygiene auf dieses Wasser wenn möglich verzichtet werden. Wird dieses Wasser dennoch verwendet, sollte auf eine Entnahme oberhalb der Abwassereinleitungen geachtet werden. Gerade Uferstrecken oder Außenseiten von Flussbiegungen eignen sich aufgrund der geringeren Verschmutzung besser für die Entnahme.

Eine Talsperre ist eine Anlage zum Stauen von fließendem Wasser, die mit einem Absperrbauwerk die ganze Talbreite abschließt. Die Absperrbauwerke einer Talsperre können verschiedene Staudämme oder Staumauern sein. Die Talsperre hat die Vorteile, dass neben der Gewinnung von relativ sauberem Wasser auch abfließende Wassermengen reguliert werden können und so Überschwemmungen vermieden werden. Oft werden Talsperren zusätzlich zur Erzeugung von elektrischer Energie verwendet.

Vor- und Nachteile der Oberflächenwassergewinnung

Vorteile	**Nachteile**
• Preisgünstig	• Genehmigungspflichtig
• Teilweise geringe Wasserhärte	• Versorgung teilweise unsicher
• Teilweise geringe Salzgehalte	• Teilweise hohe Salzgehalte
• Temperiert	• Hygiene

Trinkwasser

Bei der Verwendung von Wasser aus dem öffentlichen Netz ist zu beachten, dass dieses Wasser nicht nur teuer ist, sondern auch in erster Linie der Versorgung der Bevölkerung dient.

Vor- und Nachteile der Verwendung von Trinkwasser

Vorteile	**Nachteile**
• Sichere Versorgung	• hohe Anschaffungskosten
• Gleichbleibende garantierte Qualität	• Teilweise hohe Härtegrade
• Niedrige Salzgehalte	

Regenwasser

Vor- und Nachteile der Verwendung von Regenwasser

Vorteile	Nachteile
• Teilweise gute Qualität	• Ungünstige Niederschlagsverteilung
• Hoher Sauerstoffgehalt	• Möglicherweise Verunreinigungen (Industriegebiete)
• Gut für salzempfindliche Pflanzen geeignet	• Hohe Investitionskosten (Sammelbeckenbau)
• Zur Verbesserung von Stadt-, Grund- und Oberflächenwasser geeignet	

Wasserförderung mit Pumpen

Pumpen sind Strömungsmaschinen zur Förderung und zum Heben von fließfähigen Stoffen. Sie werden verwendet, um Oberflächenwasser, Grundwasser oder betriebseigenes Wasser zu fördern. Ein Förderstrom wird erzeugt, der unter Druck in die Rohre weitergeleitet wird. Man unterscheidet zwischen zwei Funktionsweisen, der Kreisel- und der Kolbenpumpe.

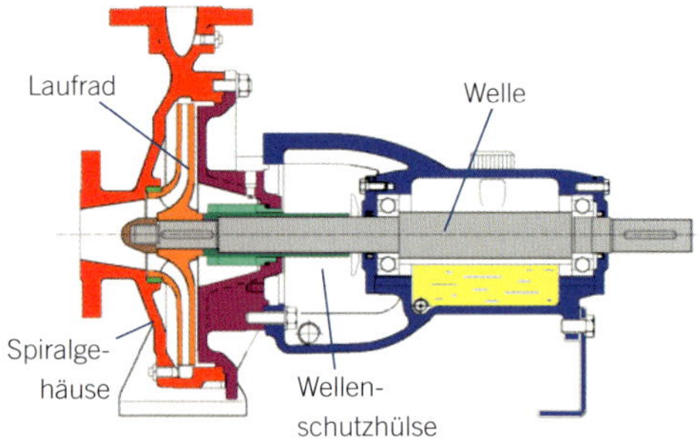

Kreiselpumpe

Kreiselpumpe

Kreiselpumpen werden meistens für Beregnungsanlagen im Gartenbau eingesetzt.

Auf einer Welle dreht sich ein schnell rotierendes Flügelrad, das Wasser durch Zentrifugalkraft in das Förderrohr drückt.

Kolbenpumpe

Der Förderstrom wird durch eine hin und her gehende Kolbenbewegung erzeugt.

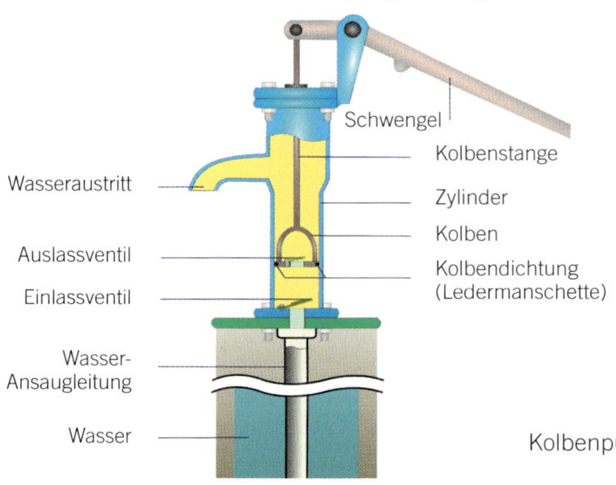

Kolbenpumpe

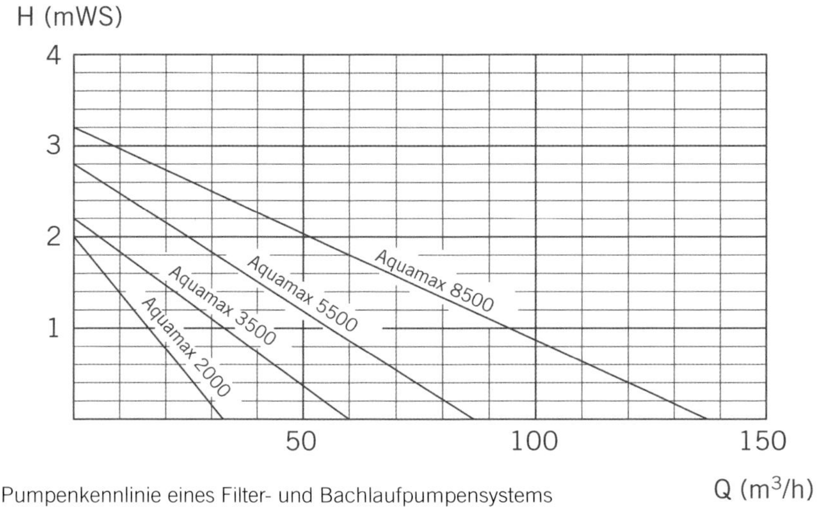

Pumpenkennlinie eines Filter- und Bachlaufpumpensystems

Kenndaten von Pumpen

Die Kenndaten einer Pumpe sind auf dem Typenschild der Pumpe erkennbar und können durch eine Pumpenkennlinie dargestellt werden.

Förderhöhe: Höhenunterschied zwischen Wasserstand und Annahmestelle, der durch die Pumpe überwunden werden soll. Die Förderhöhe setzt sich zusammen aus:

- der Höhe des Wasserspiegels zur Pumpe (mWS)
- der Höhe der Pumpe zur Annahmestelle
- den Reibungsverlusten
- dem Betriebsdruck der Annahmestelle (z. B. Regner) und
- der Fördermenge Q (m^3/h)

Förderstrom: die zu fördernde Wassermenge

Pumpencharakteristik: Leistungsfähigkeit einer Pumpe

Die Leistung einer Pumpe wird durch die mögliche Förderhöhe im Verhältnis zur Fördermenge charakterisiert. Je größer die Wassermenge, umso niedriger ist die mögliche Förderhöhe und umgekehrt.

Ansaughöhe: Der Wasserstand liegt unter dem Aufstellort und muss bis zur Pumpe angesaugt werden.

Pumpenarten

Man unterscheidet Pumpen für weniger als 6 m und solche für über 6 m Saughöhe.

Wasserqualität

Die Wasserqualität ist für Pflanzen von entscheidender Bedeutung. Wie gut das verwendete Gießwasser eines Betriebs ist, wird durch eine Gießwasseruntersuchung eines Fachinstituts ermittelt. Sie umfasst in der Regel folgende Punkte:

- Wasserhärte
- Gesamtsalzgehalt
- pH-Wert

Härte des Wassers

Die Wasserhärte ist die Konzentration der im Wasser gelösten Erdalkaliionen, besonders der Kalzium- und Magnesiumionen. Sie wird in Grad Härte (°dH) angegeben.

1 °dH entspricht 10 mg Calciumoxid (CaO)/l. Über 25 °dH ist das Gießwasser für fast alle Kulturen zu enthärten.

Härtebereiche

1 (weich):	0–7 °dH Gesamthärte
2 (mittel):	8–14 °dH Gesamthärte
3 (hart):	15–21 °dH Gesamthärte
4 (sehr hart):	>21 °dH Gesamthärte

Gesamthärte ist die Summe aller im Wasser gelösten Kalzium- und Magnesiumsalze, das sind Karbonate, Chloride, Nitrate und Sulfate. Die Gesamthärte wird in Karbonathärte und Nichtcarbonathärte unterteilt. Karbonathärte ist der Gehalt des Wassers an Verbindungen aus Kalzium und Magnesium mit Kohlensäure (Kalzium- und Magnesiumhydrogenkarbonate). Nichtkarbonathärte ist der Gehalt des Wassers an allen anderen Kalzium- und Magnesiumsalzen. Die Karbonathärte ist für den Gärtner wichtiger. Hydrogenkarbonate können Wasserstoffionen binden und erhöhen damit den pH-Wert im Substrat. Pflanzen haben unterschiedliche Ansprüche an die Karbonathärte, im Allgemeinen sind Karbonathärten von 5–10 °dH günstig. Bei hohen Karbonathärtegehalten im Wasser kann die Kohlensäure bei Erwärmung ausfallen und Kesselstein bilden. Dieser zeigt sich durch Ablagerungen in Leitungen, Düsen usw., was zu Verstopfungen führen kann.

Gesamtsalzgehalt

Salze sind Verbindungen, die beim Lösen in Wasser in ihre Einzelbestandteile, in Ionen zerfallen. Wasser enthält unterschiedliche Mengen an gelösten Salzen.

pH-Wert

Der pH-Wert bezeichnet die Wasserstoffionen-Konzentration einer Lösung.

Nach ihrer Reaktion werden Lösungen in drei Gruppen eingeteilt:

pH <7: saure Reaktion, alle Säuren, saure Salze

pH = 7: neutrale Reaktion, Wasser, neutrale Salze

pH >7: basische Reaktion, alle Basen, basische Salze

Wasseraufbereitung

Regenwasser ist wegen des geringen Salz- und Kalkgehalts besonders gut als Gießwasser geeignet, vorausgesetzt die Belastung mit Schadstoffen ist gering.

Vor der Verwendung sollte eine Wasserprobe entnommen und die Wasserqualität beurteilt werden (siehe Seite 113). Falls erforderlich kann das Wasser im Betrieb chemisch oder technisch aufbereitet werden. Teilweise wird eine betriebliche Wasseraufbereitung eingesetzt.

Entfernung von Schwebstoffen

Unter Schwebstoffen versteht man ungelöste Erd- und Pflanzenstoffe, die ins Wasser gelangt sind. Diese Feststoffe müssen herausgefiltert werden, da sonst Leitungen, Düsen, Ventile und Pumpen verstopfen oder Pflanzen verschmutzt werden könnten. Die Entfernung erfolgt in einem Sandfilter in zwei Abschnitten: Zunächst setzen sich in einem Absetzbecken die Schwebeteile durch Verminderung der Fließgeschwindigkeit des Wassers am Beckenboden ab. Anschließend wird das Wasser durch eine Quarzsandschicht geleitet und die Schwebeteile zurückgehalten. Das vorgeklärte Wasser wird anschließend gefiltert.

Entfernung von gelösten Stoffen

Gelöste Salze liegen im Wasser als Ionen vor. Einige Ionen, z. B. Eisen, Mangan, können Rohre beschädigen, und auch Bakterien entwickeln sich besonders gut. Salze werden entfernt, indem sie in ihre unlösliche Form überführt und ausgeschieden werden, danach wird das Wasser filtriert.

Entkeimung

Besonders beim Einsatz von Oberflächenwasser oder Grundwasser aus schlecht filtrierenden Böden sollte das Wasser entkeimt werden.

Filtration: Bei der Membranfiltration wird mit einer dünnen, feinporigen Wand, der Membran, die Teilchen oberhalb einer bestimmten Größe zurückhält und kleinere durchlässt, gefiltert. Nach der Bauart unterscheidet man zwischen statischer oder dynamischer Filtration. Nach Größe der abzutrennenden Teilchen werden Membranfilter in:

- Mikrofiltration
- Ultrafiltration
- Nanofiltration
- Umkehrosmose

eingeteilt.

Beim Einsatz von UV-Strahlen, Ozon, Chlor oder Silberionen wird die Mikroorganismenzelle zerstört.

Entkarbonisierung

Wasser enthält Härtebildner, die entfernt werden müssen. Eine einfache Möglichkeit wäre Erhitzen, das ist aber unrentabel und kommt daher zur Wasseraufbereitung nicht infrage. Bei Zugabe von gelöschtem Kalk werden die im Wasser gelösten Härtebildner in unlösliche Karbonate umgewandelt und setzen sich am Boden ab. Der Ionenaustauscher bindet Härtebildner und setzt dafür andere Ionen frei. Auch Zusatz geringer Mengen von Säuren ist eine Möglichkeit zur Entkarbonisierung.

Beim Umgang mit Säuren sind unbedingt Schutzmaßnahmen zu beachten. Durch Zugabe von Polyphosphat werden Kalzium und Magnesium angelagert und in Lösung gehalten.

Einteilung der Bewässerungsverfahren

Die Bewässerung im Gartenbau kann im offenen oder geschlossenen System erfolgen.

Offene Bewässerung

Offene Bewässerungssysteme werden über, im oder seitlich des Bestandes angebracht. Das überschüssige Wasser verdunstet auf dem Tisch oder versickert im Boden. Die Probleme, die daraus entstehen, sind:

- Ungleichmäßige Wasserversorgung
- Wasserverlust
- Pflanzenschutzmittel und Dünger belasten den Boden
- Erhöhung der Luftfeuchtigkeit → Energieverluste, häufiger Pilzkrankheiten

Geschlossenes System

Das Restwasser wird gesammelt und wiederverwendet. Die Vorteile des geschlossenen Bewässerungssystems sind:

- Einsparung von Wasser und Dünger
- Arbeitszeitbedarf für Bewässerung sinkt.
- Dünger und Pflanzenschutzmittel gelangen nicht in tiefe Bodenschichten und damit ins Grundwasser → Umweltschutz.
- Verdunstung wird vermindert → Energieverluste gemindert, Gewächshausklima verbessert.
- Im Freiland wird zusätzlich Regenwasser gesammelt.
- Leichter automatisierbar

Die Nachteile dieses Systems sind:

- Sammelbecken müssen gebaut werden.
- Es ist teurer in der Anschaffung (Tische oder Bodenversiegelung notwendig).

Bewässerung im Freiland

Eine Bewässerung im Freiland muss den Unterschied zwischen der Niederschlagsmenge und dem Wasserverbrauch der Pflanzen ausgleichen. Es werden hauptsächlich Regner und in Einzelfällen Tropfbewässerung verwendet.

Nach ihrer Installation können Bewässerungsverfahren im Freiland eingeteilt werden in:

- Mobile Bewässerungsmaschinen
- Halbstationäre Beregnungsmaschinen
- Ortsfeste Beregnungsanlagen
- Mikrobewässerung

Bei mobilen (beweglichen) Bewässerungsanlagen sind Pumpen und Rohrleitungen transportabel angelegt. Solche Anlagen werden verwendet, wenn die Kultur nur selten beregnet wird. Mithilfe von Schnellkupplungen lassen sie sich schnell auf- und abbauen.

Bei halbstationären (halbortsfesten) Anlagen sind die Zuführungsleitungen unterirdisch, die Regnerleitungen jedoch oberirdisch verlegt. Die Pumpe ist fest verlegt oder mobil.

Ortsfeste Beregnungsanlagen, bei der alle Teile fest eingebaut sind, finden zum Beispiel bei der Sportplatzberegnung oder bei der Frostschutzberegnung ihre Anwendung. Eine Frostschutzberegnung ist ein Sonderfall der Beregnung und wird eingesetzt, um Kulturen im Freiland vor Früh- bzw. Spätfrösten zu schützen. Wenn Wasser zu Eis erstarrt, wird Wärme abgegeben, man spricht von Erstarrungswärme. Wenn die Temperatur der Pflanzen in Frostnächten unter der Lufttemperatur liegt, wird die Beregnung eingeschaltet. Das Wasser gefriert beim Auftreffen auf die Pflanzen und gibt Erstarrungswärme ab. Am besten sind Langsamregner geeignet, die die Kultur ständig beregnen.

Bewässerung unter Glas

Bei der Unter-Glas-Bewässerung wird grundsätzlich zwischen der Bewässerung von unten und von oben unterschieden.

- Kapillarbewässerungsverfahren (Bewässerung von unten)
- Von oben in den Topf gießen

Bewässerungsverfahren

Regner

Regner werden nach ihrer Beregnungsdichte (Beregnungsintensität) eingeteilt. Die Beregnungsintensität ist die durchschnittlich auf eine Fläche fallende Bewässerungshöhe pro Stunde und wird in mm/h angegeben. Die maximale Beregnungsdichte sollte bei Sandboden bei 20 mm/h und bei Tonboden bei 8 mm/h liegen, da sonst Verschlämmung und Luftarmut im Boden droht.

Nach der Beregnungsdichte unterscheidet man:

- Schwach- oder Langsamregner (<7 mm/h)
- Mittelstarkregner (7–20 mm/h)
- Starkregner (>20 mm/h)

Starkregner werden im Gartenbau wegen der Gefahr von Pflanzenschäden und der Verschlämmung des Bodens nur begrenzt eingesetzt.

Drehstrahlregner drehen sich um ihre vertikale Achse und bewässern dabei eine kreisförmige Fläche.

Schwenkregner bestehen aus einem langen Düsenrohr, das durch den Wasserdruck hin und her schwenkt.

Wenn eine regelmäßige Bewässerung erforderlich ist, werden Versenkregner verwendet. Sie sind fest im Boden eingesetzt und heben sich beim Einschalten der Bewässerung aus einem bodenebenen Schutzgehäuse.

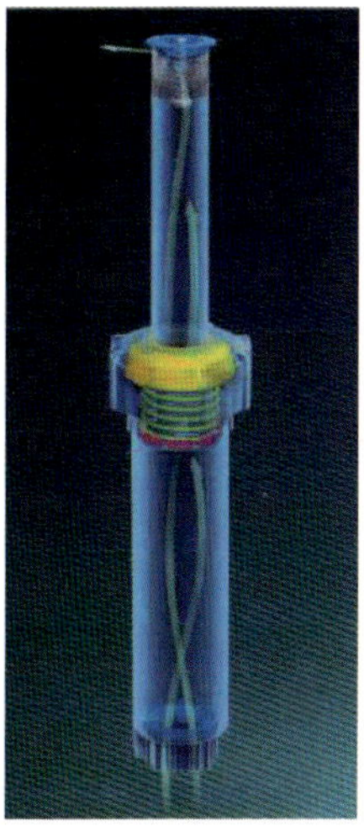

Schnitt durch einen Versenksprüher

Um den Beregnungszeitpunkt exakt zu bestimmen, damit Beregnungskosten zu senken und das Grundwasser zu schützen, gibt es mehrere Methoden. Eine von ihnen ist die Gipsblockmethode. Man vergräbt ein bis drei kleine Gipsblöcke im Wurzelbereich der Kulturpflanzen. Zwischen zwei Elektroden wird der elektrische Widerstand im Gipsblock gemessen und in einem kleinen Messgerät als Messgröße für die Bodenfeuchtigkeit ausgegeben.

Schwenkregner

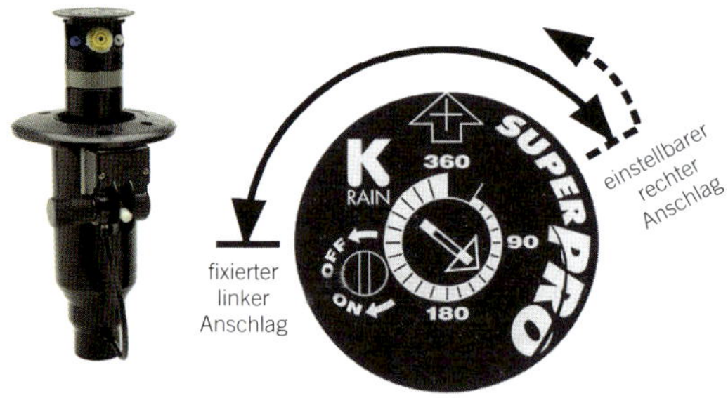

Getriebeversenkregner eignen sich zur Bewässerung von größeren Grünflächen. Die Wurfweiten- und Sektoreinstellung erfolgt bequem von oben.

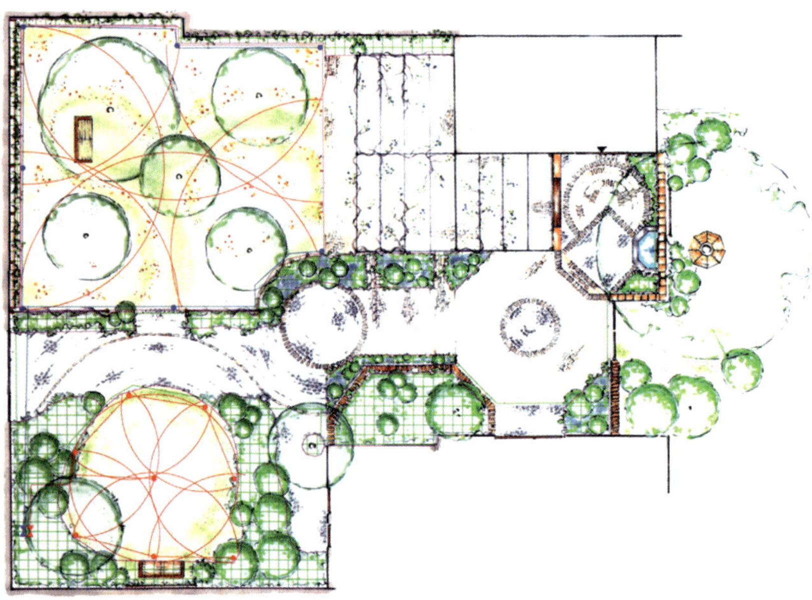

Der Regensensor komplettiert ein vollautomatisches Bewässerungssystem. Er ist ebenso drahtlos als Funkregensensor erhältlich und ermöglicht einen bequemen nachträglichen Einbau. Auf einfache mechanische Weise unterbricht der Regensensor das vorprogrammierte Beregnungsprogramm.

Gießwagen

Gießwägen werden sowohl im Glashaus als auch im Freiland eingesetzt. Im Gewächshaus werden sie meistens hängend auf Rollen oder Schienen, im Freiland aufrecht in Schienen geführt. Das Gießwasser wird über Düsen oder Gießröhrchen ausgebracht.

Düsenrohrbewässerung

Die Rohre aus Kunststoff, verzinktem Stahl oder Aluminium werden im, über oder neben dem Pflanzenbestand verlegt.

Tropfbewässerung

Je nach Hersteller wird das Wasser durch poröse Schläuche, Folienschläuche, Tropfschläuche usw. ausgebracht. Dieses System kann sowohl im Freiland als auch im Gewächshaus zur Bewässerung von Einzelpflanzen oder dicht stehenden Kulturen eingesetzt werden. Bei Bedarf kann die Tropfbewässerung mit der Düngung gekoppelt werden oder das System wird z. B. bei Dauerkulturen im Erdreich unter den Pflanzreihen verlegt.

Gießwagen

Tropfbewässerung bei modernen erdelosen Kulturverfahren in Steinwolle (z. B. Grodan)

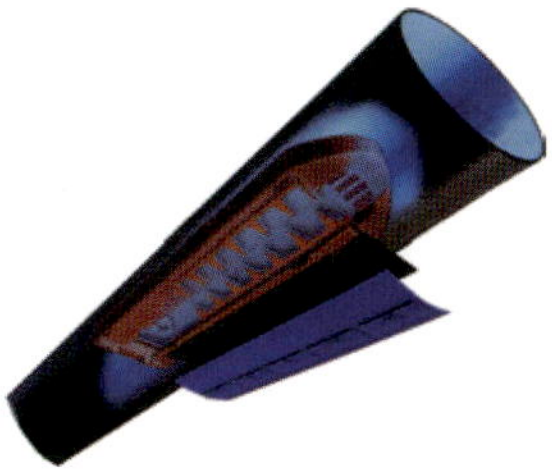

Tropfrohre verfügen über werkseitig eingebaute „druckkompensierende" Tropfer; das sichert Ihnen eine gleichmäßige Wasserabgabemenge vom ersten bis zum letzten Tropfer zu.

Tropfbewässerung bei Weihnachtssternkultur

Vor- und Nachteile der Tropfbewässerung

Vorteile	Nachteile
• Auch große Flächen können wassersparend bewässert werden.	• Verwendetes Wasser muss sehr sauber sein → sonst droht Verstopfung.
• Blätter und Blüten bleiben trocken.	
• Das Wasser tritt ohne Druck aus den Schläuchen aus und verursacht keine Schäden an Pflanzen oder Boden.	

Fließrinne

Fließrinnen

Dieses geschlossene Bewässerungsverfahren besteht aus Tischen mit 11–30 cm breiten und 2–3 cm hohen Rinnen. Diese Rinnen bestehen aus Aluminium, verzinktem Stahl, Kunststoff oder mit Kunststoff ummanteltem Stahl. Die Tischkonstruktion wird mit 0,5–1 % Gefälle verlegt. Das Wasser oder die Düngerlösung wird am oberen Ende in die Rinne gefüllt, durchfließt sie und wird am unteren Ende in einer Sammelrinne aufgefangen. Anschließend wird die Flüssigkeit in einem Auffangbehälter gesammelt und durch Pumpen wieder dem oberen Rinnenende zugeführt, bis die Pflanzen ausreichend Wasser aufgenommen haben.

Vor- und Nachteile der Fließrinnenbewässerung

Vorteile	Nachteile
• Gute Durchlüftung des Pflanzenbestands durch nicht geschlossene Tischoberfläche	• Höhere Investitionskosten
• Niedrigere Luftfeuchtigkeit	• Schlechtere Platzausnutzung (nicht jedes Topfaufstellmuster möglich)
• Bei Untertischheizung gute Wärmeverteilung	
• Mobiltischgeeignet (bei verbindungsloser Wasserzu- und -ableitung)	
• Geringer Wasserverbrauch (im Vergleich zu Ebbe-Flut-Systemen)	

Fließmatten (Flutmatten)

Auf die 160–250 cm breiten Tische werden PE-Folien, die an den Rändern aufgefaltet werden, sowie Glasfaservlies und Nadelfolie gelegt. Es entsteht eine wasserdichte Wanne, die ein Gefälle von 0,25 % hat. Das Wasser wird über Schläuche, die zwischen Nadelfolie und Vlies verlegt werden, zugeführt. Das Glasfaservlies sorgt für eine gleichmäßige Verteilung des Wassers. Die Nadelfolie dient als Schutz gegen Verschmutzung und Veralgung. Durch das Eigengewicht der aufgestellten Töpfe wird die Nadelfolie auf das Vlies gedrückt und die Flüssigkeit kann kapillar in den Töpfen aufsteigen.

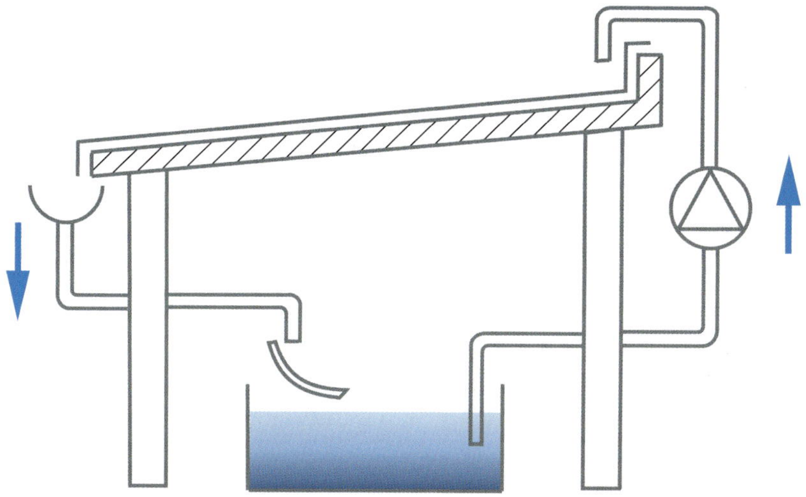

Fließrinne, Fließmatte

Vor- und Nachteile von Fließmatten

Vorteile	Nachteile
• Benötigen geringere Wassermengen • Auch für Mobiltische geeignet (bei verbindungsloser Wasserzufuhr) • Gute Feuchtigkeitsverteilung • Gleichmäßige Substratfeuchte • Niedrigere Herstellungskosten • Alle Topfaufstellmuster möglich • Beliebige Topfgröße möglich	• Häufigere Bewässerung als Ebbe-Flut-Systeme

Ebbe-Flut-Rinnen

Die Ebbe-Flut-Bewässerung wird auch Anstaubewässerung genannt. Ein waagrecht aufgebauter Tisch mit Rinnen, in denen die Töpfe stehen, wird bei Bedarf mit Wasser oder Düngerlösung 1–2 cm hoch geflutet. Nachdem die Pflanzen genug Flüssigkeit aufgenommen haben, wird diese in ein Vorratsbecken zurückgeleitet. Die Rinnen sind mit Längs- und Querrillen versehen. Die Längsrillen dienen der Wasserableitung zur Sammelrinne, die Querrillen der gleichmäßigen Wasserabführung.

Vor- und Nachteile von Ebbe-Flut-Rinnen

Vorteile	Nachteile
• Verbesserte Klimatisierung im Pflanzenbestand	• Mehr Wasser im System, größere Vorratsbecken notwendig
• Niedrigere Luftfeuchtigkeit	• Höhere Investitionskosten
• Geringer Wasserverbrauch (im Vergleich zu Ebbe-Flut-Systemen)	• Ungleichmäßige Feuchtigkeitsverteilung möglich
	• Schlechtere Sauerstoffversorgung im Wurzelraum, Gefahr der Übernässung

Ebbe-Flut-Rinne

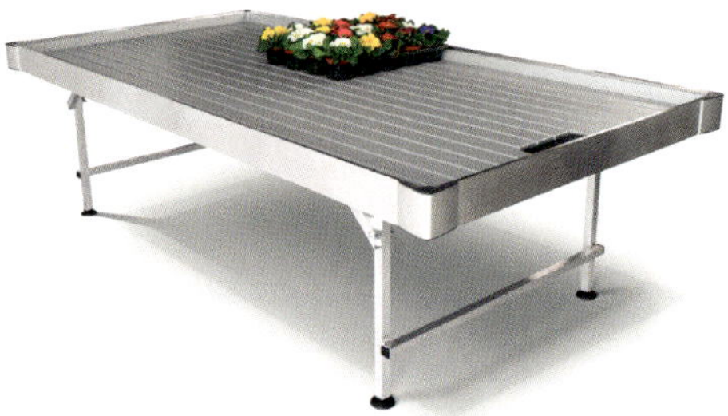

Ebbe-Flut-Tisch

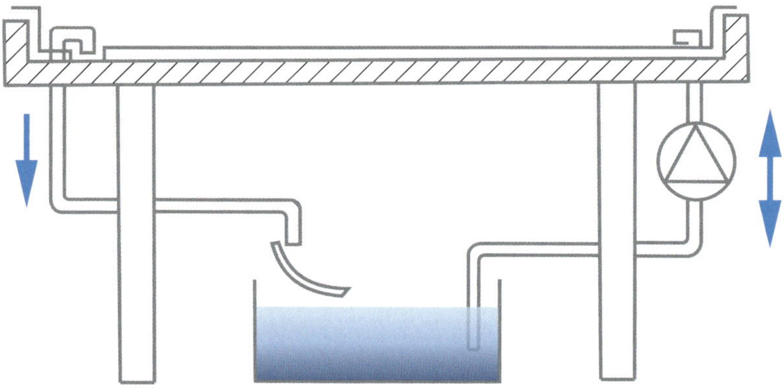

Ebbe-Flut Tische, Ebbe-Flut Rinnen

Ebbe-Flut-Tische

Die Pflanzen stehen hier in waagrecht aufgestellten Wannen oder in mit Kunststoff ausgekleideten Wannen. Die Wannen werden mit Wasser oder Nährlösung angestaut und einige Minuten stehen gelassen. Die Pflanzen nehmen die Flüssigkeit über die feuchte Schicht unter dem Topf durch kapillaren Aufstieg auf. Anschließend wird die Flüssigkeit im geschlossenen System über Sammelrinnen zum Auffangbehälter geleitet. Zum besseren Wasserabfluss haben auch die Wannen Längs- und Querrillen. Zur Anstaubewässerung kann auch ein Betonboden verwendet werden, wie es vor allem in Holland praktiziert wird. Die Stellflächen haben ein leichtes Gefälle, die Zu- und Ableitung des Wassers erfolgt über Kanäle. Diese Variante der Anstaubewässerung ist zwar kostengünstig, allerdings kann es zu ungleichmäßiger Flüssigkeitsverteilung kommen. Die für die Kapillarbewässerung notwendige feuchte Schicht kann außer einer Vliesmatte auch eine bewässerte Sandschicht bilden. Allerdings wird diese Variante heute kaum noch angewendet, da das Auswechseln des Sandes zeitaufwendig ist.

Vor- und Nachteile von Ebbe-Flut-Tischen

Vorteile	Nachteile
• Beliebige Topfaufstellmuster möglich • Beliebige Topfgröße möglich • Auswechseln der Vliese einfach möglich • Gute Durchlüftung des Pflanzenbestands	• Mehr Wasser im System, größere Vorratsbecken notwendig • Schlechtere Durchlüftung des Pflanzenbestands • Hoher Verschmutzungsgrad, schlechte Reinigungsmöglichkeit • Pflanzen wurzeln eventuell in Unterlage • Gefahr der ungleichmäßigen Feuchtigkeitsverteilung im Topf • Auswechseln der Vliese kostenaufwendig • Durch Restfeuchte im Vlies hohe Luftfeuchtigkeit

Geschlossene Matte

Der geschlossene Tisch ist ein System ohne Kreislauf, d.h., es wird ohne Wasserüberschuss bewässert. Auf einem waagrecht aufgestellten Tisch wird eine wasserdichte Folie verlegt und an den Rändern hochgezogen. Darauf kommen eine Glasfasermatte zur Wasserverteilung und abschließend eine Nadelfolie als Schutz vor Verschmutzung und Veralgung. Ein Tensiometer misst den Wasserbedarf der Kultur, und die erforderliche Menge wird mittels Tropfschläuchen verteilt.

Vor- und Nachteile der „Geschlossenen Matte“

Vorteile	Nachteile
• Geringe Kosten	• Pflanzen könnten in das Vlies wurzeln → Beschädigungen beim Herausnehmen möglich
• Kein Vorratsbecken notwendig	• Nur für feuchteunempfindliche Pflanzen geeignet
• Geringer Druckbedarf	
• Wasserverteilung schnell und sehr gut (Wasserspeichervermögen ca. $\frac{1}{2}$ l/m^2)	
• Für Mobiltische geeignet	
• Leicht automatisierbar	

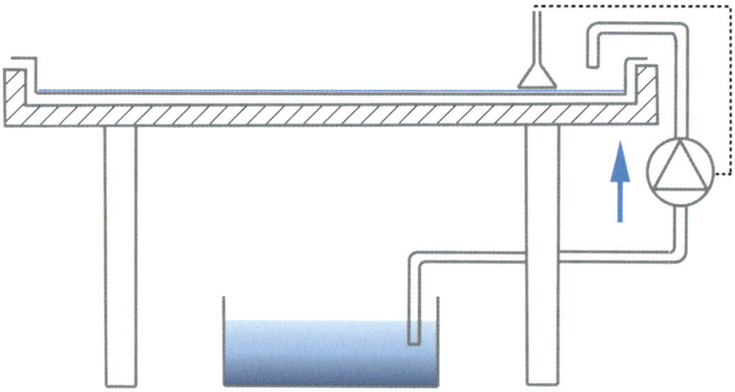

geschlossene Matte

Hydroponic

Aeroponic

Die Wurzelsprühkultur (Aeroponic) ist ein substratloses Kulturverfahren, das sich noch in der Entwicklung befindet und in der Praxis bisher selten Anwendung findet. Die Wurzeln der Pflanzen hängen in einem dunklen Raum und werden in regelmäßigen Zeitabständen über Sprühdüsen mit einer Nährlösung besprüht. Die überschüssige Nährlösung wird in einer Wanne gesammelt und zu einem Vorratsbehälter zurückgeführt.

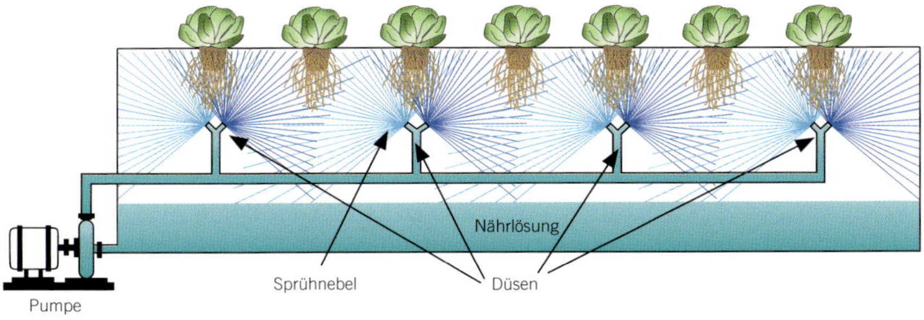

Wurzelsprühkultur – Schema

Vor- und Nachteile der Wurzelsprühkultur – Aeroponic

Vorteile	Nachteile
• Leicht zu automatisieren	• Hoher Energieaufwand
• Keine Entsorgung des Substrats	• Hoher Aufwand für Wasserentkeimung
• Gute Sauerstoffversorgung der Wurzeln	• Rasche Wurzelschäden
	• Hoher Kontrollaufwand

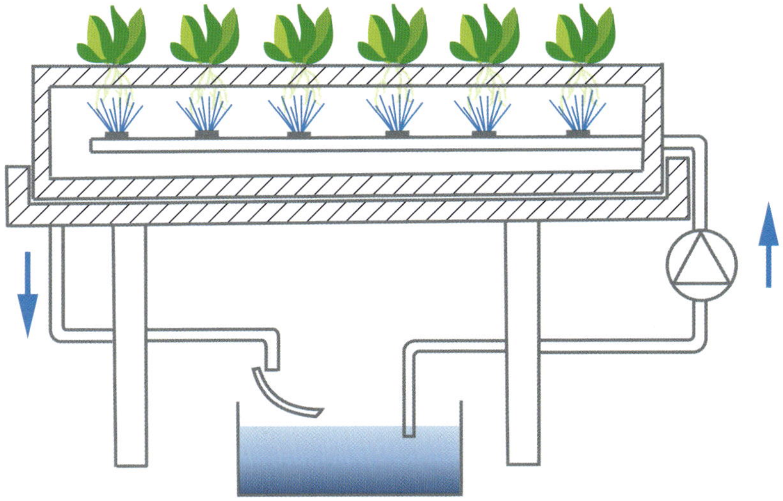

Aeroponic-System auf einem Tisch installiert

Plant-Plane-Hydroponic – System PPH

Bei diesem System (PPH) wird die Nährlösung über ein dünnes Vlies zwischen zwei Folienbahnen, die sich auf einer geneigten Ebene befinden, verteilt. Die Zuleitung der Lösung erfolgt durch Tropfschläuche.

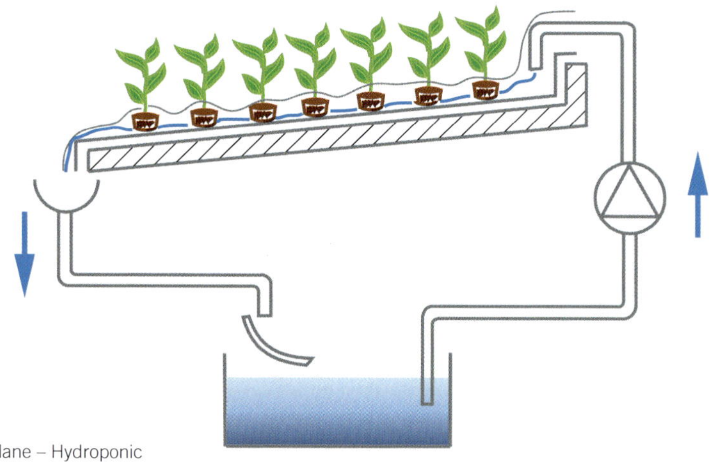

Plant – Plane – Hydroponic

Dünnschichtkultur

Die Kultur der Pflanzen erfolgt auf 3–10 cm dicken Substratschichten in Folienwannen. Die Nährlösung wird mittels Tropfschläuchen geleitet. Wichtig ist auch hier die exakte Überwachung der Nährstoffkonzentration, um eine Überdüngung zu verhindern.

Das System hat sich besonders bei Kultur von Schnittblumen und im Gemüsebau durchgesetzt.

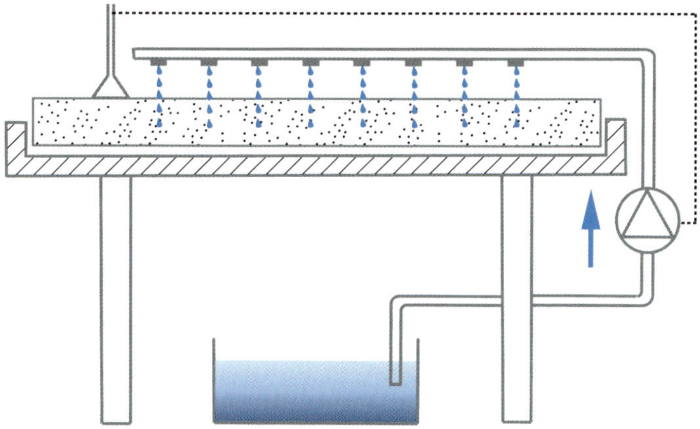

Dünnschicht – Kultur

Vernebeln von Wasser

Unter Vernebeln von Wasser versteht man das Herstellen feinster schwebender Wassertropfen. Es ist eine Alternative zur Abdeckung mit Folien, um eine hohe Luftfeuchtigkeit im Gewächshaus herzustellen. Im Gegensatz zu Abdeckmaterialien hat das Vernebeln den Vorteil, dass die Lichteinstrahlung nicht verringert wird und die Lufttemperatur nicht erhöht wird.

Automatisierung der Bewässerung

Bei halbautomatischen Anlagen kann über Knopfdruck die Bewässerung ein- und ausgeschaltet werden. Vollautomatische Anlagen messen Einflussgrößen wie Luftfeuchtigkeit, Sonneneinstrahlung usw. und steuern mittels Pumpen oder automatischen Ventilen die Bewässerung.

Abwasser

Entweder der Betrieb leitet sein Abwasser in das öffentliche Kanalnetz, wo in Kläranlagen gereinigt wird, oder es wird in betriebseigenen Kläranlagen wieder aufbereitet.

Wiederholungsfragen

1. Welche Bedeutung hat Wasser für die Pflanze?
2. Erkläre den Wasserkreislauf.
3. Wovon hängt der Wasserbedarf einer Pflanze ab?
4. Wie wird der Wasserbedarf einer Pflanze angegeben?
5. Welche Möglichkeiten der Wassergewinnung kennst du?
6. Was ist Grundwasser? Wovon ist es abhängig?
7. Welche Möglichkeiten der Grundwassergewinnung kennst du?
8. Nenne die Vor- und Nachteile der Grundwassergewinnung.
9. Welche Probleme bei der Gewinnung von Oberflächenwasser gibt es?
10. Was ist eine Talsperre?
11. Welche Vor- und Nachteile gibt es bei der Gewinnung von Oberflächenwasser?
12. Welche Vor- und Nachteile gibt es bei der Verwendung von Trinkwasser?
13. Welche Vor- und Nachteile gibt es bei der Gewinnung von Regenwasser?
14. Was ist eine Pumpe?
15. Was ist der Unterschied zwischen einer Kreiselpumpe und einer Kolbenpumpe?
16. Welche Pumpenkenndaten kennst du?
17. Welche Kriterien werden bei der Ermittlung der Wasserqualität erhoben?
18. Was ist Wasserhärte?
19. Warum ist es für einen Gärtner wichtig zu wissen, wie hoch die Karbonathärte im Gießwasser ist?

20. Was ist der pH-Wert?
21. Was sind Schwebstoffe und wie werden sie entfernt?
22. Warum müssen gelöste Salze aus dem Wasser entfernt werden?
23. Welche Möglichkeiten der Wasserentkeimung kennst du?
24. Welche Möglichkeiten der Entkarbonisierung gibt es?
25. Erkläre den Unterschied zwischen offenen und geschlossenenen Bewässerungssystemen.
26. Welche Vorteile und Nachteile hat die Verwendung eines geschlossenen Bewässerungssystems?
27. Wie werden Bewässerungsverfahren im Freiland eingeteilt?
28. Was ist die Beregnungsdichte?
29. Welche Regner unterscheidet man nach der Beregnungsdichte?
30. Was ist der Unterschied zwischen Drehstrahl-, Schwenk- und Versenkregnern?
31. Was ist die Gipsblockmethode?
32. Erkläre das Prinzip der Tropfbewässerung.
33. Welche Vor- und Nachteile hat die Tropfbewässerung?
34. Wie funktioniert eine Bewässerung mit Fließrinnen?
35. Welche Vor- und Nachteile hat die Fließrinnenbewässerung?
36. Erkläre den Unterschied einer Fließmatte zu einer Fließrinne.
37. Vergleiche die Ebbe-Flut-Bewässerung mit der Fließrinnenbewässerung.
38. Welche Vor- und Nachteile hat die Ebbe-Flut-Bewässerung?
39. Was sind die Unterschiede eines Ebbe-Flut-Tisches zu einer Ebbe-Flut-Rinne?
40. Was ist eine geschlossene Matte?
41. Was versteht man unter Aeroponic?
42. Welche Vor- und Nachteile hat die Aeroponic?
43. Vergleiche das Vernebeln von Wasser mit der Folienabdeckung bei der Stecklingsaufzucht.
44. Welche Möglichkeiten hat ein Betrieb, mit seinem Abwasser umzugehen?

8 Maschinen und Geräte für den Pflanzenschutz

Um die Wachstumsbedingungen der Kulturpflanzen so optimal wie möglich zu gestalten, müssen bestimmte Konkurrenzsituationen, hervorgerufen durch Beikrautpflanzen oder diverse Schaderreger, so weit wie möglich verhindert werden. Durch verschiedene Applikationstechniken (Streuen, Stäuben, Spritzen, Sprühen oder Nebeln) können chemische oder biologische Pflanzenschutzmittel ausgebracht werden. Bei integrierten Produktionsverfahren und im biologischen Gartenbau kommt der Anwendung von Pflanzenstärkungsmitteln immer größere Bedeutung zu, wobei die Ausbringung mittels Spritz- und Sprühgeräten erfolgt. Neben der Anwendung von Pflanzenschutzmitteln oder Pflanzenstärkungsmitteln wird auch durch physikalische (Abflämmen, Dämpfen) und mechanische Verfahren (Hacken, Bürsten) das Pflanzenwachstum positiv beeinflusst.

Ausbringungsverfahren

Je nach Tropfengröße wird bei der Ausbringung in flüssiger Form zwischen Spritzen, Sprühen und Nebeln unterschieden. Tropfengröße und Verteilung der Spritzbrühe werden durch die Düsenart (Kegelstrahldüsen, Flachstrahldüsen) und den Ausbringungsdruck bestimmt. Umso stärker die Brühe zerstäubt wird, desto feiner sind die Tropfen bzw. Tröpfchen. Feine Tropfen besitzen eine größere Oberfläche und haften somit besser an der Pflanzenoberfläche, das ausgebrachte Mittel kann daher besser seinen Wirkstoff oder seine Wirkstoffe entfalten. Nachteilig ist jedoch die größere Abdriftgefahr durch Wind, die schlechtere Durchdringung dichter Pflanzenbestände und die stärkere Verdunstungsgefahr, wodurch es bei unsachgemäßer Anwendung zu höheren Wirkstoffverlusten und zu Umweltbeeinträchtigungen kommen kann.

Spritzen: Bei Spritzverfahren ist die Tropfengröße über 0,15 mm. Die Abdriftgefahr ist gering und die Durchdringung dichter Pflanzenbestände ist sehr gut.

Sprühen: Die Tröpfchengröße ist zwischen 0,05 und 0,15 mm. Infolge größerer Oberflächen ist die Haftfähigkeit der Brühe wesentlich besser als bei Spritzverfahren. Bei Wind bestehen hohe Abdriftverluste, und dichte Pflanzenbestände werden schlecht durchdrungen.

Nebeln: Die Tröpfchen sind dabei 0,005–0,05 mm groß und bleiben je nach Auftrieb eine bestimmte Zeit in Schwebe, weshalb Nebelverfahren nur in geschlossenen Räumen angewendet werden.

Pflanzenschutzbrühen können als Lösungen, Emulsionen und Suspensionen ausgebracht werden.

Lösung: Das Pflanzenschutzmittel ist im Lösungsmittel (Wasser) einheitlich (homogen) verteilt.

Emulsion: Dabei ist das flüssige, unlösliche Mittel in feinster Tröpfchenform im Wasser verteilt.

Suspension: Bei Suspensionen sind kleinste, feste, unlösliche Teilchen in einer Flüssigkeit verteilt.

Während Lösungen sich nicht mehr entmischen, muss bei Emulsionen und Suspensionen eine Entmischung des Wirkstoffs verhindert werden. Entweder muss die Pflanzenschutzbrühe durch ein Rührwerk in Bewegung gehalten werden, oder man muss händisch die Brühe durchrühren.

Gerätebauarten

Je nach Aggregatzustand und je nach gewünschter Flächenleistung werden verschiedene technische Geräte zur Ausbringung von Pflanzenschutzmitteln angeboten. Neben der Sachkundigkeit des Anwenders ist auch der einwandfreie technische Zustand der Geräte Voraussetzung zur Verhinderung von Schäden an Kulturpflanzen, Menschen und der Umwelt. Regelmäßige Überprüfungen der technischen Einrichtungen und sachgemäße Wartungen müssen im eigenen Interesse durchgeführt werden.

Streugerät als Anbaugerät am Traktor

Streugeräte

Mit Streugeräten werden meist granulierte Pflanzenschutzmittel ausgebracht. Die Granulate haben Größen von 0,5–5 mm bzw. bei Mikrogranulaten unter 0,5 mm. Zum Einsatz gelangen tragbare Geräte, Aufbaugeräte für Sä- und Pflanzmaschinen sowie an den Traktor angebaute oder gezogene Schleuder-, Pendelrohr- oder Kastendüngerstreuer. Beim Einsatz von Düngerstreuern zur Pflanzenschutzmittelanwendung ist die niedrigere Ausbringungsmenge zu berücksichtigen und auf eine optimale Flächenverteilung zu achten.

Stäubegeräte

Zur Ausbringung von pulverförmigen Mitteln eignen sich Handstäubegeräte. Über einen Gebläseluftstrom wird das pulverförmige Pflanzenschutzmittel durch die Ausblasöffnung eines Verteilerrohres in die Umgebungsluft geblasen. Die hohe Windanfälligkeit und die geringe Haftfähigkeit beschränken den Einsatzbereich eher auf geschlossene Räume.

Handspritze

Spritzgeräte

Spritzgeräte werden in verschiedenen Bauarten angeboten. Sie unterscheiden sich nicht nur im Füllinhalt – 0,5–1 000 Liter –, sondern wesentlich in ihrer technischen Ausstattung.

Handspritzen

Handspritzen sind Spritzgeräte mit Füllinhalten bis zu 1,5 Liter. Sie werden einhändig bedient, wobei der Spritzdruck mittels Kolbenpumpe aufgebaut wird.

Die Pumpe wird über einen Handhebel betätigt und kann entweder einfach wirkend – nur bei Druck – oder doppelt wirkend – bei Druck und Zug – sein. Doppelt wirkende Pumpen erzeugen einen gleichmäßigeren Spritzkegel und ermöglichen eine bessere Brühenverteilung. Die Tropfengröße kann meist durch Verdrehen der Zerstäuberdüse oder über die Hubzahl der Pumpe reguliert werden.

Rückentragespritze

Rückentragespritzen werden mit Füllinhalten von 8–20 Liter angeboten. Je nach Gerätebauart kommen händische Kolbenpumpen mit Pumpenhebel zur kontinuierlichen Druckerzeugung, Geräte, die nach dem Druckspeichersystem arbeiten, oder motorbetriebene Geräte zum Einsatz.

Rückenspritzen mit Pumphebel erzeugen in Verbindung mit einem Ausgleichsbehälter einen gleichmäßigen Spritzstrahl. Zur Kontrolle des gleichbleibenden Ausbringungsdrucks befindet sich am Handabstellventil ein Manometer, das den Ausbringungsdruck an der Düse anzeigt. Über die Druckregulierung können Ausbringungsmenge und Tropfengröße angepasst werden.

Druckspeicherspritzen dürfen nur zu maximal 2/3 mit Spritzbrühe befüllt werden. Der verbleibende Freiraum wird entweder mittels Handpumpe oder mittels Kompressor auf einen Druck zwischen 3–6 bar gebracht. Über ein Druckeinstellventil am Handabstellventil und ein Manometer kann der Ausbringungsdruck reguliert werden. Während das ständige Pumpen wie bei Geräten mit Pumphebel wegfällt, führt der Druckabfall während der Ausbringung zu schwankenden Ausbringungsmengen und unterschiedlichen Tropfengrößen. Ein Überdruckventil verhindert eine Überlastung des Behälters, und eine Druckentlastungseinrichtung sorgt für einen vollständigen Druckabbau vor dem Öffnen des Behälters.

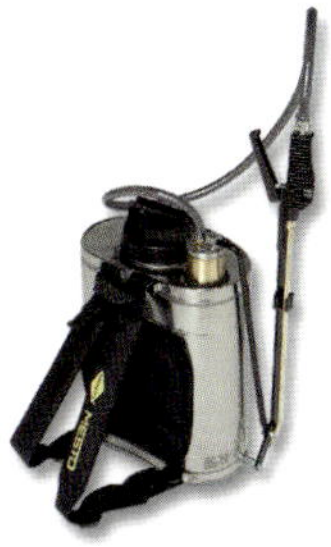

Rückenspritze mit Pumphebel

Pflanzenschutzbekleidung

Motorrückenspritzen arbeiten meist mit Membranpumpen, die einen kontinuierlichen Ausbringungsdruck erzeugen. Verteilungsmenge und Tropfengröße sind über ein Einstellventil regelbar und bleiben während der Ausbringung konstant. Nachteilig wirken sich das zusätzliche Gewicht der Antriebstechnik (Benzinmotor inklusive Tank) und die erzeugten Abgase, speziell bei Anwendungen in geschlossenen Räumen, aus. Die Flächenleistungen sind aber wesentlich höher als bei handbetriebenen Geräten.

Mobil montierter Brühebehälter

Karrenspritzen

Um höhere Flächenleistungen zu erzielen und den Arbeitskomfort zu verbessern, verfügen sie über Brühebehälter mit Füllinhalten von 50–200 Liter, aufgesetzt auf einem fahrbaren Unterbau. Die Verteilung erfolgt über einen Schlauch mit Düsenrohr oder aber auch über ein aufgebautes Spritzgestänge. Kolben- oder Membranpumpen sorgen für den notwendigen Ausbringungsdruck. Abstellventil, Druckregelventil und Manometer garantieren eine gleichmäßige Verteilung bei konstanter Tropfengröße. Ein Rührwerk sorgt für eine gute Durchmischung der Brühe.

Anbau-, Aufbau- und Anhängerspritzgeräte

Anbau-, Aufbau- und Anhängerspritzgeräte

Sie werden an die Traktorhydraulik angebaut, an den Schlepper fest aufgebaut oder angehängt und über die Traktorzapfwelle angetrieben. Ihre Behältergrößen reichen von 200–2 000 Liter, wodurch hohe Flächenleistungen erreicht werden können. Mit vollhydraulischen klappbaren Spritzgestängen können Arbeitsbreiten bis 36 m erreicht werden. In Verbindung mit computergesteuerten Antriebstechniken kann die Ausbringung optimiert werden. Der Bordcomputer vergleicht die eingestellten Sollwerte mit den Istwerten und gibt im Bedarfsfall Steuerimpulse, um Abweichungen zu korrigieren.

Tunnel-Sprühgerät in einer Obstanlage

Sprühgeräte

Um entsprechend feinere Tröpfchen (0,05–0,15 mm) zu erzeugen, haben Sprühgeräte im Unterschied zu Spritzgeräten ein Gebläse zur Erzeugung eines Trägerluftstroms. Je nach Gerätebauart wird die Brühe über eine Pumpe oder nur durch Schwerkraft kurz vor der Ausblasöffnung in den Luftstrom geleitet und dabei fein verteilt. Die Ausbringungsmenge kann über ein Regelventil eingestellt werden, die Tröpfchengröße kann über den Austausch des Verteilerkopfs an der Ausblasöffnung des Sprührohrs und über die Gebläsedrehzahl reguliert werden. Der Luftstrom transportiert die Brühe auch durch dichte Pflanzenbestände, und die kleinen Tröpfchen sorgen für eine sehr gute Haftung auf den Pflanzen, wodurch eine sehr gute Wirkung erzielt wird.

Rückensprühgerät mit einer Wurfweite bis zu 12 m für Ausbringung von Pflanzenschutzmitteln im Forst, auf Plantagen oder zur Desinfektion in Gebäuden und Anlagen

Nebelgeräte

Beim Nebeln werden Tröpfchen unter 0,05 mm Durchmesser erzeugt. Das konzentrierte Präparat wird mittels künstlichen Nebels verteilt.

Kaltnebelgeräte: Beim Kaltnebeln wird der Nebel durch hohen Druck erzeugt. Eine Rotationspumpe baut einen Luftstrom auf, der durch Unterdruck den Wirkstoff aus dem Behälter fördert und am Düsenkopf zerstäubt. Ein Ventilator verteilt den Nebel bis zu 50 m weit. Das Kaltnebeln kann vollautomatisch durchgeführt werden. Die Nebeldauer ist abhängig von der auszubringenden Wirkstoffmenge; ist die eingestellte Menge ausgebracht, stoppt das Gerät automatisch. Dadurch kann der Vorgang während der arbeitsfreien Zeit durchgeführt werden, sodass niemand mit den ausgebrachten Wirkstoffen in Kontakt kommt.

Heißnebelgeräte nutzen den Abgasluftstrom zum Zerreißen des Wirkstoffs in kleinste Tröpfchen. Der „heiße“ Nebel breitet sich rasch im gesamten Kulturraum aus und durchdringt diesen vollständig. Um Schäden an den Pflanzen durch Überkonzentrationen und zu hoher Temperatur zu vermeiden, sollten die Pflanzen nicht direkt mit dem heißen Luftstrom in Kontakt kommen.

Bei beiden Nebelverfahren durchdringen die feinen Tröpfchen aufgrund ihrer hohen Schwebefähigkeit den gesamten Kulturraum und benetzen die Pflanzen vollständig, sodass eine optimale Wirkung bei geringem Mittelaufwand erreicht wird.

Verdampfer

Mit Verdampfern werden leicht verdampfbare chemische Mittel zur Bekämpfung von Krankheits- und Schaderregern eingesetzt. Die Geräte verfügen über eine elektrisch betriebene Heizplatte, über die z. B. Schwefel zur Mehltaubekämpfung verdampft wird. Der Dampf verteilt sich gut im Kulturraum und legt sich auf die Pflanzen nieder. Optimal ist eine Steuerung über eine Zeitschaltuhr, dadurch kann außerhalb der Arbeitszeiten die Ausbringung des Pflanzenschutzmittels erfolgen.

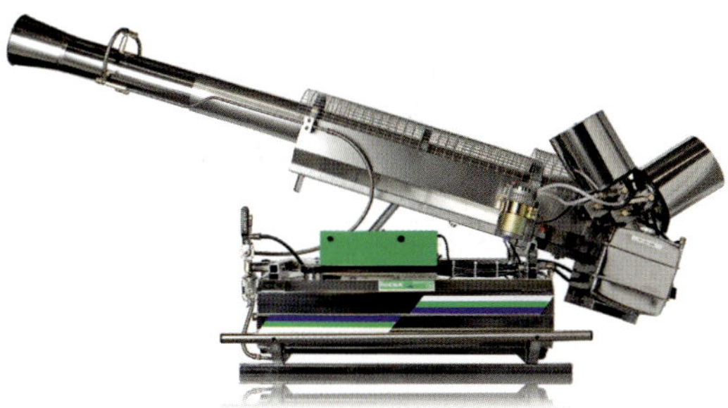

Heiß- oder Thermalnebelgerät

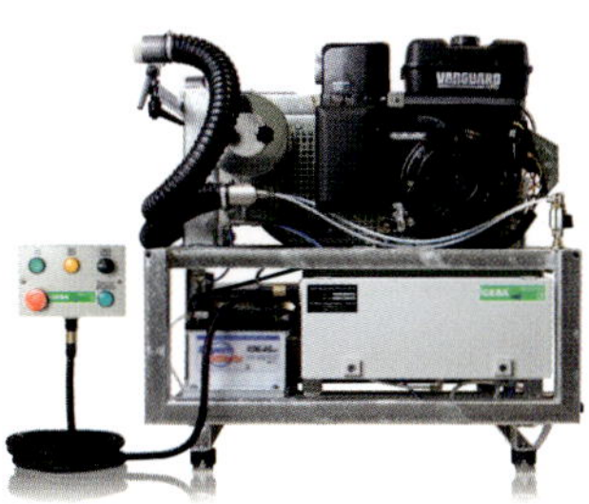

Benzinmotorbetriebenes Kaltnebelgerät mit einer Tröpfchengröße <15 Mikrometer

Elektromotorbetriebenes Kaltnebelgerät mit einer Tröpfchengröße 5-20 Mikrometer

Rotierendes Kaltnebelgerät mit Elektromotor

Hackgeräte

Hackgeräte und Beikrautstriegel werden zur mechanischen Beikrautregulierung als Anbaugeräte an den Schlepper oder im Zwischenachsanbau bei Geräteträgern verwendet. Während Hackgeräte über robustere Hackwerkzeuge verfügen und

Bügelhacke

Fingerhacke

Sternhacke

Triple Hacke

zwischen den Kulturreihen eingesetzt werden, arbeiten Beikrautstriegel mit feinen Federzinken, wodurch sie entweder zum „Blindstriegeln“ (vor dem Auflaufen der Kulturpflanzen, um die Beikräuter im Keimungsstadium zu verschütten) oder aber auch breitflächig im bereits wachsenden Pflanzenbestand eingesetzt werden können. Neben der beikrautbekämpfenden Wirkung erfolgt auch eine oberflächliche Bodenlockerung, wodurch das Pflanzenwachstum positiv beeinflusst wird. Spezielle Fingerhacken sind in der Lage, auch die Beikräuter in den Reihen kulturpflanzenschonend zu entfernen. Sie werden wie die herkömmlichen Reihenhackgeräte in zwei- bis achtreihigen Ausführungen angeboten.

Hackbürsten

Sie können entweder als Reihenbürsten zur Beikrautregulierung wie herkömmliche Reihenhackgeräte eingesetzt werden, oder sie werden zur breitflächigen Wildkrautentfernung auf Parkplätzen, Gehwegen oder anderen gepflasterten Verkehrsflächen verwendet. Als Arbeitswerkzeuge dienen rotierende Kunststoff- oder Stahlbürsten, die mit hoher Drehzahl die Beikräuter bzw. Wildkräuter entfernen.

Hackbürste

Abflammgeräte

Durch kurzzeitiges Erhitzen der Pflanzenteile werden die Zellen auf 50–70 °C erwärmt, und es kommt zur Gerinnung des Zelleiweißes. Die Pflanzen beginnen nach einigen Stunden zu welken und sterben nach zwei bis drei Tagen ab. Um eine optimale Wirkung zu erzielen, sollten sich die Pflanzen im Keim- bzw. Zweiblattstadium befinden. Bei Wurzelunkräutern kommt es nur zu einer vorübergehenden Schwächung und nicht zum Abtöten. Als Gerätebauarten werden Geräte mit offener Flamme oder Geräte mit Infrarotstrahlern angeboten. Während bei Geräten mit offener Flamme nur eine kurze Einwirkzeit notwendig ist und daher höhere Flächenleistungen erreicht werden können, brauchen Geräte mit Infrarotstrahlern länger zur Wärmeübertragung, grenzen aber den Wirkungsbereich exakt ein. Dadurch werden umliegende Kulturpflanzen nicht beschädigt, während bei offener Flamme spezielle Schutzbleche das Abdriften der Flammen verhindern müssen.

Hand-Abflammgerät

Dämpfsysteme

Durch das Einleiten von heißem Wasserdampf werden im Boden befindliche Schaderreger und Wildkrautsamen abgetötet. Eine optimale Wirkung wird erreicht, wenn die Einwirkzeit mindestens 30 Minuten beträgt und der Boden oder das Substrat auf Temperaturen zwischen 90 und 100 °C erhitzt wird. Um eine gute Durchdringung zu erreichen, soll der Boden möglichst tief und gut gelockert werden, dadurch kann sich der Wasserdampf gleichmäßig verteilen und die Bodenzonen schneller auf die notwendige Temperatur erhitzen. Optimale Hygiene bei der Durchführung und bei den anschließenden Bearbeitungsmaßnahmen sollten einer neuerlichen Infektion vorbeugen. Durch die Abtötung aller Lebewesen im Boden fehlen nach dem Dämpfen sämtliche natürlichen Gegenspieler zur Abwehr von Schaderregern, weshalb die Einschleppung von Schaderregern und Infektionsquellen unbedingt verhindert werden muss. Der Dämpfvorgang führt zur Mobilisierung von N- und Mn, deshalb sollte entweder unmittelbar nach dem Dämpfen gepflanzt werden – dadurch kann auch die Bodenwärme zur besseren Wurzelentwicklung und Förderung der Widerstandsfähigkeit genutzt werden – oder erst nach zwei bis drei Wochen.

Zur Dampferzeugung dienen meist Heizkesselanlagen mit einem maximalen Betriebsdruck von 1 bar. Um Schäden an Rohrleitungen und Wärmetauscher durch Kesselsteinbildung zu vermeiden, sollte das Dämpfwasser vor der Erhitzung mittels Wasserenthärtungsanlage aufbereitet werden. Die Dampfverteilung erfolgt durch verschiedene Systeme:

Flächendämpfung: Bei diesem System wird der Wasserdampf in den Boden eingebracht. Um den Dampf zu verteilen, wird z. B. bei der **Foliendämpfung** der Boden mittels hitzebeständiger Folie abgedeckt. Die Folie wird an den Rändern mit Sandsäcken beschwert und zur Energieeinsparung eventuell mit einem Vlies zusätzlich bedeckt. Je nach Bodenart und Lockerung dringt der Wasserdampf bis auf Bodentiefen von 30 cm ein und sorgt für den Dämpfeffekt.

Dämpfhauben bestehen aus rechteckigen Umrandungen, die mit Folie überspannt sind und an die Schlepperhydraulik angebaut werden; dadurch ist ein rasches Umsetzen möglich.

Dämpfpflüge oder Dämpfrohre: Mit diesen Systemen können tiefere Bodenschichten (bis 50 cm) erreicht werden. Während Dämpfpflüge langsam (5–15 m/h) durch den Boden gezogen werden, sind Dämpfrohre meist fest in einer Tiefe von 80 cm eingebaut und werden im Bedarfsfall an die Dampferzeugungsanlage angeschlossen.

Dämpfsystem Vollautomat

Dampfkessel

Haufendämpfung: Ähnlich wie bei der Foliendämpfung wird das zu dämpfende Material (Kompost, andere Substrate und Praxiserden) mit der Dämpffolie bedeckt und diese mit Säcken beschwert. Das Material wird auf einem befestigten Untergrund 30 cm hoch aufgeschüttet, gedämpft und anschließend weiterverarbeitet.

Behälterdämpfung: Für kleinere Substratmengen eignen sich Behälterdämpfungen mit einem Fassungsvermögen von bis 500 l. Die Dampferzeugung erfolgt meist elektrisch, oder es erfolgt die direkte Erwärmung des Substrats ohne die Verwendung von Wasserdampf.

Wiederholungsfragen

1. Nenne Geräte für den Pflanzenschutz
2. Welche Ausbringungsverfahren unterscheidet man bei der PSM-Ausbringung?
3. Nenne verschiedene Gerätebauarten zur PSM-Ausbringung.
4. Welche Rückentragespritzen kommen im Gartenbau zum Einsatz?
5. Wodurch unterscheiden sich die einzelnen Rückentragespritzen-Bauarten?
6. Wodurch unterscheiden sich Spritz-, Sprüh- und Nebeltechnik?
7. Welche Unterschiede bestehen zwischen Heiß- und Kaltnebelverfahren?
8. Erläutere die Funktion von Abflammgeräten.
9. Wie funktioniert das Dämpfen?
10. Welche Dämpfsysteme eignen sich für den gärtnerischen Gebrauch?

Gefahrensymbole und -bezeichnungen für gefährliche Stoffe

Definitionen

Als „gefährlich“ im Sinne der EG-Richtlinie 92/32/EWG werden Stoffe bezeichnet, die mindestens eine der folgenden Eigenschaften aufweisen:

E: Explosionsgefährlich

O: Brandfördernd

F+: Hochentzündlich

F: Leicht entzündlich

T+: Sehr giftig

T: Giftig

C: Ätzend

Xn: Gesundheitsschädlich

Xi: Reizend

N: Umweltgefährlich

Explosionsgefährlich: feste, flüssige, pastenförmige oder gelatinöse Stoffe, die auch ohne Beteiligung von Luftsauerstoff **exotherm** (eine chemische Reaktion, bei der Energie in Form von Wärme an die Umgebung abgegeben wird) und unter schneller Entwicklung von Gasen reagieren können oder beim Erhitzen explodieren.

Brandfördernd: Stoffe und Zubereitungen, die in Berührung mit anderen, insbesondere entzündlichen Stoffen, stark exotherm reagieren können.

Hochentzündlich: flüssige Stoffe und Zubereitungen, die einen extrem niedrigen Flammpunkt und einen niedrigen Siedepunkt haben, sowie gasförmige Stoffe und Zubereitungen, die bei gewöhnlicher Temperatur und normalem Druck bei Luftkontakt entzündlich sind.

Leicht entzündlich: Stoffe und Zubereitungen, die

- sich bei Umgebungstemperatur an der Luft ohne Energiezufuhr erhitzen und schließlich entzünden können
- feste Stoffe und Zubereitungen, die sich durch kurzzeitige Einwirkung einer Zündquelle leicht entzünden und nach deren Entfernung weiterbrennen oder weiterglimmen können
- flüssige Stoffe oder Zubereitungen mit einem sehr niedrigen Flammpunkt
- Stoffe und Zubereitungen, die bei Berührung mit Wasser oder feuchter Luft hochentzündliche Gase in gefährlicher Menge entwickeln

Entzündlich: flüssige Stoffe und Zubereitungen mit einem niedrigen Flammpunkt.

Sehr giftig: Stoffe und Zubereitungen, die in sehr geringer Menge bei Einatmen, Verschlucken oder Hautresorption zum Tode führen oder akute oder chronische Gesundheitsschäden verursachen.

Giftig: Stoffe und Zubereitungen, die in geringer Menge bei Einatmen, Verschlucken oder Hautresorption zum Tode führen oder akute oder chronische Gesundheitsschäden verursachen.

Gesundheitsschädlich *(Mindergiftig)*: Stoffe und Zubereitungen, die bei Einatmen, Verschlucken oder Hautresorption zum Tode führen oder akute oder chronische Gesundheitsschäden verursachen können.

Ätzend: Stoffe und Zubereitungen, die lebende Gewebe bei Berührung zerstören können.

Reizend: Stoffe und Zubereitungen, die – ohne ätzend zu sein – durch kurzfristige, längere oder wiederholte Berührung mit der Haut oder mit Schleimhäuten eine Entzündung hervorrufen können.

Umweltgefährlich: Stoffe und Zubereitungen, die im Fall des Eintritts in die Umwelt eine sofortige oder spätere Gefahr für eine oder mehrere Umweltkomponenten zur Folge haben oder haben können.

9 Geräte zur Düngung

Um ein optimales Pflanzenwachstum zu erreichen, muss je nach Wachstumsstadium und Ertragserwartung die Nährstoffversorgung an den jeweiligen Bedarf angepasst werden. Durch gezielte Düngungsmaßnahmen kann eine bedarfsgerechte und umweltschonende Nährstoffbereitstellung gewährleistet werden. Die verschiedenen Nährstoffe werden in unterschiedlichen Düngerformen angeboten. Während Mineraldünger in mehliger, granulierter oder flüssiger Form ausgebracht werden, sind organische Dünger in fester oder flüssiger Form verfügbar. Geräte und technische Einrichtungen zur Düngerausbringung müssen, um Pflanzenschäden zu verhindern und die Umwelt zu schonen, für eine exakte Verteilung der eingestellten Ausbringungsmenge sorgen.

Geräte zur Mineraldüngerausbringung

Die meisten Mineraldünger werden in granulierter Form ausgebracht, sie lassen sich recht leicht und gleichmäßig über die verschiedenen Streuorgane der Düngerstreuer verteilen. Mehlige Formen sind schwer dosierbar, verursachen eine hohe Staubentwicklung und sind auch sehr windanfällig.

Schleuderdüngerstreuer

Sie stellen die einfachste Gerätebauart zur Mineraldüngerausbringung dar. Die kegelförmigen Vorratsbehälter (50–1 000 Liter Fassungsvermögen) verfügen je nach Bauart über eine oder mehrere Auslassöffnungen, über die der Dünger auf eine oder mehrere Schleuderscheiben rieselt. Die rotierenden Schleuderscheiben verteilen den Dünger kreisausschnittförmig nach hinten und zur Seite. Der Antrieb erfolgt entweder über die Traktorzapfwelle oder bei kleineren Geräten über ein Bodenrad. Je nach Gerätebauart werden Arbeitsbreiten von 1,5–25 m erreicht. Bei großen Arbeitsbreiten kommt es zur stärkeren Entmischung des Düngergranulats, wodurch die Verteilungsgenauigkeit abnimmt.

Schleuderdüngerstreuer

Einflüsse auf die Verteilungsgenauigkeit:

- Technischer Gerätezustand
- Einstellung des Geräts
- Düngerbeschaffenheit
- Fahrkönnen
- Hangneigung
- Bodenunebenheiten
- Arbeitsbreite

Pendelrohrstreuer

Pendelrohrstreuer

Statt der Schleuderscheiben dient bei dieser Gerätebauart ein Pendelrohr als Verteilungsorgan. Das Pendelrohr sorgt für eine etwas exaktere Flächenverteilung, schränkt aber die Arbeitsbreite auf 20 m ein. Die Bauweise und Antriebstechnik entspricht jener von Schleuderdüngerstreuern.

Kastendüngerstreuer

Aus einem sich nach unten verengenden, quaderförmigen Vorratsbehälter fördert eine im Spitzboden eingebaute Verteilerschnecke Dünger zu Auslassschlitzen. Die Schlitze sind je nach Gerätebauart in Abständen von 2–5 cm angeordnet und sorgen für eine optimale Flächenverteilung des Düngers. Durch eine geringe Fallhöhe des Düngers (ca. 30 cm) kann auch mehliger Dünger ohne große Staubentwicklung und Abdrift gut verteilt werden. Die Arbeitsbreite des Düngerstreuers richtet sich nach der Gerätebreite und beträgt 0,5–3 m. Angetrieben werden Kastendüngerstreuer über Bodenräder, wodurch sich die Ausbringungsmenge immer an die Fahrgeschwindigkeit anpasst und es zu keiner schwankenden Flächenverteilung kommt.

Reihendüngerstreuer

Bei Reihendüngerstreuern wird der Dünger pflanzenschonend am Boden entlang der Pflanzreihen abgelegt. Durch diese Gerätebauarten kann der Dünger auch in bereits aufgelaufene Pflanzenbestände ohne Blattverletzungen eingebracht werden. Als Grundgeräte dienen entweder Schleuderdüngerstreuer oder Kastendüngerstreuer. Der Dünger wird aber nicht breitflächig verteilt, sondern mittels Verteilerschläuchen reihenweise bodennah ausgebracht. Während Kastendüngerstreuer durch das Aufstecken von Verteilerschläuchen einfach umrüstbar sind, ist bei Schleuderdüngerstreuern der Einbau einer vertikalen Verteilerschnecke in den Vorratsbehälter notwendig. Die Schnecke fördert den Dünger aus dem Behälter und verteilt ihn auf die einzelnen Verteilerschläuche.

Mit angebauten Universalkastenstreuern lassen sich auch pulverförmige Substanzen problemlos auf großen Flächen ausbringen

Reihendüngerstreuer

Geräte zur Flüssigdüngung

Die Düngerausbringung und damit die Nährstoffversorgung der Pflanzen gleichzeitig mit dem Gießvorgang spart Arbeitszeit, sorgt für eine gleichmäßige Verteilung und ist bedarfsgerecht. Um eine optimale Vermischung von voll wasserlöslichen oder flüssigen Düngern mit dem Gießwasser zu erreichen, ist die Verwendung von Düngerbeimischern notwendig. Sie sorgen dafür, dass die gewünschte Konzentration (0,5–5 %) auch bei schwankender Durchflussmenge konstant gehalten wird und eine gute Durchmischung mit dem Gießwasser erfolgt.

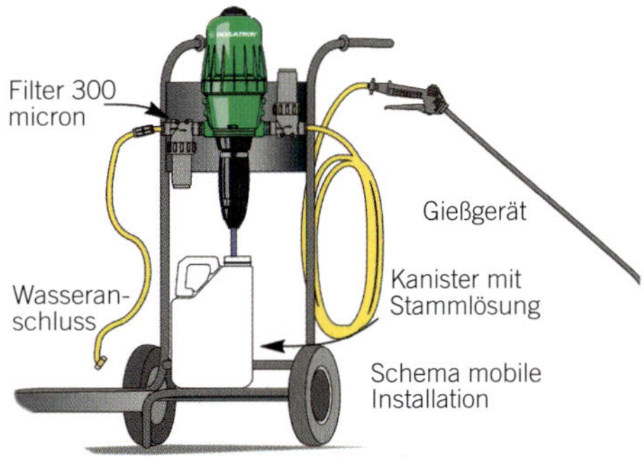

Mobile Düngerbeimischung

Arbeitsprinzipien von Düngerbeimischern

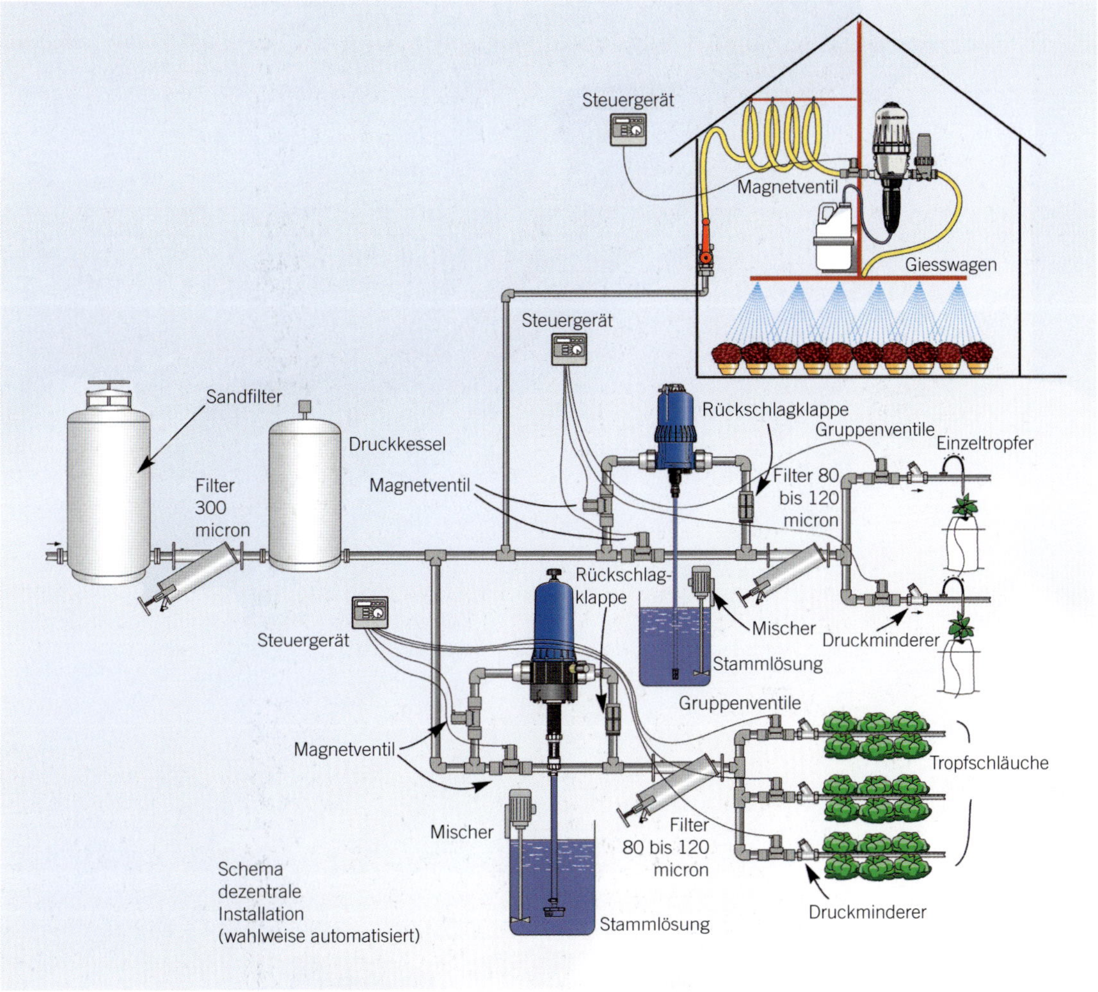

Düngerbeimischung bei dezentraler Installation

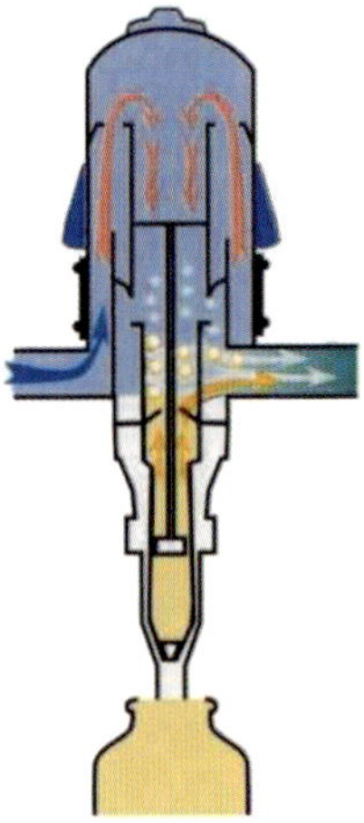

Injektorprinzip – durch eine kurzzeitige Querschnittverengung kommt es zur Geschwindigkeitserhöhung im Gießwasserstrom, nach der Verengung entsteht ein Unterdruck, der hoch konzentrierte Düngerlösung (Stammlösung) ansaugt und über eine Düse dem Gießwasser beimischt. Die gewählte Düse bestimmt das Mischungsverhältnis und somit die Konzentration.

Verdrängungsprinzip – in einem zylindrischen Druckbehälter befindet sich ein mit Stammlösung gefüllter Kunststoffsack (Stammlösungssack). Über ein Mischventil wird genau die gleiche Menge an Wasser vom Gießwasser in den Behälter abgeleitet, die als Verdrängungswasser die eingestellte Menge Düngerlösung in den Gießwasserstrom drückt. Über Schaugläser kann der Entleerungsgrad des Stammlösungssacks kontrolliert werden. Zum Nachfüllen wird das Verdrängungswasser abgelassen und der Stammlösungssack wieder mit Düngerlösung aufgefüllt.

Düngerbeimischung nach der Wasserdurchflussmenge – ein abgeleiteter Gießwasserstrahl betreibt eine Kolben- oder Membranpumpe, durch die die Düngerlösung aus dem Vorratsbehälter gesaugt wird. In einem Mischrohr wird die Düngerlösung dem Gießwasser beigemischt. Um einen störungsfreien Betrieb zu gewährleisten, sollte das Gießwasser vor dem Düngerbeimischer gefiltert werden.

Geräte zur Ausbringung organischer Dünger

Nachdem organische Düngemittel wie Torf, Kompost, Stallmist, Gülle oder Jauche nur über geringe Nährstoffkonzentrationen verfügen, müssen zur Abdeckung des Nährstoffbedarfs entsprechend große Mengen ausgebracht werden. Die verwendeten Geräte sind als Anhängegeräte konzipiert und werden von Schleppern gezogen. Um die Bodenverdichtung durch die hohen Lasten (bis zu 20 t) gering zu halten, sollte die Ausbringung nur bei trockenem Bodenzustand erfolgen.

Kompost- oder Stallmiststreuer

Dieses anhängerähnliche Gerät wird zur Ausbringung von Torf, Kompost, gepresstem Klärschlamm oder Stallmist verwendet. Der Boden der Ladefläche ist als Kratzboden ausgeführt. Über u-förmige Stahlschienen wird das Ladegut zum Streuwerk befördert. Das Streuwerk besteht aus senkrechten oder waagrechten Streuwalzen, die den Dünger zerkleinern und breitflächig verteilen. Streuwerke mit senkrechten Streuwalzen verfügen über einen höheren Zerkleinerungseffekt und eine größere Arbeitsbreite (bis zu 8 m). Bei Streuwerken mit waagrechten Streuwalzen entspricht die Arbeitsbreite der Gerätebreite (max. 2,4 m). Der Antrieb von Kratzboden und Streuwerk erfolgt entweder über die Schlepperzapfwelle oder über Ölmotoren, die von der Schlepper-Hydraulik angetrieben werden.

Gülle- oder Jauchefass

Zur Ausbringung von Gülle, Jauche oder Klärschlamm kommen Gülle- bzw. Jauchefässer zum Einsatz. Sie verfügen meist über einen zylindrischen Druckbehälter aus Stahl oder Kunststoff mit einem Volumen von 2–20 m^3. Eine zapfwellengetriebene Vakuumpumpe erzeugt den zur Verteilung notwendigen Ausbringungsdruck und das für die Befüllung erforderliche Vakuum. Der Dünger wird mittels Prallverteiler auf einer Breite zwischen 3 und 15 m verteilt. Um den Nährstoffverlust und die Geruchsentwicklung bei der Ausbringung zu reduzieren, werden Verteiler mit Schleppschläuchen eingesetzt.

Kompost- oder Stallmiststreuer

Wiederholungsfragen

1. Nenne Geräte zur Mineraldüngerausbringung.
2. Wie funktioniert ein Schleuderdüngerstreuer?
3. Nenne Einflüsse auf die Verteilungsgenauigkeit von Schleuderdüngerstreuern.
4. Welche Vorteile haben Kastendüngerstreuer?
5. Welche Vorteile haben Geräte zur Flüssigdüngung?
6. Nenne verschiedene Arbeitsprinzipien von Düngerbeimischern.
7. Erkläre die Funktion eines Kompoststreuers.
8. Nenne Geräte zur Ausbringung von organischen Düngern.

Maschinen und Geräte zur Kompostbereitung

Organische Substanzen so gut wie möglich in den betrieblichen Nährstoffkreislauf einzubinden ist nur über einen geordneten Kompostiervorgang möglich. Angefangen von der sorgfältigen Trennung kompostierbarer Materialien von nicht kompostierbaren Fremdstoffen (Glas, Steine, Eisenteile, Kunststoffe usw.) bis hin zum Absieben und Vermischen mit anderen Substratkomponenten ist die Herstellung qualitativ hochwertiger Komposte nur mittels kontrollierter Kompostierung möglich. Um optimale Bedingungen für die Bakterientätigkeit während des Rotteprozesses zu schaffen, müssen verholzte Materialien zerkleinert werden. Erst gut zerkleinertes und eventuell gefasertes Material mit hohem Feingutanteil bietet eine große Oberfläche, um von den Mikroorganismen möglichst rasch zersetzt zu werden.

Bauarten von Zerkleinerern

Auf dem Markt wird eine Vielzahl unterschiedlicher Zerkleinerungsgeräte angeboten. Sie unterscheiden sich hinsichtlich Zerkleinerungsorgan, Antriebsart und Antriebsleistung. Es gibt Geräte für jeden Bedarf, vom Hobby- und Gärtnereibereich über den kommunalen Einsatz bis hin zum professionellen Kompostbereiter. Das Herzstück der Maschine ist immer das rotierende Zerkleinerungsorgan, wobei drei Grundprinzipien unterschieden werden:

- Schneiden oder Hacken
- Schlagen
- Reißen

Meistens wird eine Gegenschneide oder ein Gegenanschlag verwendet. Die Materialzuführung zum Zerkleinerungsorgan kann axial bei Scheibenorganen oder radial bei Trommelorganen erfolgen. Bei einer Zuführung senkrecht oder schräg von oben kann das Gut durch Schwerkraft mit manueller Unterstützung nachrutschen. Je nach Wunsch oder Bedarf wird auch ein Zwangseinzug über mechanisch oder hydraulisch angetriebene Einzugswalzen angeboten.

Schneid- und Hacksysteme

Speziell zur Holzzerkleinerung werden meist Trommel-, Scheibenrad- oder Schneckenhacker mit Zwangseinzug eingesetzt. Sie arbeiten mit scharfen, starren Hackmessern und dicht anliegender Gegenschneide. Die Hackgutlänge ist entweder durch die Messerabstände fest vorgegeben oder durch den Zwangseinzug variierbar. Die gehärteten Messer sind sehr fremdkörperempfindlich. Stumpfe Messer belasten Antriebsmotor und Lager stärker und reduzieren die Arbeitsleistung. Auch Freischnittzerkleinerer zählen zu den Schneid- und Hacksystemen, wobei der Materialeinzug infolge Schwerkraft senkrecht von oben oder schräg erfolgt. Das Material wird im Freischnitt zwischen scharfen Schlagmessern und den Gegenhaltern zerkleinert und seitlich herausgefördert. Diese Geräte sind einfach gebaut und im unteren Leistungsbereich für Hobbygärtner anwendbar.

Schlag- und Reißsysteme

Für gemischtes und mit Fremdkörpern durchsetztes Material, wie es oft im kommunalen Bereich, in Friedhofsgärtnereien und in Hausgärten anfällt, sind zum Zerkleinern Schlag- und Reißwerkzeuge zu empfehlen. Sie sind wenig fremdkörperempfindlich und besitzen keine scharfen Werkzeuge. Sie müssen deshalb nicht oder kaum nachgeschliffen werden. Der Zerkleinerungseffekt beruht auf Brechen und Zertrümmern des Materials zwischen den umlaufenden Schlagwerkzeugen und einer fest

Schneid- und Hackgeräte

stehenden, glatten oder kammartigen Brechkante. Das Häckselgut ist nicht so fein wie bei Hackern, dafür aber mehr zerfasert und aufgeschlitzt, was eine möglichst große Angriffsfläche für Mikroorganismen ergibt. Schlagzerkleinerer haben meist Scheiben oder Trommeln mit frei schwingenden Schlaghämmern. Reißzerkleinerer haben starre Reißzähne, die auf einer Trommel oder Scheibe angeordnet sind und das Gut abfräsen.

Geräteeinsatz

Für alle Zerkleinerungsgeräte gilt: Je steiler der Materialzuführungskanal und je schräger er zur Schnitt- oder Reißebene angeordnet ist, desto besser ist der selbstständige Einzug, sodass wenig bis kein Nachschieben von Hand nötig ist. Für zufriedenstellenden Betrieb darf die Eingabeöffnung nicht zu klein sein, insbesondere, wenn häufig hartes, verzweigtes Astwerk zu verarbeiten ist. Als Faustzahl für die maximale Materialstärke gelten bei Kleingeräten 0,8–1,5 cm je kW Antriebsleistung.

Arbeitssicherheit

Zu den vorgeschriebenen Sicherheitseinrichtungen gehören: Rückschlagsicherung, Spritzschutz auf der Zuführ- und Auswurfseite. Keine Erreichbarkeit der Zerkleinerungsorgane, weder von der Beschickungs- noch von der Auswurfseite. Bei Geräteöffnung müssen die Messer blockieren. Geräte mit Elektroantrieb müssen einen Fehlerstrom- und Motorschutzschalter besitzen. Leistungsfähige Geräte erreichen hohe Eigengewichte, daher ist auf gute Standsicherheit und leichte, sichere Transportmöglichkeit zu achten.

Geräteantrieb

Als Antriebsquellen kommen aufgebaute Elektromotoren, Verbrennungsmotoren sowie Schlepper über Zapfwellen in Betracht. Ein Elektroantrieb ist im Leerlauf immer leiser als der Antrieb mit Verbrennungsmotoren, ist aber nur bis etwa 5 kW Antriebsleistung einsetzbar; außerdem ist nicht überall ein Stromanschluss verfügbar.

Kompostwendemaschine

Kompostwendemaschine

Damit der Rotteprozess hinsichtlich Temperaturentwicklung und Sauerstoffversorgung der Mikroorganismen optimal gestaltet werden kann, muss die aufgesetzte Kompostmiete regelmäßig durchmischt werden. Spezielle Kompostwendemaschinen nehmen das Material auf, durchmischen und zerkleinern es zusätzlich und legen es gelockert wieder als Miete ab. Als Zusatzausrüstung können die Wende-

Kompostumsetzer

Wiederholungsfragen

1. Nenne Maschinen zur Kompostbereitung
2. Warum müssen verholzte Materialien im Rahmen der Kompostierung zerkleinert werden?
3. Welche Grundprinzipien werden bei Zerkleinerungsorganen unterschieden?
4. Warum eignen sich Schlag- und Reißsysteme optimal zur Aufbereitung von Kompostmaterial?
5. Welche Maßnahmen zur Arbeitssicherheit sind beim Einsatz von Zerkleinerungsgeräten zu beachten?
6. Erläutere die Funktion einer Kompostwendemaschine!
7. Wodurch unterscheiden sich selbstfahrende und zapfwellengetriebene Kompostwendemaschinen?

maschinen auch mit einer Vliesaufrolleinrichtung ausgestattet sein. Dadurch wird gleichzeitig mit dem Wendevorgang auch das Kompostvlies aufgerollt, wodurch ein Arbeitsschritt eingespart werden kann. Je nach Bauart unterscheidet man zwischen selbstfahrenden und zapfwellenbetriebenen Kompostwendemaschinen.

Selbstfahrende Kompostwendemaschine

Diese Maschinen werden entweder über eine Fernsteuerung bedient oder sie werden mit eigener Fahrerkabine ausgerüstet. Der Antrieb erfolgt bei größeren Geräten mittels Dieselmotor und bei Kleingeräten mittels Elektromotor. Um auch bei schlechten Bodenverhältnissen problemlos den Kompost zu wenden, sind diese Maschinenbauarten mit Raupenketten ausgestattet. Der Rahmen muss einen ausreichenden Materialdurchgang ermöglichen, damit eine verstopfungsfreie Lockerung erreicht wird. Eine groß dimensionierte Welle nimmt die Wendewerkzeuge auf, wobei deren Anzahl und Anordnung für den Misch- und Lockerungseffekt und die Herstellung einer formschönen Miete verantwortlich sind.

Zapfwellengetriebene Kompostwendemaschinen

Sie werden über die Schlepperzapfwelle angetrieben und entweder an die Traktorhydraulik angebaut oder an den Traktor angehängt. Anhängemaschinen benötigen eine zusätzliche Transportachse und ein schweres Gegengewicht, um während des Wendevorgangs die Spur zu halten und nicht dem Widerstand der Kompostmiete nachzugeben. Für den Transport werden beide Gerätebauarten mittels Hydraulikzylinder in senkrechte Stellung geklappt.

10 Maschinen und Geräte in der Baumschule

Bodenbohrer	Baumpflanzung
Handbohrer	Pflanzbohrer
Motorbohrer	Ballenstecher
Anbaubohrer	Rundspatenmaschine

Erdbohrer, Pflanzbohrer

Für das Errichten von Zäunen und bei Pflanzarbeiten.

Handbohrer

Dies sind einfache Erdbohrer, die von Muskelkraft bewegt werden. Beim Erdbohrer wird ein senkrecht gehaltenes Eisenrohr benutzt, auf dem sich zum Drehen ein waagrecht angebrachtes zweites Rohr befindet. Unten am Rohr sitzt die Bohrschnecke mit einer gehärteten Spitze. Der Erdbohrer wird nun senkrecht mit etwas Druck angesetzt und in das Erdreich gebohrt. In der Regel sind diese Handerdbohrer für eine Lochtiefe von 1 m und einen Durchmesser von bis zu 20 cm ausgelegt.

Motorbetriebener Erdbohrer

Ein- oder Zweimann-Bohrgerät mit einem Zwei- oder Viertaktmotor. Viele Bohrer sind mit vibrationsgedämpften Griffrahmen und QuickStop-Bohrerbremse ausgestattet. Diese Sicherheitseinrichtung, die bei Verhaken des Bohrers am Oberschenkel des Benutzers ausgelöst wird, bringt das Bohrwerkzeug sofort zum Stillstand. Für den Einsatz bei leichten, mittelschweren und ebenen Böden geeignet. Bohrwerkzeuge für Löcher bis 300 mm Durchmesser sind erhältlich.

Handbohrer

Motorbetriebener Erdbohrer

Vor- und Nachteile motorbetriebener Erdbohrer

Vorteile	Nachteile
• Leichter Transport • Gewicht 10 kg ohne Bohrer • Auch in unzugänglichem Gelände einsetzbar	• Körperbelastung • Abgase • Randverdichtung • „Karussell-Effekt“ ohne QuickStop

Transportabler Erdbohrer

Die Arbeitsweise ist ähnlich der des oben beschriebenen Geräts. Der Erdbohrer ist auf ein Fahrgestell montiert, das ein Arbeiter leicht bewegen kann. Manche Geräte sind auch mit Meterzähler für Heckenpflanzung ausgestattet.

Vor- und Nachteile transportabler Erdbohrer

Vorteile	Nachteile
• Einsparung eines Mannes bei hoher Bohrleistung • Leicht transportierbar durch Klapprahmen • Niedrige Rüstzeiten • Bohrer frei gelagert	• Karussell-Effekt nicht ausgeschlossen • Platzbedarf beachten

Erdbohrer als Anbaugerät

Diese Baugeräte sind in der Regel auf einem Bagger montiert und werden von der Zusatzhydraulik des Trägergeräts angetrieben. Die Bohrer sind für Maschinen bis 20 t entwickelt worden und für jeden Bodentyp geeignet. Die Bohrschnecken sind mit Durchmessern von 100–1 000 mm und Längen von 1–5 m erhältlich.

Vor- und Nachteile von Erdbohrer als Anbaugerät

Vorteile	Nachteile
• Körperschonend	• Hoher Platzbedarf während der Arbeit • Verdichtung bei schweren Böden

Erdbohrer als Anbaugerät

Maschinen und Geräte zur Baumpflanzung

Ballenstecher

Druckluftbetriebener Ballenspaten für den professionellen Einsatz in der Baumschule sowie auch im Garten- und Landschaftsbau. Zum ergonomischen Ballieren in schwierigen Bodenstrukturen, mit handgeschmiedeter Ballenschale. Für Pflanzballen von maximal 45 cm Ballendurchmesser. Der Ballenstecher besteht aus einem Grundgerät mit Schlagwerk und Schnellwechseleinrichtung zur Werkzeugaufnahme sowie dem entsprechenden Werkzeug, das in verschiedenen Größen erhältlich ist. Die scharfe, handgeschmiedete Ballenschale erlaubt einen sauberen Schnitt, sodass keine Wurzelquetschungen entstehen können.

Ballenstecher

Rundspatenmaschinen

gibt es als Anbau- oder Aufbaugerät, die an einem geländegängigen Fahrzeug aufgesattelt sind. Vier bis sechs hydraulisch betriebene Rundspaten umstechen den Ballen. Der Baum wird samt Wurzelballen mit dem nun geschlossenen Werkzeug aus dem Boden herausgehoben und kann im „Huckepack-Verfahren“ zum neuen Standort transportiert werden. Es gibt Geräte für Ballendurchmesser von 80–300 cm (bis 150 cm Stammumfang = STU). Vor der Verpflanzung sollte die neue Pflanzgrube vorbereitet werden. Ein Rückschnitt der Krone ist vorteilhaft.

Rundspatenmaschine

Vor- und Nachteile der Rundspatenmaschine

Vorteile	**Nachteile**
• Mit der Ballenstechmaschine kann das Pflanzloch am neuen Standort vorher ausgestochen werden, daher ist der Pflanzballen der neuen Pflanze gleich groß.	• Die Wurzelversorgung wird oft vernachlässigt.

Wiederholungsfragen

1. Wie funktionieren Erdbohrer?
2. Welche Gefahren können bei motorisierten Erdbohrern auftreten?
3. Was versteht man unter einem Ballenstecher?
4. Bis zu welcher Ballengröße werden Ballenstecher und Rundballenmaschinen eingesetzt?
5. Was versteht man unter einer Rundspatenmaschine?
6. Welche Vor- und Nachteile bringen Rundspatenmaschinen?

11 Maschinen und Geräte im Zierpflanzenbau

Topfmaschine	Pflanz-roboter	Steck-automat	Pikier-roboter	Schnittpflanzen-produktion
Bedeutung				Bündelmaschine
Arbeitsprinzip				
Arbeitsleistung				
Spezielle Gerätetypen und Ausstattungen				

In den vergangenen Jahren ist in der Zierpflanzenproduktion ein Trend in Richtung vermehrte Automatisierung zu bemerken. Handarbeit ist teuer und wird zunehmend von Maschinen und Geräten verdrängt. Besonders zeit- und arbeitsaufwendige Arbeiten werden damit rationell erledigt und Arbeitskosten gesenkt. Der Grund für diese Entwicklung ist hauptsächlich im hohen Kostendruck zu sehen, dem die Betriebe ausgesetzt sind.

In größeren Betrieben sind mittlerweile Produktionsstraßen üblich, bei denen vom Stecklingsschnitt oder der Aussaat bis zum Rücken und Ernten kaum mehr Handarbeit notwendig ist. Auch Kombinationen aus verschiedenen Maschinen, zum Teil von unterschiedlichen Herstellern, sind möglich.

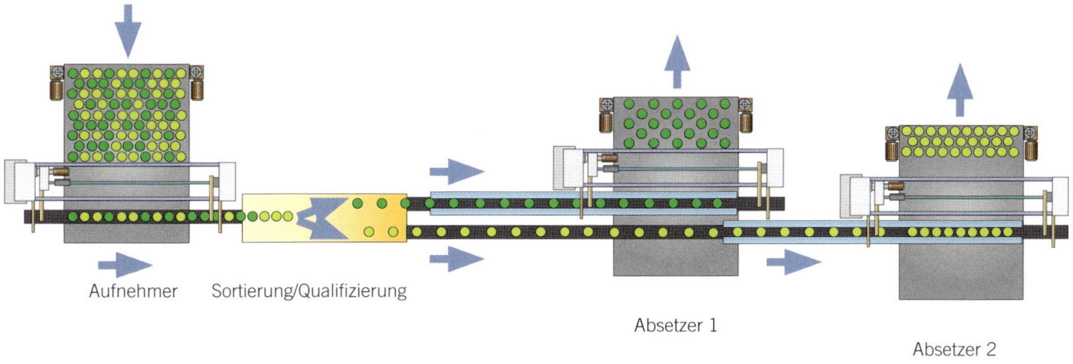

Arbeitsablauf bei Produktion mit einem Absetzautomaten

Topfmaschine

Bedeutung

In Zierpflanzenbaubetrieben wird viel Zeit für das Topfen aufgewendet. Eine Arbeitskraft schafft in einer Stunde zwischen 80 und 200 Töpfen. Durch den Einsatz einer Topfmaschine kann die Stundenleistung je nach Gerätetyp auf 400 bis 10 000 Töpfe gesteigert werden. Der Einsatz einer Topfmaschine ist allerdings erst bei größeren Stückzahlen von mindestens 50 000 Töpfen pro Jahr wirtschaftlich, bei kleineren Stückzahlen ist das händische Topfen kostengünstiger.

Weitere Voraussetzungen für einen rationellen Einsatz von Topfmaschinen sind hohe Lohnkosten, genügend Arbeitskräfte und eine optimale Organisation des Arbeitskräfteeinsatzes an der Topfmaschine. An größeren Topfmaschinen sind bis zu fünf Arbeitskräfte beschäftigt, wobei ein bis drei die Maschine bedienen und ein bis zwei Arbeitskräfte für den Material- und Pflanzentransport zuständig sind.

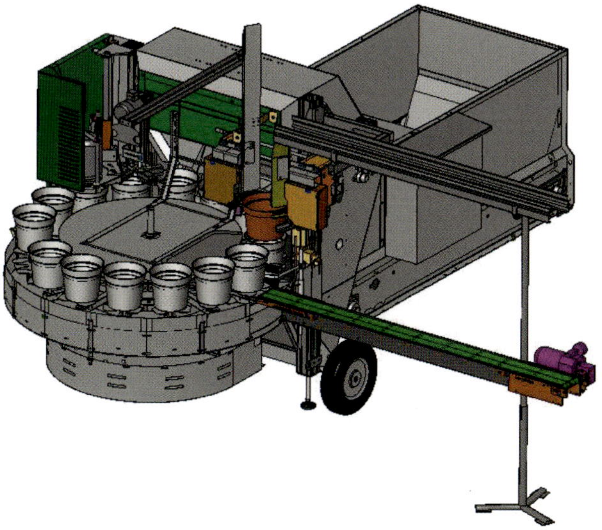

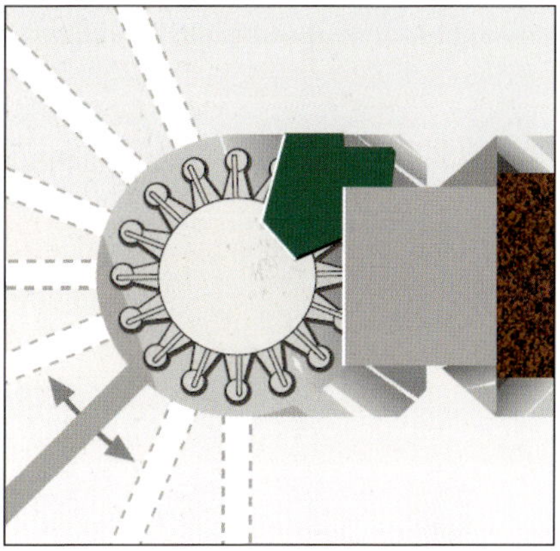

Arbeitsprinzip einer Topfmaschine

1. Der Topf fällt aus einem Topfmagazin auf ein Förderband mit Topfhaltern oder wird von Hand eingelegt.
2. Danach wird der Topf mit Substrat gefüllt und das überschüssige Substrat wird abgestreift.
3. Mit einem Bohrer wird anschließend ein Pflanzloch vorbereitet. Der Bohrer ist austauschbar und kann an die Größe der Jungpflanze bzw. des Wurzelballens angepasst werden.
4. Der vorbereitete Topf wird über ein Förderband zur Arbeitskraft gebracht, die eine Pflanze einsetzt und diese mit Daumen und Zeigefinger beider Hände andrückt.
5. Anschließend wird die Topfpflanze vom Förderband genommen und in eine bereitgestellte Kiste oder auf einen Tisch gestellt.

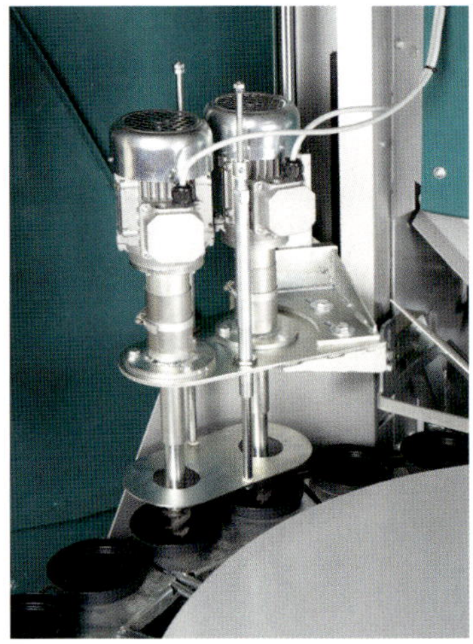

Arbeitsleistung einer Topfmaschine

Eine Topfmaschine kann bis zu 10 000 Töpfe pro Stunde bepflanzen. Die Leistung einer Topfmaschine ist einerseits von der Arbeitsgeschwindigkeit und andererseits vom störungsfreien Arbeitsablauf abhängig. Das Arbeitstempo hängt vom Arbeitstakt der Topfmaschine, der je nach Arbeitsbedingungen eingestellt werden kann, ab. Um Störungen zu vermeiden sollte die Maschine regelmäßig gewartet und gepflegt werden. Auch Vorbereitungsarbeiten wie z. B. das Auffüllen des Substratbehälters und des Topfmagazins sind sehr wichtig. Auf geeignetes Substrat und Töpfe ist zu achten.

Spezielle Gerätetypen und Ausstattungen

Bei Geräten mit Doppelbohrern oder Doppeltopfmagazinen kann die Topfleistung verdoppelt werden.

Es gibt auch Topfmaschinen, bei denen die Pflanze in den leeren Topf gehalten wird und das Substrat über Rutschen hineingeschüttet wird. Anschließend verdichtet eine Vibrationsrüttelplatte das Substrat und eine Arbeitskraft streift überschüssiges Substrat ab.

Sollen unterschiedlich große Wurzelballen getopft werden, kann der Bohrer stillgelegt werden und das Pflanzloch von Hand gebohrt werden. Die Topfmaschine erfüllt dann lediglich die Aufgaben eines Füllautomaten.

Topfautomaten erledigen sämtliche Arbeitsschritte vom Austopfen bis zum Aufstellen vollautomatisch. Allerdings arbeiten diese Roboter nur dann zufriedenstellend, wenn Pflanzenmaterial, Substrat und Gefäße eine einheitliche Qualität aufweisen.

Pflanzroboter

Ein Pflanzroboter automatisiert die Verpflanzung von Jungpflanzen aus Anzuchtplatten in Töpfe. Diese Maschine besteht aus einem Greifarm mit mehreren Fingern sowie einem Laufband und einer Befestigungseinheit für die Töpfe. Die Töpfe fahren auf dem Band zur Befestigungseinheit. Die Greifereinheit nimmt je nach Anzahl der Greifer eine bestimmte Menge Pflanzen mit dem Ballen aus der ersten Pflanzreihe der Anzuchtplatte. Danach bewegt sich der Greifarm mit der Pflanze zum vorbereiteten Topf und drückt diese ins Bohrloch.

Pflanzroboter

Pikierroboter

Greifer entnehmen Jungpflanzen aus dem Tray und drücken sie im Endtopf in die richtige Position, ohne die Pflanze zu verletzen. Pikierroboter sind auch für geringere Stückzahlen erhältlich.

Pikierroboter

Steckautomat

Steckautomat

Die neueste Entwicklung im Zierpflanzenbereich sind Steckautomaten, die Stecklinge ohne Beschädigung in das Substrat stecken können.

Bündelmaschine

Schnittblumenproduktion

Die Schnittblumenproduktion erfolgt meist in Spezialbetrieben und gliedert sich in mehrere Arbeitsschritte (siehe auch Kapitel Floristik, Seite 166).

Bündelmaschine

Nach der Ernte werden zur Aufbereitung von Schnittblumen je nach Art der Blumen verschiedene Arbeitstechniken angewendet. Die entblätterten und sortierten Pflanzen werden gebündelt, was oft von Hand am Bündeltisch stattfindet. Bei weniger empfindlichen Schnittblumen kann eine Bündelmaschine zum Einsatz kommen. Hierbei wird ein Faden oder eine Folie um die zu bindende Stelle herumgeführt, befestigt und abgeschnitten. Auch Gemüse, Baumschulerzeugnisse usw. können gebündelt werden.

Wiederholungsfragen

1. Warum nimmt die Automatisierung in Zierpflanzenbetrieben zu?
2. Wann ist der Einsatz einer Topfmaschine rentabel?
3. Wie groß ist die Arbeitsleistung einer Topfmaschine und wovon hängt sie ab?
4. Erkläre die Funktionsweise einer Topfmaschine.
5. Erkläre die Arbeitsweise eines Pflanzroboters.
6. Welche Erzeugnisse können mit einer Bündelmaschine verarbeitet werden?

12 Maschinen und Geräte im Gemüsebau

Spezielle Pflanzmaschinen	Spezielle Hack- und Pflegemaschinen	Spezielle Erntemaschinen	Spezielle Aufbereitungsmaschinen	Liegeraupe
Becherpflanzmaschine	Beetfräse	Vollernter	Trommelwaschmaschine	
Pflanzautomat	Mulcher		Sortiermaschine	
Pflanzmaschine mit Folienlegegerät				

Unter Gemüse versteht man im Allgemeinen essbare Pflanzenteile von meist einjährigen krautigen Pflanzen.

Die Gemüsearten werden nach dem Pflanzenteil, der genutzt wird, in vier Gruppen unterteilt:

- Wurzelgemüse
- Stängelgemüse
- Blattgemüse
- Fruchtgemüse

Bei Anbau, Ernte und Aufbereitung muss den speziellen Anforderungen der Gemüseart Rechnung getragen werden.

Gemüsevielfalt

Spezielle Pflanzmaschinen für den Gemüsebau

Becherpflanzmaschinen

Diese Pflanzmaschine wird an einen Traktor angehängt und funktioniert über einen Bodenantrieb. Eine Pflanzschar bereitet den Platz für die Pflanze. Eine Arbeitskraft entnimmt eine Pflanze aus dem vor ihm stehenden Pflanzgutvorrat. Es werden fast ausschließlich Kleinballenpflanzen verwendet. Die Pflanze fällt in ein geschlossenes Rohr und wird mittels Pflanzenauswerfer in die Furche ausgeschoben. Danach drücken Andruckrollen die Kleinballenpflanze im Boden fest.

Es gibt Maschinen mit horizontaler und solche mit vertikaler Anordnung der Becher. Auch Becherpflanzmaschinen, bei denen die Pflanze durch ein leicht schräg gestelltes Fallrohr abgebremst in die Furche fällt, sind in Verwendung.

Eine Arbeitskraft bedient eine Pflanzreihe, die Arbeitsleistung liegt bei ca. 3 500 Pflanzen/Akh und Reihe. Der kleinste Abstand zwischen den Reihen beträgt 40 cm, und der Pflanzabstand in der Reihe kann zwischen 10 und 90 cm variabel eingestellt werden.

Vor- und Nachteil von Becherpflanzmaschinen

Vorteile	Nachteile
• Hohe Ablagegenauigkeit	• Geringe Akh (im Vergleich mit anderen Pflanzmaschinen)

Pflanzautomat

Es handelt sich dabei um ein gezogenes Gerät für einzelne und zusammenhängende Erdpresstopfsetzlinge. Die Jungpflanzen werden von einer Arbeitskraft einer präzisen Vorrichtung zugeführt, welche die Pflanzen automatisch aus der Kiste heraushebt. Eine zweite Bedienperson schiebt die Pflanzen auf ein Transportband, wo sie dann vereinzelt werden. Der Einsatz erfolgt bei Pflanzung von Salat, Feldsalat und Kohl.

Becherpflanzmaschine

Salatpflanzung mit Pflanzautomat

Pflanzmaschine für Papier- oder Folienpflanzung

Pflanzmaschine mit Folienlegegerät

Diese Maschinen verlegen in einem Arbeitsschritt die Folie, häufeln sie an und führen die Pflanzung aus. Folienverleger und Pflanzmaschine können aber auch getrennt voneinander verwendet werden.

Spezielle Hack- und Pflegemaschinen

Mulcher

Unter Mulchen versteht man das Abdecken des Bodens mit geeigneten Materialien. Früher wurden im Gemüsebau hauptsächlich unökologische Kunststofffolien eingesetzt, heute werden auch abbaubare Mulchfolien und streubare oder flüssige Mulchmaterialien verwendet. Die Unkräuter werden durch das Mulchen unterdrückt, das Bodenleben wird angeregt und die Kultur sauber und trocken gehalten.

Auch der Anbau von Untersaaten als lebende Pflanzenmulchen ist im Gemüsebau üblich. Werden Pflanzenreste zwischen den Kulturpflanzenreihen aufgebracht oder Zwischenfrüchte eingearbeitet, stellt das für die Kulturpflanze in der Regel keine Konkurrenz dar. Hier kann ein Mulcher, der die Pflanzen zerkleinert, zum Einsatz kommen.

Mulcher

Spezielle Erntemaschinen

Ein großes Problem im Gemüsebau wird in Zukunft der Arbeitskräftemangel sein. Deshalb sind in größeren Betrieben vermehrt Vollernter im Einsatz.

Vollernter

Je nach Gemüseart und Verwendungsart ist die Mechanisierung bei der Ernte unterschiedlich. Bei Gemüsearten, die einmalig geerntet werden, z. B. Erbsen, Buschbohnen, Spinat, Karotten, Kohlrabi, ist eine Vollmechanisierung möglich. Wird das Erntegut für die industrielle Verwertung hergestellt, spielen mechanische Beschädigungen eine geringere Rolle und Vollernter können eingesetzt werden. Die Gründe, warum manche Gemüsearten wie Blattgemüse und Kohl meist von Hand geerntet werden, sind folgende:

- Das Erntegut muss beschädigungsfrei sein und hohen Qualitätsstandards entsprechen.
- Viele Kulturen haben eine geringe mechanische Belastbarkeit.
- Manche Gemüsearten müssen selektiv geerntet werden.
- Bei kleineren Betrieben rentiert sich die Anschaffung einer teuren Erntemaschine nicht.

Kohlerntemaschine

Je nach Gemüseart werden unterschiedliche Vollerntemaschinen angeboten. Bei Erbsen und Bohnen z. B. werden die Hülsen von den stehen bleibenden Pflanzen mithilfe einer Pflücktrommel gepflückt.

Spezielle Aufbereitungsmaschinen

Trommelwaschmaschine

Mit einer Trommelwaschmaschine erfolgt das Gemüsewaschen schonend in einer rotierenden Trommel mit Wasserbad. In der Trommel befestigte Bürsten sorgen für zusätzliche Reinigung und beim Ausgang wird das Gemüse mit Frischwasser abgespült.

Sortiermaschine

Sortiermaschine

Mit einer Sortiermaschine kann nach Größe sortiert werden, die Sortierung nach Qualität bleibt Handarbeit. Oft ist die Sortieranlage mit An- und Ablaufbändern für die Qualitätskontrolle durch Arbeitskräfte verbunden. Sortiert wird über das Gewicht oder mittels kleiner werdenden Bahnen. Für Fruchtgemüse sind die Sortiereinrichtungen mit Schaumgummi gepolstert.

Liegeraupe

Die Liegeraupe ist eine universell einsetzbare Maschine, die zum Pflanzen, Säen, Jäten, Hacken, Ernten, Transportieren und als Geräteträger verwendet werden kann. Ein oder mehrere Arbeitskräfte liegen auf je einem Liegeplatz. Die Maschine wird von einem Motor betrieben, der über hydraulische Pumpen Raupenbänder antreibt. Da die Raupenbänder geringen Bodendruck verursachen, kann die Maschine auch bei nassen Verhältnissen eingesetzt werden. Alle Arbeiten können körperschonend und effektiv erledigt werden, da der Arbeitsplatz ergonomisch gestaltet ist und an den Benutzer angepasst werden kann. Die Maschine ist leistungsstark und arbeitet gleichmäßig und ruhig.

Wiederholungsfragen

1. Was ist eine Becherpflanzmaschine?
2. Welche Mulchvarianten werden im Gemüsebau eingesetzt?
3. Wie arbeitet eine Trommelwaschmaschine?
4. Was kann mit einer Sortiermaschine sortiert werden?
5. Was ist eine Liegeraupe?

13 Maschinen und Geräte in der Floristik

Pflegemaßnahmen bei Schnittblumen	Blumenstielputz- und Anschneidemaschine	Kranzbindemaschine	Schleifendruckmaschinen	Sonstige Maschinen und Geräte in der Floristik
			Kranzschleifenprägemaschine	Andrahtmaschine
				Gerbera-Stützgerät
			Dekorschleifendruckmaschine	
			PC-Kranzschleifen-Drucksystem	Heißklebepistole
				Strohrömermaschine
				Garniergerät
				Trockenschrank
				Islandmoosputzmaschine

Die Ernte und Aufbereitung von Schnittblumen kann in mehrere Arbeitsschritte gegliedert werden (siehe auch Kapitel „Maschinen und Geräte im Zierpflanzenbau", Seite 156). Die Pflanzen werden geschnitten, gebrochen oder mit der Wurzel geerntet. Geeignete Transporteinrichtungen bedeuten hierbei eine große Arbeitserleichterung. Anschließend werden bei den meisten Kulturen die Blätter entfernt, wozu eine Blumenstielputzmaschine eingesetzt werden kann. Bei der Sortierung müssen je nach Kultur bestimmte Sortierungsrichtlinien eingehalten werden. Das Sortieren erfolgt entweder von Hand oder bei starkstieligen Pflanzen mithilfe einer Sortiermaschine. Danach werden die weniger empfindlichen Schnittblumen gebündelt und die Bündel verpackt, wofür ebenfalls Hilfsmittel zum Einsatz kommen können. Empfindlichere Pflanzen wie z. B. Gerbera werden nicht gebündelt, sondern in Spezialkartons verpackt.

Bei der Verarbeitung von Schnittblumen muss besonders beachtet werden, dass diese Pflanzen von ihrer Wurzel getrennt sind und so die Wasserversorgung unterbrochen ist. Da man das Verwelken der Blumen möglichst lange hinauszögern möchte, ist rasche Einwässerung nach der Ernte und regelmäßige Kontrolle im Lager entscheidend für die Qualität der Pflanzen. Auch auf sorgsamen Umgang mit diesen oft empfindlichen Kulturen ist zu achten.

Schnittblumenlagerung

Pflegemaßnahmen bei Schnittblumen

Folgende Pflegemaßnahmen tragen dazu bei, die Qualität der Schnittblumen während der Lagerung möglichst lange zu erhalten:

- Anschnitt: Durch einen erneuten langen und schrägen Anschnitt vor der Einwässerung wird die Wasseraufnahme ermöglicht, nachdem sich die Schnittfläche des Ernteschnitts verschlossen hat.

- Entfernen überflüssiger Pflanzenteile: Die Blätter werden im unteren Drittel des Stängels entfernt, um die Verdunstungsfläche zu verringern, den Blüten mehr Wasser zur Verfügung zu stellen und Fäulnisprozesse zu verringern.

- Wassertemperatur und pH-Wert: Warmes Wasser und niedrige pH-Werte eignen sich zum Wässern von Schnittblumen besonders gut.

- Frischhaltemittel: Es werden viele Frischhaltemittel mit unterschiedlichen Zusammensetzungen angeboten. Sie sollen das Mikroorganismenwachstum im Vasenwasser hemmen und die Blume ernähren.

- Spezielle Maßnahmen: Einige Pflanzen benötigen außer den oben beschriebenen allgemeinen spezielle Pflegemaßnahmen. Sie dienen meist dazu, die Wasseraufnahme der Schnittblumen zu verbessern.

Maschinelle Aufbereitung von Schnittrosen:

Schnittrosen werden nach der Ernte gewässert.

Die Maschine sortiert die Rosen nach sechs Längen, zählt und bündelt sie.

Arbeitsschritte:

Die Rosen werden von Mitarbeitern einzeln in Halterungen gehängt

Je nach Länge werden die Rosen in den einzelnen Stationen automatisch gesammelt und gezählt

Wenn die gewünschte Anzahl in einer Station erreicht ist, wird gebündelt und die Stiele gerade geschnitten

Ein Greifarm legt den fertigen Rosenbund im Auffang-Bereich ab.

Gebündelte Rosen werden maschinell in Folie verpackt. Sobald sie vom Fließband im Folienbehälter abgelagert werden, schweißt die Maschine sie automatisch ein und legt die fertigen Rosenbündel auf dem unteren Fließband ab.

Alstroemerien werden nach der Ernte händisch entblättert, nach Länge sortiert und am Ende des Fließbandes mit einer Bündelmaschine gebündelt.

Gerbera werden nach der händischen Ernte in Kartons gehängt und gewässert.

Blumenstielputz- und Anschneidemaschine

Zwei Stachelwalzen aus Gummi rotieren gegenläufig und entfernen Blätter und eventuell vorhandene Stacheln von Schnittblumenstielen, wobei die Stiele nicht verletzt werden. Mit der gleichen Maschine kann das Stielende auch mit einem sauberen, schrägen Anschnitt versehen werden.

Merkmale der Blumenstielputzmaschine:

- Umdrehungsgeschwindigkeit flexibel einstellbar
- Für fast alle Schnittblumen geeignet
- Durch bundweises Putzen und Anschneiden hohe Stückleistungen möglich

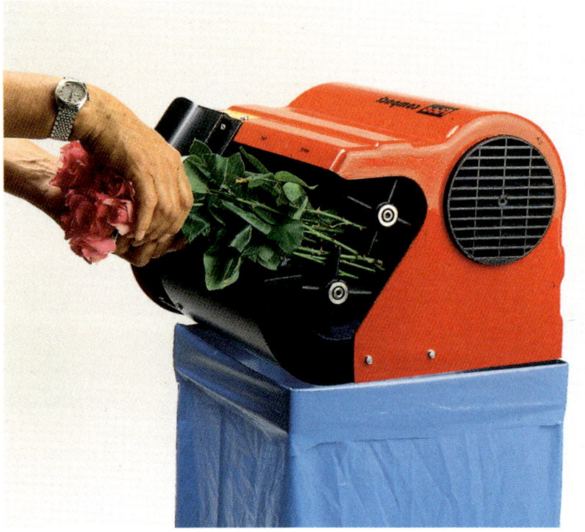

Blumenstielputzmaschine

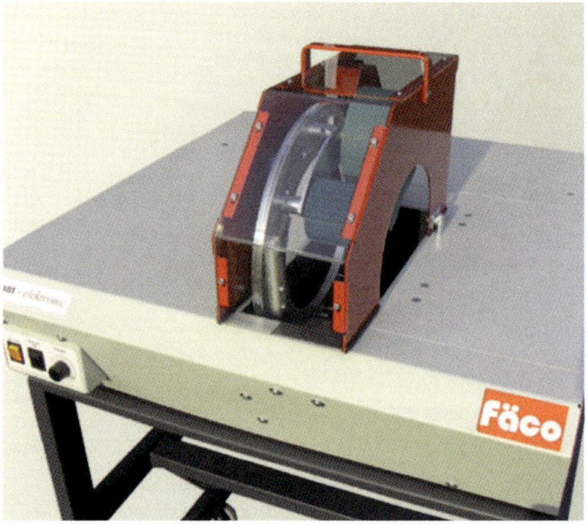

Kranzbindemaschine

Kranzbindemaschine

Mit diesen Maschinen können Kränze, Girlanden und Ähnliches schnell und kraftsparend gebunden werden. Ein Ring dreht sich um das Bindegrün und die Unterlage und führt den Wickeldraht rundherum. Auch das Umwickeln von Kranzunterlagen mit Folie, Vlies oder Krepppapier ist möglich.

Merkmale der Kranzbindemaschine:

- Einfache Bedienung
- Stufenlose Geschwindigkeitseinstellung
- Austauschbarer Bindering
- An verschiedene Kranzarten anpassbar
- Wirtschaftlich

Schleifendruckmaschinen

Um Schleifen, Bänder und Ähnliches zu bedrucken, gibt es mehrere Möglichkeiten: die Kranzschleifenprägemaschine, die Dekorschleifendruckmaschine und das PC-Kranzschleifendrucksystem.

Kranzschleifenprägemaschine

Mittels Prägedruck können Gewebebänder aller Arten individuell bedruckt werden. Hierzu werden Metalllettern in einen beheizten Druckbalken geklemmt, eine Farbfolie zwischen Band und Druckbalken gelegt.

Die Lettern werden auf das Band gepresst, die Folie schmilzt und gibt die Farbe an das Band ab. Auch ein sogenannter Schattendruck ist möglich. Dafür wird mit zwei verschiedenen Farben gearbeitet und die Schleife leicht verschoben. Die Maschine ist einfach zu handhaben und erzeugt einen wasserfesten Ausdruck.

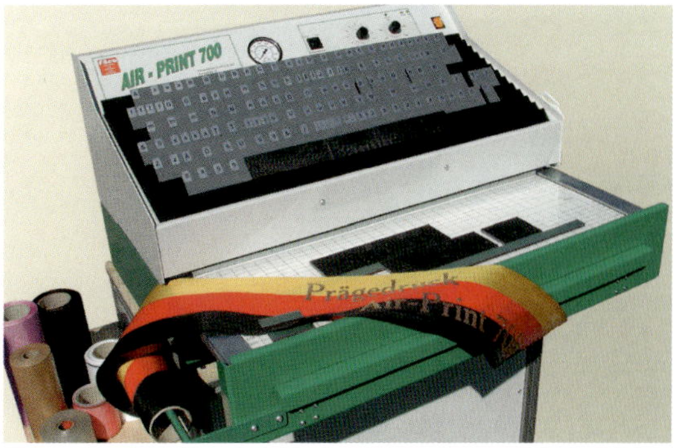

Kranzschleifenprägemaschine

Dekorschleifendruckmaschine

Individuelles Bedrucken von Schleifen und Bändern aller Art in unterschiedlichen Breiten auch ohne PC-Kenntnisse ist mit der Dekorschleifendruckmaschine möglich. Mit dieser Maschine können wasserfeste Ausdrucke in allen Druckfarben erzeugt werden.

PC-Kranzschleifen-Drucksystem

Eine moderne Art, Schleifen und Bänder zu bedrucken, ist das PC-Drucksystem, mit dem einfach und schnell wasserfeste Ausdrucke in hoher Qualität erzeugt werden können. Auch eingescannte Logos und Bilder lassen sich problemlos aufdrucken. Das PC-System lässt sich vielseitig einsetzen und bietet eine große Auswahl an Schriften in unterschiedlichen Größen.

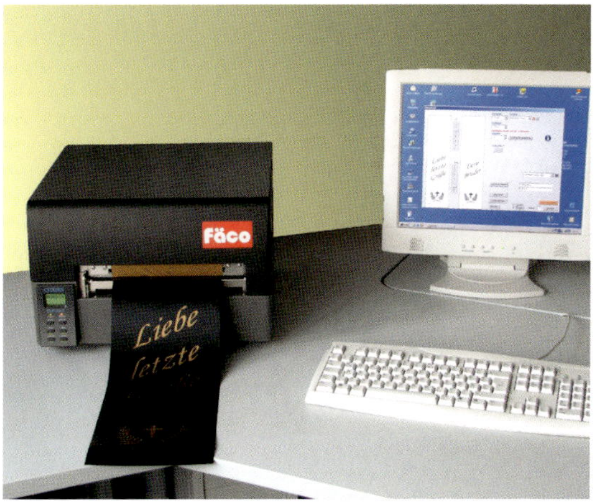

PC-Kranzschleifen-Drucksystem

Sonstige Maschinen und Geräte in der Floristik

Andrahtmaschine

Die Andrahtmaschine ist ein elektrisches Gerät zur Befestigung von Blättern, Zapfen, Blumen, Kerzen, Holzfiguren und vielem mehr. Eine saubere und feste Andrahtung entsteht und die Maschine ist einfach zu bedienen. Verschiedene Drahtstärken und Drahtlängen können verwendet werden.

Andrahtmaschine

Gerbera-Stützgerät

Gerbera-Stützgerät

Das Stützen der Gerberastiele erfolgt mittels eines Kunststoffschlauchs, der in ca. 15 cm Länge abgeschnitten wird und über den Blumenstiel bis unter die Blüte geschoben wird. Danach wird der Schlauch mit einem Heißluftgebläse erwärmt und legt sich fest an den Stiel an, ohne die Blume zu verletzen.

Heißklebepistole

In einer Heißklebepistole wird ein transparenter Schmelzkleber auf ca. 200 °C erhitzt. Wenn der flüssige Klebstoff durch die Düse herausgedrückt und auf die Klebestelle aufgetragen wird, erhärtet der Kunststoff bei Raumtemperatur. Dadurch entsteht schnell und einfach eine feste Verbindung für trockene Werkstoffe.

Heißklebepistole

Strohrömermaschine

Die Strohrömermaschine produziert Strohunterlagen und Strohgirlanden in verschiedenen Stärken und Durchmessern. Auch Heu, Holzwolle und ähnliches kann verarbeitet werden. Es ist eine halb automatische Maschine, die eine hohe Stückleistung erbringt.

Garniergerät

Das Garniergerät versieht Stiele und ähnliches mit einer Spitze, damit sie leichter in eine Unterlage gesteckt werden können.

Trockenschrank

Der Trockenschrank wird zum Trocknen von Blumen eingesetzt. Die Trocknungszeit beträgt ca. vier Stunden und das Trockengut behält seine Farbe.

Islandmoosputzmaschine

Diese Maschine wird zum Säubern und Auflockern von Islandmoos verwendet. Sie entfernt das Moos von Nadeln, Erde usw. und lockert es auf.

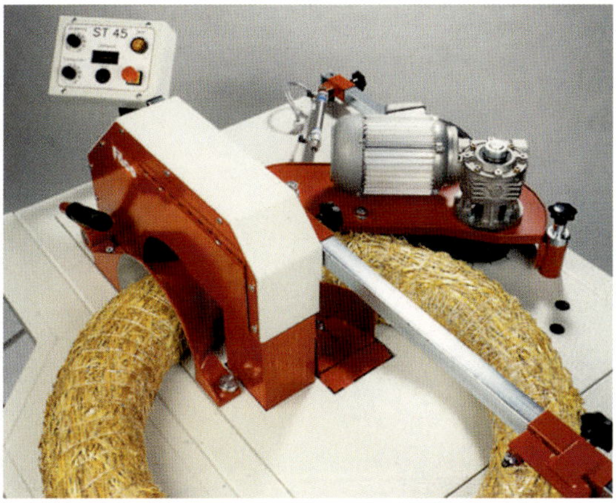

Strohrömermaschine

Garniergerät

Wiederholungsfragen

1. Erkläre kurz den Ablauf bei der Schnittblumenproduktion von der Ernte bis zur Lagerung im Floristikbetrieb.
2. Welche Pflegemaßnahmen tragen zur Erhaltung der Schnittblumenqualität bei?
3. Erkläre das Arbeitsprinzip einer Blumenstielputzmaschine.
4. Wie funktioniert eine Kranzbindemaschine?
5. Welche Maschinen zum Bedrucken von Schleifen kennst du?
6. Erkläre die Arbeitsweise eines Gerbera-Stützgeräts.
7. Wie erfolgt die Verbindung von Werkstoffen mittels Heißklebepistole?
8. Nenne wichtige Merkmale einer Andrahtmaschine.
9. Was ist eine Strohrömermaschine?
10. Wozu wird ein Garniergerät verwendet?

14 Maschinen und Geräte im Garten- und Landschaftsbau

Rasenbau, Rasenpflege

Mähgeräte	Bodenbearbeitungsgeräte	Sonstige Pflegegeräte	Rasenverlegung, Rasenanbau
Spindelmäher	Vertikutierer	Sodenschneider	Rollrasenverlegegeräte
Sichelmäher	Aerifizierer	Kantenschneider	Rasensägeräte
Balkenmäher	Tiefenlockerer	Rasenkehrmaschine	Rasensämaschine
Schlegelmäher	Schlitzen		Overseeder
Freischneider	Schlepprost		

Mähgeräte

Spindelmäher

Diese Mäher sind für intensiv genutzte Rasenflächen und geringe Rasenhöhe, z. B. Rasensportplätze, geeignet.

Dabei dreht sich eine mit Messern besetzte Walze – Spindel genannt – an einem fest stehenden Gegenmesser vorbei. Ähnlich einer Schere wird der Grashalm erfasst und abgeschnitten. Der Spindelmäher schneidet jeden Grashalm sauber über das Messer und die fest stehende Gegenschneide ab.

Vor- und Nachteile von Spindelmähern

Vorteile	Nachteile
• Die Wunden sind kleiner, Fransen treten nicht auf.	• Spindelmäher schneiden maximal Grashöhen, die der Hälfte des Spindeldurchmessers entsprechen. Hat die Spindel also einen Durchmesser von 16 cm, sollte das Gras höchstens 8 cm – besser jedoch weniger – hoch sein. • Bei Unschärfe ist im Gegensatz zu einem Sichelmesser aufwendiges Schleifen nötig.

Profi-Spindelmäher für Sport- und Golfplatzpflege

Zum Schleifen werden die Spindeln in eine spezielle Schleifmaschine gespannt und so lange geschliffen, bis sie ihre alte Schneidfähigkeit über die gesamte Spindelbreite und jedes einzelne Messer wiedererlangt haben.

Sichelmesser eines handgeführten Sichelmähers

Sichelmäher

Bei mittelmäßig intensiv genutzten Rasenflächen, z. B. Gartenflächen, Liegewiesen, Parkanlagen usw., können Sichelmäher eingesetzt werden. Bei Sichelmähwerken wird auf eine Gegenschneide verzichtet. Das Mähgut wird aufgrund der Umlaufgeschwindigkeit eines rotierenden Messers und der Trägheit der Pflanze geschnitten. Geschnitten wird Gras, aber auch Gehölzaufwuchs. Durch die Rotation entsteht einerseits ein Sog, der das Gras vorher aufstellt, anderseits wird durch die Schleuderbewegung der Grasschnitt nach außen befördert. Das Schnittgut wird zum Teil in Klumpen abgelegt. Die Schnittbreiten betragen 40–50 cm pro Messer.

Vor- und Nachteile von Sichelmähern

Vorteile	Nachteile
• Für intensive Grasflächen mit einer Grashöhe bis zu 15 cm	• Bei nassem Gras ungünstig • Schnittbild oft ungleichmäßig

Sichelmäher für Sport- und Golfflächen

Mulchmäher

Mulchmesser werden dann eingebaut, wenn das Schnittgut nicht abgeführt werden soll. Das Gras wird so zerkleinert, dass es liegen bleiben kann, ohne Schaden zu verursachen. Das Schnittgut dient dann als Gründüngung.

Je nach Bauart unterscheidet man Geräte mit Heckauswurf, Seitenauswurf. Bei vielen Seitenauswurfmodellen ist noch eine Saugvorrichtung angebaut.

Balkenmäher

Sie werden bei extensiv genutzten Rasenflächen oder Grasflächen in der Landwirtschaft bzw. bei der Almbewirtschaftung eingesetzt. Bestehen aus zwei übereinandergelagerten beweglichen Metallschienen. Auf den Schienen sind geschärfte Zähne montiert, die das Gras ähnlich einer Schere abschneiden.

Das Schnittgerät ist oft an einem Einachsschlepper befestigt.

Sichelmesser des Wiesenmähers

Wiesenmäher

Balkenmäher

Vor- und Nachteile von Balkenmähern

Vorteile	Nachteile
• Langgrasgeeignet • Leicht • Preiswert	• Hohe Verletzungsgefahr

Balkenmäher sind im Sondereinsatz auch als Teichmäher geeignet. Durch eine Schwadbildung ist eine händische und maschinelle Aufnahme mit Ladewagen notwendig.

Schlegelmäher

Diese Mäher eignen sich für extensiv genutzte Rasenflächen, besonders beim Straßenbegleitgrün. Der Schnitt erfolgt durch das Zerschlagen des Mähguts durch frei bewegliche Schlegel, die auf einer Welle entgegen der Fahrtrichtung rotieren. Es ist eine hohe Antriebsleistung erforderlich. Der Verschleiß ist hoch, die Flächenleistung gering. Einsatz auf unebenen Flächen, z. B. Straßenböschungen und auf Verwilderungsflächen mit beginnender Verbuschung.

Vor- und Nachteile von Schlegelmähern

Vorteile	Nachteile
• Langgrasgeeignet	• Schnittbild ungleichmäßig • Hoher Verschleiß • Geringe Flächenleistung

Schlegelmaeher als Anbaugerät

Motorsense, Benzinsense

Motorsensen, Freischneider

Motorsensen eignen sich für kleine Flächen und zum Freischneiden von Baumscheiben oder an Grünflächen angrenzende Bauteile. Sie arbeiten ähnlich wie Sichelmäher. Statt der Metallschiene rotiert ein Kunststofffaden, das Gras wird abgeschlagen. Steine o. Ä. werden weggeschleudert und können Schäden und Verletzungen verursachen. Dieses Werkzeug stellt eine große Unfallgefahr dar. Daher sollten Fremdkörper vor dem Mähen entfernt und beim Mähen Schutzkleidung getragen werden.

Vor- und Nachteile von Motorsensen und Freischneidern

Vorteile	Nachteile
• Für schlecht zugängliche Flächen und Hanglagen geeignet	• Schnittbild ungleichmäßig
• Langgrasgeeignet	• Vorsicht: mäht oder verletzt auch Gehölze
	• Spezielle Schutzkleidung notwendig

Rasenkantenschneider

Diese kleinen Handmäher eignen sich für perfekt geschnittene Rasenkanten. Verschiedene Hersteller bieten Rasenkantenscheren mit Akku, um den Rasen professionell zu pflegen.

Antriebsarten von Mähgeräten

Elektromäher

Für sie sprechen unter anderem einfachste Bedienung, erträgliche Arbeitsgeräusche, wenig Wartung, das geringere Gewicht, höhere Umweltverträglichkeit. Sie sind gut geeignet für Einfamilien-Hausgärten. Zur Verbindung mit dem Stromnetz ist ein Stromkabel notwendig. Vorsicht: Unfallgefahr!

Elektromäher

Akkumäher

Akkumäher

Batteriebetriebene Elektromäher haben die Kraft für das Messer und teilweise sogar des Fahrantriebs in einem Akku gespeichert. Die konsequente Weiterentwicklung des Akkumähers kann im Mähroboter gesehen werden.

Benzin-, Dieselmotormäher: Die ersten Rasenmäher waren Spindelmäher, später setzten sich Sichelmäher wegen ihrer einfacheren Konstruktion durch. Über eine vertikale Welle wird das Messer direkt angetrieben. Das Messer läuft damit so schnell, wie der Motor dreht. Neben dem Start durch Seilzug kann ein elektrischer Starter echte Hilfe sein. Über eine kleine Batterie wird der Motor durch einfaches Schlüsseldrehen gestartet.

Mähgeräte-Bauarten

Unabhängig von der Funktionsweise unterscheidet man:

Handgeführte Mäher

Die ersten Rasenmäher, die vor über 175 Jahren erfunden wurden, waren Spindelmäher. Sie hatten keinen Motor. Der Antrieb erfolgte durch die Drehung der Räder.

Benzinmäher

Mähgerät auf Traktor

Später wurde das Mähwerk mit einem Elektro- oder Verbrennungsmotor ausgestattet. Zur Erleichterung der Arbeit wurde die Kraftübertragung nicht nur auf das Schnittwerkzeug begrenzt, sondern ist auch mit den Laufrädern verbunden. Einsatz bei Rasenflächen bis etwa 100 m^2.

Anbaugeräte

Anbaugeräte sind alle jene Geräte, die auf Zuggeräten angebaut werden.

Entweder wird das Schnittgerät direkt verbunden oder wird, je nach Bauart, mittels Dreipunktanbau in Heck oder Front aufgesattelt.

Zuggeräte sind:

- Einachsschlepper (siehe Balkenmäher)
- Traktor

Luftkissenmäher

Ein Gebläserad fördert Luft und drückt sie in die speziell geformte Gehäuseglocke. Je nach Luftmenge wird der Mäher angehoben und gleitet auf dem seitlich entweichenden Luftpolster dahin. Dazu muss der Antriebsmotor so stark sein, dass er das Messer oder die Trimmerfäden antreibt und zusätzlich so viel Luft zur Verfügung stellt, dass ein ausreichender Luftpolster entsteht. Leicht und ohne Kraftaufwand lässt sich der Rasenmäher in jede Richtung bewegen. Am besten geeignet für unebene und schräge Flächen.

Rasenkantenschneider-Aufsatz für Kombigerät

Aufsitzmäher

Klassische Traktoren für die Grünflächenpflege bestanden am Anfang aus Frontmotor und Fahrwerk, danach integrierten die Konstrukteure so gut wie möglich Mähwerk und Grasfangvorrichtung. Nach einem anderen Ansatz entwickelten Rasenmäherspezialisten professionelle Aufsitzmäher – das Fahrzeug wurde um das Mähsystem herum konstruiert. Auf diese Weise kann ein primär fürs Mähen gestalteter Aufsitzmäher in der Rasenpflege mehr leisten als ein klassischer Traktor. Er bringt viel Flächenleistung und Qualität, weil er schnell und präzise mäht und effektiv Gras aufnimmt – oder sauber mulcht. Und das auch bei schwieriger Witterung genauso wie bei hohem und nassem Gras. Die klassischen Mähtraktoren haben die Auswurföffnung seitlich, wobei ein zusätzliches Gebläse die Grasaufnahme verbessert. Mittlerweile haben die Hersteller das Mähkonzept mit integrierter Grasaufnahme durch den Mittenkanal übernommen. Außerdem sind die Traktoren hervorragende Geräteträger für Anbauwerkzeuge.

Aufsitzmäher

Rasentraktor mit Hochentlader

Aber auch viele Aufsitzmäher kann man mit reichlich Zubehör aufrüsten. Zur Erleichterung der Arbeit und zur Zeitersparnis haben die modernen Rasentraktoren eine hydraulische Fangkorbentleerung, die entweder durch Aufklappen oder durch Abkippen geöffnet wird.

Mähroboter

Tatsächlich mäht dieser kleine Geselle in seiner neuesten Ausführung selbstständig eine Rasenfläche bis zu 3 000 m^2 und überwindet dabei selbst Steigungen bis zu 27 %, ohne dabei seine Geschwindigkeit zu drosseln. Eigentlich handelt es sich um einen Mulchmäher, denn das gemähte Gras wird stark zerkleinert und als Mulchmaterial sofort wieder auf der gemähten Fläche verteilt. Schon die ersten Modelle konnten bei ihrer Mäharbeit Hindernisse wie Bäume, Gartenmobiliar usw. erkennen und diesen auch automatisch ausweichen. Die neuesten Modelle sind zusätzlich in der Lage, gemähte Flächen zu erkennen und diese ein weiteres Mal nicht mehr zu überqueren.

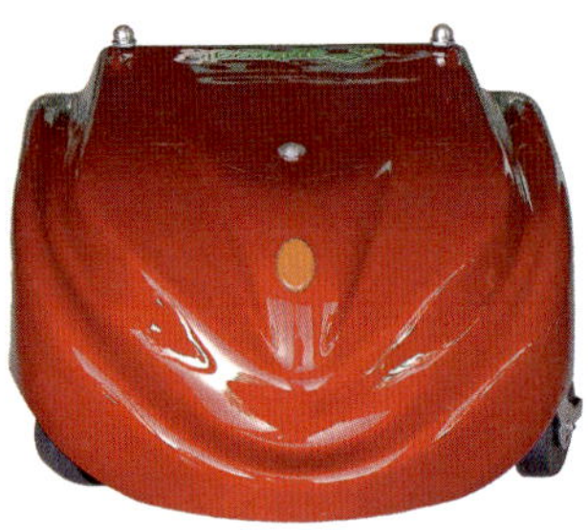

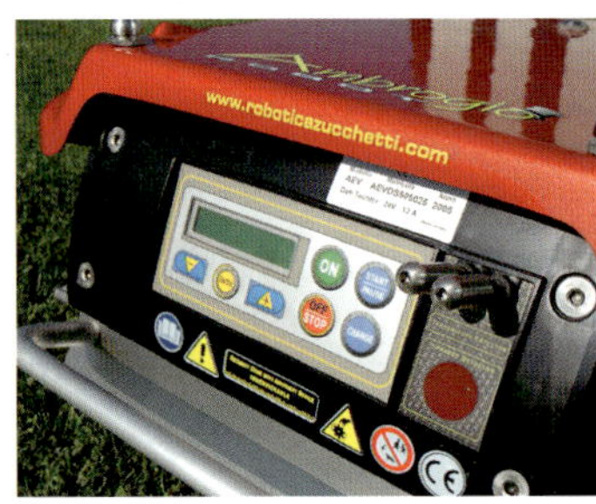

Mähroboter, Messer des Rasenroboters, Display

Großflächenmäher, Gruppenmäher

Gruppenmäher sind die wirksamste und leistungsfähigste Art, große und offene Flächen zu mähen. Durch die einfache Konstruktion entstehen nur sehr niedrige Unterhaltskosten. Diese Mäher sind zuverlässig und kostengünstig zur Pflege großer Grasflächen.

Großflächenmäher

Nullwendekreismäher

Knicklenker

Neben typischen Lenkgeometrien von Mähfahrzeugen wie Vorderrad-, Hinterrad- und Nullwendekreislenkung über die Antriebsräder ist die Knicklenkung etwas Besonderes. Vorder- und Hinterwagen der Fahrzeuge sind über ein Gelenk in der Mitte verbunden. Das ergibt einzigartig kleine Kurvenradien. Tiefer Schwerpunkt und robuster Rahmen machen sie außerdem besonders geländegängig. Modelle mit Allradantrieb fahren an Hängen besonders sicher. Bei den Knicklenkern sitzt das Mähwerk an der Fahrzeugfront. Der Anwender kann stets perfekt die zu mähende Fläche einsehen. Zudem wird das Gras geschnitten, bevor die Vorderräder es niederdrücken – nicht wie bei frontgelenkten Rasentraktoren mit dem Mähwerk zwischen den Achsen. Frontmähwerk und Knicklenkung machen die Profimaschinen besonders rangierfreudig; so werden auch Stellen abgemäht, die mit einem herkömmlichen Traktor nur schwer zugänglich sind, etwa unter Büschen und in Ecken.

Kraftübertragung bei Mähgeräten

- Riemenantrieb: Mittels Umlegrollen und Spannfedern werden die Schnittwerkzeuge durch Riemen angetrieben.
- Kettenantrieb bei starren Achsen über Zahnräder. Vorteil: geringe Abnützung.
- Kardanantrieb bei Profigeräten mit Sichelmäher für exakten Schnitt.
- Hydraulischer Antrieb ist ein stufenloser Fahrantrieb mit Zweipedalsteuerung. Viele Modelle haben einen hydrostatischen Antrieb, der wie eine stufenlose Automatik funktioniert – das gewährleistet Vorwärts- und Rückwärtsfahren ohne zu kuppeln. Dabei regelt der Fahrer die Geschwindigkeit stufenlos, so kann er besonders einfach und präzise navigieren. Durch den Dreiradantrieb und die zuschaltbare Traktionskontrolle auf alle Räder bewältigt das Gerät auch schwierige Geländeabschnitte.

Mähgeräte – Höhen, Breiten, Bereifung

Schnitthöhe: Der erste Schnitt erfolgt bei einer Aufwuchshöhe von 7–8 cm. Die Grashalme werden dabei auf eine Höhe von etwa 3–4 cm zurückgenommen. Ein zu kurzer Schnitt bekommt den Rasenpflanzen nicht, sie können sogar absterben. Wird der Rasen zu hoch gemäht, dann werden die Gräser nicht zur Seitentriebbildung angeregt. Der Rasen wird lückig und verliert seine Trittfestigkeit, außerdem können sich Unkräuter und Moos ausbreiten. Die richtige Schnitthöhe für einen Zierrasen liegt bei etwa 2,5–4 cm, bei Nutzrasen hingegen sollten mindestens 3–5 cm Halmlänge bleiben. Um einen gleichmäßigen Schnitt gewährleisten zu können, sollten die Schnittgeräte mit Lenkrollen abgestützt sein.

Die Schnittbreite von Rasenmähern ist die Breite, in der ein Mäher Rasen mit einem Zug mäht. Diese Schnittbreite ist von Gerät zu Gerät sehr unterschiedlich. So sind für kleine Rasenflächen Mäher mit einer Schnittbreite von 30–40 cm verfügbar, für große Flächen wie Fußballplätze gibt es auch Rasenmäher mit einer Schnittbreite von mehr als 1 m.

Bereifung: Je größer die Abmessung und damit die Ablauffläche der Reifen auf dem Boden ist, je schonender ist das für den Rasen. Traktoren der Komfortklasse erhalten daher generell extragroße Ballonreifen. Rasenreifen hinterlassen nicht so viele Spuren auf der Rasenfläche und geben mehr Stabilität an Hängen.

Gefahrenunterweisung beim Umgang mit Mähgeräten

Unerlässlich ist das Tragen von festem Schuhwerk. Bei Regen nicht mit Elektromähern arbeiten. Niemals defekte Geräte und Kabel benützen. Im Betrieb nie Abdeckungen lösen oder öffnen, die Geräte immer erst ausschalten. Ein wichtiges Argument gegen Benzinrasenmäher ist ihr Geräuschpegel, obwohl die gesetzlichen Bestimmungen bei den neuen Geräten heute ohne Einschränkungen erfüllt werden: Bis 50 cm Schnittbreite darf ein maximaler Wert von 96 dB erreicht werden. Einige bringen es auf 93 dB und sind damit leiser. Aufsitzermäher erreichen einen Wert bis 110 bB. Besonderen Schutz gegen Überschlag bei Arbeiten am Hang bietet ein Überrollbügel. Beim Mähen mit Freischneidern oder Motorsensen ist spezielle Schutzkleidung zu tragen – sie schützt Körper und Augen auch vor Verletzung durch weggeschleuderte Steine.

Bodenbearbeitungsgeräte für Rasen

Vertikutierer

Unter Vertikutieren versteht man das Anritzen der Grasnarbe einer Rasenfläche, um altes Schnittgut, abgestorbene Pflanzenteile und Moos zu entfernen. Damit wird die Belüftung des Bodens gefördert. Der ursprünglich englische Ausdruck ist aus den Wörtern vertical (vertikal, senkrecht) und to cut (schneiden) zusammengesetzt.

Ein Vertikutiergang ist im Frühjahr zwischen Mitte April und Anfang Mai empfehlenswert, da der Rasen nach dieser Zeit sehr regenerationsfähig ist. Vor dem Vertikutieren sollte der Rasen gemäht sein. Bei loser Grasnarbe ist danach eine Nachsaat sinnvoll. Wichtig ist, dass man zwar den Erdboden ankratzt, aber die Wurzeln nicht beschädigt.

Vertikutierer

Vertikutiererachse

Der Vertikutierer schneidet mit einem rotierenden Federstahlmesser oder mit Federn senkrecht in den Boden. Das Vertikutiergut (Moos, abgestorbene Gräser usw.) wird hinter dem Gerät abgelegt oder im Fangsack aufgesammelt. Angetrieben wird die Welle in der Regel von einem Elektromotor, bei größeren Modellen von einem Ottomotor. Die Schnitttiefe kann entweder über die Höhe des Rades oder die Veränderung der Messerwelle eingestellt werden. Die Schnitttiefe sollte nicht mehr als 1–2 cm betragen. Das ist ausreichend, um die Filzschicht zu entfernen, ohne dabei dem Rasen zu schaden.

Vertikutierer-Einstellung

Aerifizierer

Rasenflächen werden durch Begehen, Befahren und Bespielen verdichtet. Teilweise so stark, dass das Rasenwachstum darunter leidet. Es kommt zu Staunässe, vermehrter Moosbildung, die Grasnarbe wird dünn, löchrig und der Rasen kann nicht mehr betreten bzw. bespielt werden. Im Profibereich wird neben dem Vertikutieren das Aerifizieren, also die Belüftung der Rasenfläche durchgeführt. Bei diesem Verfahren wird ein Teil des Bodens ausgetauscht. Eingebrachte Bodenhilfsstoffe und Dünger sorgen dann dafür, dass der Rasen wieder besser wachsen kann und sich längerfristig die gesamte Bodenstruktur verbessert. Bisher waren Aerifizierer reine Profigeräte, die in den Anschaffungskosten so hoch lagen, dass sie für den Privat-

Professioneller Aerifizierer für Golfplatzpflege

Moderne Prozessoren ersetzen Kehrwalze und Schleppnetz, machen so die Plätze früher wieder bespielbar kunden unerschwinglich waren. In den letzten Jahren haben sich die Preisstrukturen verändert: Mittlerweile sind auch kleine Maschinen am Markt verfügbar, die in Hausgärten eingesetzt werden können. Sie sind so schmal, dass sie durch ein normales Garten- oder Garagentor passen.

Mit spitzen Hohlwerkzeugen werden Bodenpfropfen ausgestochen. Die können einen Durchmesser von 8–32 mm und eine Länge von 5–250 mm Länge haben. Handgeführte Geräte arbeiten mit den eher kleinen Durchmessern und Längen, weil ihnen Gewicht und Antriebsleistung für größere und tiefere Spoons fehlen.

Die ausgestochenen „Spoons" werden auf der Rasenfläche abgelegt und später mit speziellen Kehrwalzen aufgenommen oder nach abschließender Verfüllung mit Schlepprost zerrieben.

Die entstandenen Löcher werden abschließend mit einem Gemisch aus grobkörnigem Sand und Humus wieder verfüllt. Der beste Zeitpunkt zum Aerifizieren ist das zeitige Frühjahr oder der Herbst.

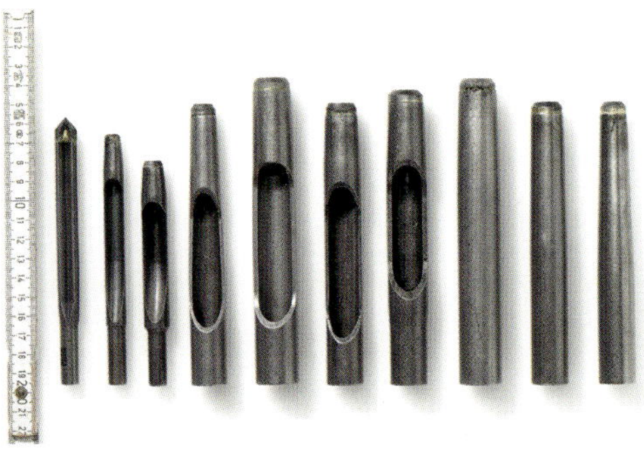

Spoons

Tiefenlockerung

Durch die Tiefenbelüftung können Verdichtungshorizonte im Wurzelhorizont gelockert werden. Die entstandenen Löcher ermöglichen einen verbesserten Gasaustausch und beschleunigen die natürliche Dränierung des Bodens. Tiefenlockerung wird für die Golfplatzpflege empfohlen. Die angebotenen Maschinen können abhängig von deren Bauart auf Grüns, Vorgrüns, Abschlägen, Fairways, Semi-Roughs und Roughs erfolgreich eingesetzt werden. Es gibt eine große Auswahl von verschiedenen Hohl- und Vollspoons.

Die Arbeitstiefe im Grün, Vorgrün und Abschlag, abhängig von Bodenart und Verdichtungsgrad, geht bis 20 cm, im Fairway, Semi-Rough und Rough bis 25 cm.

Eine Markierung der Regner, Ventilboxen und sonstiger Gegenstände vor Arbeitsbeginn ist notwendig.

Schlitzen

Diese mechanischen Maßnahmen zur Kultivierung und Kontrolle des Rasenfilzes werden auf Golf- und Sportanlagen in regelmäßigen Abständen während der Wachstumsperiode (Mai–Oktober) durchgeführt. Beim Schlitzen werden flache Messer vertikal in den Untergrund gedrückt. Die hierdurch entstandenen Hohlräume ermöglichen den für die Gesunderhaltung erforderlichen Gasaustausch im Wurzelhorizont. Die

Aerifizierer, Detailansicht, Locher

angebotenen Maschinen können abhängig von deren Bauart auf Grüns, Vorgrüns, Abschlägen, Fairways und Semi-Roughs erfolgreich eingesetzt werden.

Topdresser

Die Belastung von Golfplätzen durch Spieler und Arbeitsmaschinen bedingt, dass sich die Rasentragschicht verdichtet. In Verbindung mit Rasenfilz verhindert dies den Gasaustausch und die Wasserdurchlässigkeit. Nun wird es notwendig, den Boden zu belüften. Eine Belüftung soll immer mit einer Besandung verbunden werden. Das Besanden und Topdressen mit speziellen Sanden findet auf Golfanlagen mehrmals im Jahr statt. Auf Grüns kann durch mehrmalig wiederholtes Topdressing das Ballrollverhalten positiv beeinflusst werden. Besonders auf Spielbahnen werden Besandungen zur Herstellung einer ebenen Oberfläche, Verbesserung der Tritt- und Scherfestigkeit und zur Vorbeugung gegen Filzaufbau durchgeführt.

Schlepprost

Der Schlepprost wird eingesetzt, um Aerifizierungsmaterial auf der Rasenfläche zu zerreiben. Die Modelle werden meist dreiteilig, 1,8 × 2,4 m groß, mit oder ohne Dreipunkt-Gerätehalter angeboten. Sie ermöglichen optimales Zerreiben von Aerifiziermaterial und Verschleppen in Verbindung mit einer Besandung, dies fördert die Ebenflächigkeit.

Sonstige Rasenpflegegeräte

Sodenschneider

Zum Schneiden von Rasensoden bzw. Abschälen der Rasenschicht, um neuen Rasen zu verlegen. Das Messer setzt sich unter die Rasensode und schneidet diese ab.

Kleingeräte:

- Schnittiefe bis 35 mm
- Schnittbreite ab 30 cm
- Sodenlänge bis 250 cm

Großgeräte:

- Schnitttiefe bis 35 mm
- Schnittbreite bis 120 cm
- Unbegrenzte Sodenlänge

Nach dem Abschälen werden die Bahnen aufgerollt, gestapelt und abtransportiert.

Rasensodenschneider

Rasenkantenschneider

Damit die Kanten sauber aussehen, müssen sie regelmäßig gestochen und geschnitten werden. Ein rotierendes Messer wird in den Boden geführt und entlang der Rasenkante vorwärtsbewegt. Anschließend müssen nur noch die abgeschnittenen Grasränder weggeharkt und zusammengekehrt werden. Auch das Schneiden von Bögen gelingt problemlos.

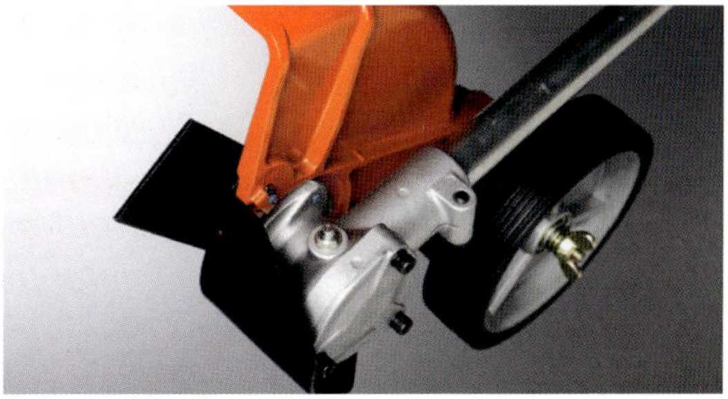

Kantenschneider

Rasenkehrmaschinen

Großrollenverlegung

Rasenkehrmaschinen

Diese Maschinen werden in vielen Varianten angeboten: Anhängerasenkehrmaschinen, Laubkehrer, Laubkehrmaschinen, Kehrsaugmaschinen, Aufsitzkehrmaschinen, Laubsauger …

Sie kehren das abgemähte Gras sowie Schmutz, Zigarettenstummel usw. in den dahinterliegenden Auffangbehälter. Dies ist bei trockenem Gelände kein Problem. Rasenkehrmaschinen können an jeden Traktor oder Aufsitzmäher angebracht werden. Die Welle mit Polybürsten lässt sich mittels Seitenhebel unproblematisch in der Höhe verstellen. Die Entleerung des Fangbehälters ist mittels Seilzug vom Rasentraktor aus möglich.

Rasenverlegung

Rollrasen-Verlegegeräte

Bei sogenannten Großrollen mit einer Breite von 100 cm und größer ist es aufgrund des hohen Gewichts notwendig, die Verlegung mit entsprechenden Geräten durchzuführen. Vielfach sind diese Konstruktionen auf Trägermaschinen aufgebaut, um den Arbeitsablauf zu erleichtern.

Rasensämaschinen

Diese Maschinne ermöglichen eine professionelle Rasenaussaat. Neuansaat (Anbau), aber auch Schlitzen und Vertikutieren oder Übersäen (Aussaat in die Furchen) ist möglich. Anwendungsbereiche sind Grünflächen von Kommunen, Sportflächen und Golfplätze, große Parkanlagen, Rollrasenproduzenten und Versuchsstationen.

Man unterscheidet:

Handrasensämaschinen

Diese Mehrzweck-Rasensämaschinen eignen sich für kleine Flächen. Sie sind mit Trichtern aus Stahlblech, mit Doppelgitterwalzen (Feinmasche) und mit Hebeln für die Feineinstellung der Saatgutmenge ausgestattet. Es gibt geschobene oder gezogene Modelle.

Arbeitsbreite: bis 80 cm

Fassungsvermögen: 55 l bzw. 20 kg

Gesamtgewicht: 50 kg

Motorgetriebene Rasensämaschinen

Diese Geräte sind mit Benzinmotor, Mehrganggetriebe, meist mit Rückwärtsgang, und Edelstahlbehälter ausgestattet. Vorn haben sie eine Gitterwalze und hinten eine glatte Walze. Das Saatteilsystem besitzt Hebel für Feineinstellung der Saatgutmenge.

Arbeitsbreite: bis 80 cm

Fassungsvermögen: 55 l bzw. 20 kg

Gesamtgewicht 120 kg

Motorsämaschine

Rasensämaschinen mit Dreipunktaufhängung

Sie eignen sich für den Einsatz mit Zweiachsschlepper und ist mit einer versetzten Aufhängung, um die Walze zu überdecken, und Doppelpackerwalzen ausgestattet. Die Aussaat erfolgt mit Krallensystem (Spurlockerer).

Arbeitsbreite:

- bis 150 cm (mit 30–60 PS)
- bis 200 cm (mit 50–95 PS)

Fassungsvermögen:

- 150 l bzw. 50 kg
- 200 l bzw. 70 kg

Gesamtgewicht:

- 500–700 kg

Pneumatische Rasensämaschinen mit Dreipunktaufhängung

Diese Maschinen sind mit großvolumigen Behältern für Aussaat auf großen Flächen (Rollrasenproduzenten, Sport- und Golfplätze …) und Doppelgitter- oder Packerwalzen ausgestattet. Durch die pneumatische Rasenaussaat entsteht eine sehr hohe Präzision.

Arbeitsbreite:

- bis 150 cm (mit 60–100 PS)
- bis 450 cm (mit 80–160 PS)

Fassungsvermögen:

- 750 l bzw. 1 150 kg
- 1 000 l bzw. 2 050 kg

Gesamtgewicht:

- 1 500–2 400 kg

Pneumatische Sämaschine

Overseeder

Der Overseeder ist nicht nur die schnellste Nachsaatmaschine, sondern auch die effektivste. Der Samen wird in einer Tiefe von 20 mm abgelegt. Dies bedeutet Schutz vor hungrigen Vögeln sowie vor dem Wind. Die spezielle Konstruktion und Anordnung der Scheiben sorgen für eine optimale Schlitzung des Bodens mit weniger Maschinengewicht. Die Maschine ist sehr nahe an den Traktor angebaut, was sich positiv auf die benötigte Hubkraft auswirkt. Die robuste Gummiwalze im Saatkasten erlaubt auch für feines Saatgut eine genaue Mengeneinstellung mittels Zahnradkombinationen. Zudem wird Saatgut nur dann ausgetragen, wenn die Maschine mittels Bodenantrieb aktiviert ist. Es entsteht also kein Saatgutverlust bei stillstehender Maschine.

Wiederholungsfragen

1. Welche Mähgeräte unterscheidet man nach ihren Schnittwerkzeugen, bei welchen Rasenarten werden sie eingesetzt?
2. Welche Antriebsarten und Formen der Kraftübertragung werden bei Rasenschnittgeräten eingesetzt?
3. Nenne fünf verschiedene Bauarten bei Rasenmähern.
4. Beschreibe die Funktionsweise von Vertikutierer, Aerifizierer und Tiefenlockerer.
5. Wozu wird ein Schlepprost verwendet?
6. Rasensoden oder Rollrasen werden mit welchen Geräten hergestellt?
7. Zur Herstellung einer Rasenansaat stehen welche Maschinen und Geräte zur Auswahl?

Vermessungstechnik

Zur Vermessung kommen Punkte, Strecken, Flächen oder Körper. In Plänen werden diese Werte aufgenommen und zweidimensional dargestellt. Umgekehrt werden Planungspunkte in die Natur übertragen.

Gemessen werden:

- Längen
- Höhen
- Winkel

Längenmessung	Höhenmessung	Winkelbestimmung
Schrittmaß	Wasserwaage	Schnurmethode
Maßband	Schlauchwaage	Winkelspiegel
Messrad	Nivelliergerät	Winkelprisma
Laser	Rotationslaser	Doppelpentagon
	Theodolit	

Gefälle/Neigung	Flächengröße	Markierhilfen	Hilfsmittel
Visierkreuz	Flächenberechnung	Kreide	Richtschnur
Rotationslaser	Planimeter	Markierspray	Messnadel
	Scanner	Kalk	Fluchtstab
		Markiernagel	Messlatte
		Holzpflock	

Vermessungspunkte

Im Gelände müssen Vermessungspunkte sichtbar gemacht werden.

- Kurzfristige Markierungen werden mit Farbspray, Kalk, Kreide, Markiernägeln oder Fluchtstäben fixiert.

Markiernadeln sind ca. 30 cm lange Stahlstifte, die am oberen Ende mit einer Öse und meistens einer Nummer versehen sind.

Fluchtstäbe sind 2 m lang, haben einen Querschnitt von 28 mm und sind entweder alle 20 oder 50 cm farblich (rot + weiß) unterteilt. Am unteren Ende ist eine Stahlspitze angebracht. Zur größeren Genauigkeit werden Lattenrichter in Form von Dosenlibellen oder einem Fluchtstabstativ zusätzlich verwendet.

- Mittel- bis langfristige Vermarkung erfolgt mittels Holzpflöcken, Eisenstangen oder Stahlröhrchen. Amtliche Vermessungspunkte werden durch Stahlnägel auf Asphaltflächen fixiert oder durch Vermarkung in Form von Steinpflöcken aus Naturstein oder Beton.

Messrad – Rolltacho

Maßband

Streckenmessung

Schrittmaß

Das Abschreiten einer Stecke ist eine praktische Methode. Sie ist allerdings sehr ungenau, denn die Schrittlänge ist abhängig von der Körpergröße. Bei einer Körpergröße von 1,70 m kann man mit eine Schrittlänge von 80 cm rechnen.

Messrad oder Rolltacho

Das Messrad ist besonders gut geeignet im Straßen- und Wegebau. Ein Rad mit 1 m Umfang wird, an einem kurzen Stiel nach vorn haltend, entlang der Messstrecke geführt. Die Anzeige der abgefahrenen Strecke erfolgt mittels eines Zählwerks. Übliche Anzeige am Zählwerk in mm/cm/m. Je nach Typ und Sorgfalt kann man damit eine Entfernungsmessung auf cm-bis-dm-genau durchführen. Problematisch bei unebenen Flächen, Senken und Hügeln, wenn die Entfernung der beiden Endpunkte gesucht ist.

Maßband (Rollmessband)

Maßbänder werden in den Längen 20, 25, 30, 50 m aus Stahl, kunststoffummanteltem Stahl oder Kunstfaser angeboten. Die Zentimetereinteilung beginnt entweder an einer Öse am Bandanfang oder 10 cm nach der Öse. Diese dient zum Einhängen an Markiernadeln oder Fluchtstäben.

Optische Geräte

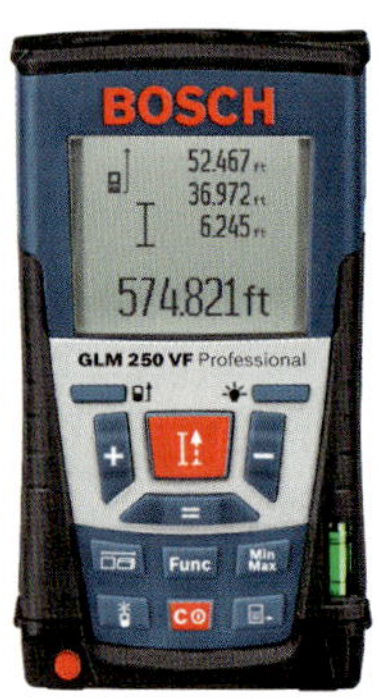

Entfernungsmesser

Die Messung erfolgt mit Distanzeinteilung oder mithilfe eines Nivelliergeräts und der Messlatte (siehe Nivelliergerät). Die Genauigkeit ist eingeschränkt.

Elektrooptische Geräte

Sie ermöglichen die Messung der Distanz zu Neigung mittels Laser und geben die Entfernung per LED-Anzeige in der Optik aus. Manche Geräte bieten Funktionen wie Flächenberechnung, Volumenberechnung, Neigungsmessung oder Höhenmessung.

Höhenmessung

Unter Höhenmessung versteht man die Festlegung von Höhenunterschieden bzw. die Bestimmung von bestimmten Höhen. Zur Höhenmessung werden folgende Geräte verwendet:

Wasserwaage

Diese einfachen Messgeräte sind ausgestattet mit einer gefassten Libelle zur horizontalen oder vertikalen Ausrichtung eines Objekts. Sie werden in verschiedenen Längen und Materialien angeboten.

Schlauchwaage

Bei dieser Messmethode macht man sich die physikalischen Eigenschaften der kommunizierenden Röhren zunutze. Die Flüssigkeit im Schlauch richtet sich immer horizontal aus.

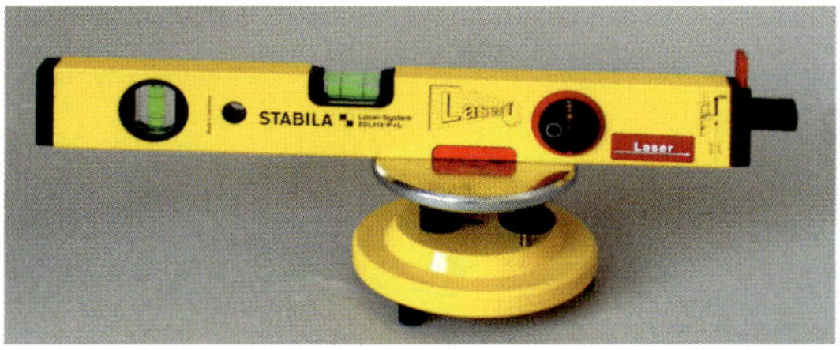

Wasserwaage

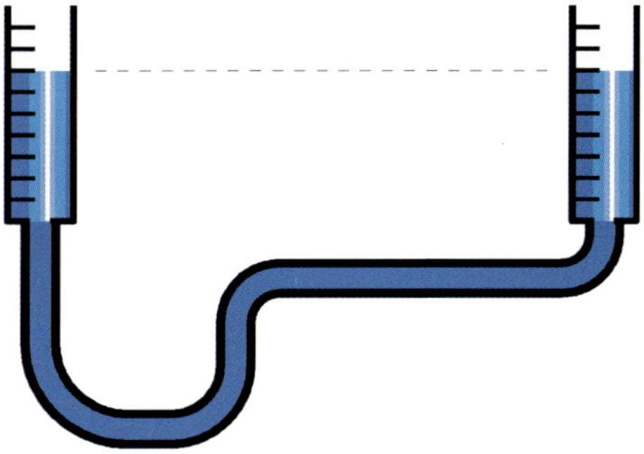

Schlauchwaage

Nivelliergerät

Das Nivelliergerät dient zur Bestimmung von Höhenpunkten. Die übliche Genauigkeit beträgt 1–5 mm pro km. In der Regel wird das Nivelliergerät auf ein dreibeiniges Stativ aufgesetzt. Alte Vermessungsstative (auch Dreibein) sind aus lackiertem oder mit Kunststoff überzogenem Holz. Sie haben ein Gewicht von 5–8 kg. Neuere Modelle sind aus Kunststoff oder Aluminium. Besondere Stative lassen sich mittels Gewindestange auf- oder abkurbeln. Charakteristisch ist eine Bohrung mit 6–8 cm Durchmesser durch den Stativkopf (meist aus Aluminiumguss), durch die ein Messinstrument festgeklemmt werden kann.

Das Nivelliergerät selbst besteht aus einem starren Unterteil, das mit einer kräftigen Rändelschraube (Herzschraube) am Stativteller fixiert wird, und einem beweglichen Oberteil. Im Unterbau befinden sich drei Justierschrauben und die Skala des Horizontalkreises mit 360° oder 400 gon (100 Gon = 90°).

Stativ für Vermessungsgeräte

Nivelliergerät

Der Oberbau besteht aus einer Dosenlibelle mit Libellenspiegel, Ableselupe für den Horizontalkreis, Seitenantrieb, Fokussierschraube und die Optik mit Okular, Objektiv und Fadenkreuzjustierung.

Der Messvorgang am Nivelliergerät

Die Messtätigkeit mit dem Nivelliergerät wird Nivellement genannt. Zur weiteren Messausrüstung gehört die Nivellierlatte, die auf dem Messpunkt lotrecht aufgestellt wird. Sie ist ein 4 m langer Maßstab und ist sowohl in Dezimeter als auch in Zentimeter farblich unterteilt. Man unterscheidet zwischen Klappmesslatte und Einschubmesslatte.

Schaut man durch das Okular, erkennt man ein Fadenkreuz, bestehend aus einem durchgehenden waagrechten Mittelfaden und einem kurzen Ober- und Unterfaden.

Die Werte der Nivellierlatte werden durch das Zielfernrohr des Nivelliergeräts am Fadenkreuz abgelesen. Mithilfe des Ober- und Unterfadens kann die Entfernung zur Nivellierlatte ermittelt werden und wird Nivelliertachymeter genannt. Zur Vermessung sind mindestens zwei Personen notwendig.

Das digitale Nivelliergerät ist ein selbst einstellendes, selbst ablesendes und registrierendes Nivellierinstrument. Die Nivellierlatte ist mit einem Strichcode versehen. Der Wert wird digital ausgegeben, im Display angezeigt und für die digitale Auswertung intern gespeichert.

Nivellierlatte

Nivellierlatte mit Strichcode

Rotationslaser, Laserniveller

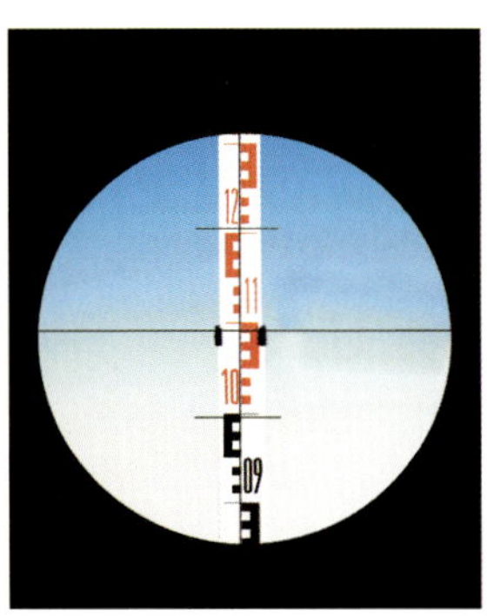

Fadenkreuz mit Mittel-, Ober- und Unterfaden

Der Rotationslaser (oder auch Lasernivellier) ist ein Instrument zur rationellen Bestimmung von Höhen und Fluchten bei Vermessungsarbeiten. Ein Laserstrahl erzeugt durch Rotation eines Umlenkprismas eine Bezugsebene und wird durch einen Empfänger aufgenommen. Je nach Bauart kann diese Ebene horizontal, vertikal oder mit einem definierten Neigungswinkel zur Erdoberfläche verlaufen. Vorteil: Die Handhabung ist von einer Person möglich.

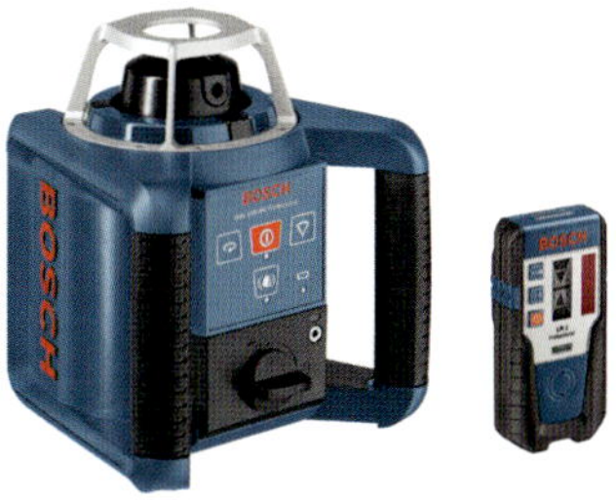

Rotationslaser mit Empfänger

Theodolit

Mit dem Theodolit können größere Höhenunterschiede gemessen werden. Er besteht, ähnlich wie das Nivelliergerät, im Wesentlichen aus einem Zielfernrohr, aber aus einem Vertikal- und einem Horizontal-Teilkreis und mehreren Libellen. Mithilfe des drehbaren Messfernrohrs werden nun nacheinander alle Zielpunkte angezielt. Durch Ablesung an einer feststehenden Winkelskala werden die Richtungen zu jedem Zielpunkt festgestellt. Man unterscheidet zwischen Ablesungen am Horizontal- und am Vertikalkreis.

Bei elektronischen Theodoliten und Tachymetern werden die Teilkreise elektronisch abgetastet. Die analogen Winkelwerte werden durch Analog-Digital-Wandlung in Ziffern umgewandelt, angezeigt und gespeichert. Die Vermessungszeiten werden kürzer und Irrtümer bei der Erfassung treten weniger auf. Die Daten werden direkt abgespeichert und später digital weiterverarbeitet.

Gefällemessung

Bautheodolit

Visierkreuze

Im Straßen- und Wegebau müssen oftmals zwischen zwei Festpunkten einige oder mehrere Zwischenpunkte mit gleichmäßiger Neigung festgestellt werden. Für solche Arbeiten wird ein Satz dieser Visierkreuze benötigt. Die beiden Festpunkte sollten eine Entfernung von etwa 50 m nicht überschreiten. Sollen mehrere Zwischenpunkte festgelegt werden, ist diese Art der Absteckung für jeden Zwischenpunkt analog zu wiederholen.

Visierkreuz

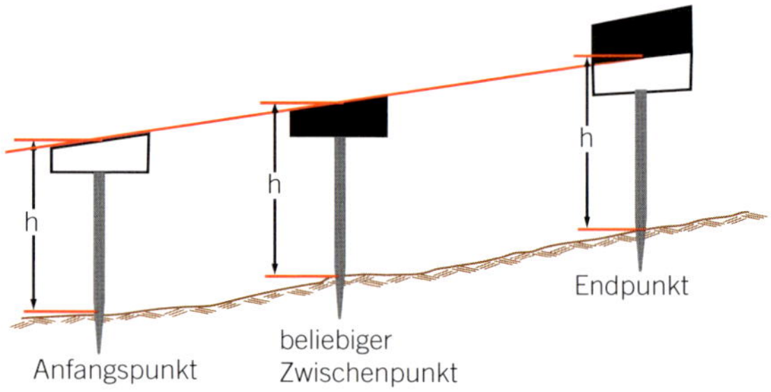

Visierkreuze

Rotationslaser

Bei manchen dieser Geräte kann die gewünschte Neigung eingegeben werden. Der Empfänger gibt automatisch in jeder Entfernung den sich ergebenden Höhenunterschied an.

Fluchten

Eine gerade Linie lässt sich im Gelände leicht durch eine Schnur, die zwischen zwei Punkten gespannt wird, darstellen. Diese Methode lässt sich nur im Nahbereich einsetzen. Bei größeren Entfernungen wird eine Gerade mit Fluchtstäben durch Visieren errichtet. Das Errichten einer Geraden durch Fluchten ist für bautechnische Vermessungen notwendig.

Fluchten zwischen zwei Endpunkten

Zwischen den Punkten A und B sollen weitere Punkte gefunden werden. Erforderlich sind zwei Personen. Der einzumessende Fluchtstab wird möglichst senkrecht und frei hängend zwischen den Daumen und Zeigefinger von der einen Person in die Gerade gebracht. Die andere Person gibt durch Zuruf oder Handzeichen Anweisungen. Dabei steht dieser ca. 2 m vor der ersten Fluchtstange und richtet alle Fluchtstangen dazwischen über die letzte ein. Mit freiem Auge und unter guten Bedingungen sind Entfernungen bis zu 250 m einfluchtbar.

Verlängerung einer Strecke.

Eine vorhandene Gerade, auch Gebäudelinie u. Ä., wird weitergezogen. Dazu ist nur eine Person notwendig. Diese steht vor der einzurichtenden Fluchtstange in Blickrichtung der vorhandenen Linie.

Fluchten aus der Mitte

Bei nicht einsehbaren Endpunkten, z. B. bei Geländeerhebungen, muss zwischen den Endpunkten durch gegenseitiges Einweisen eingefluchtet werden. Die Annäherung an eine Gerade wird bei beiden Hilfsgeraden so oft durchgeführt, bis keine Korrektur notwendig ist.

Indirektes Fluchten

Bei Sichthindernissen zwischen den Endpunkten wird eine Hilfsfluchtlinie gezogen, die in gleichen Abstand von den Endpunkten her parallel vorläuft.

Zum Senkrechtstellen der Fluchtstangen können Gebäudekanten etc., ein Senklot oder Lattenrichter in der Form einer Dosenlibelle zur Hilfe genommen werden. Zum Aufstellen auf befestigten Flächen werden Fluchtstangenstative aus Metall verwendet.

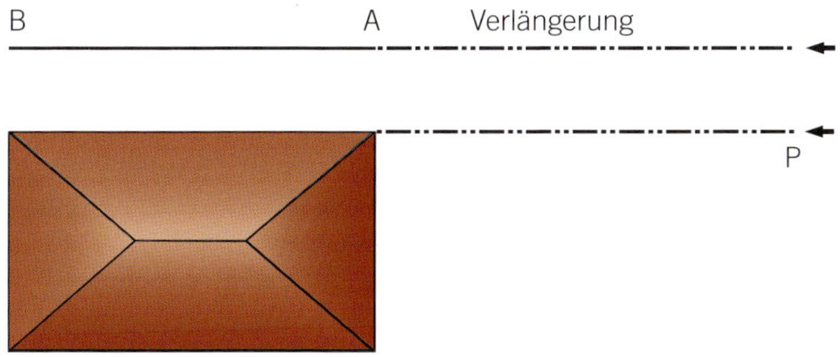

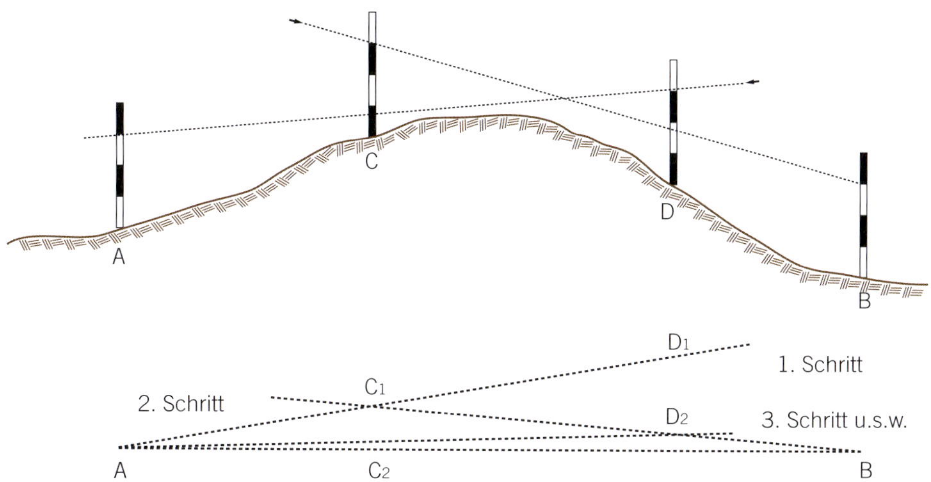

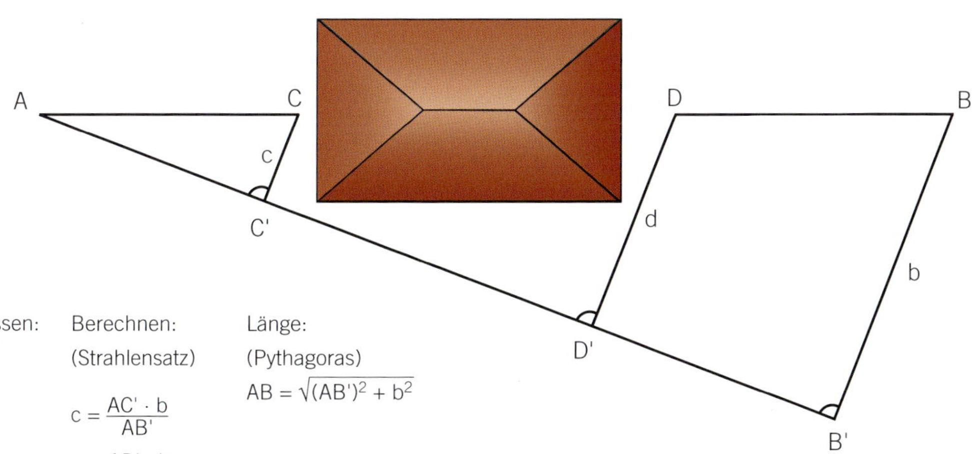

Messen:	Berechnen:	Länge:
AB'	(Strahlensatz)	(Pythagoras)
AC'		$AB = \sqrt{(AB')^2 + b^2}$
AD'	$c = \frac{AC' \cdot b}{AB'}$	
b	$d = \frac{AD' \cdot b}{AB'}$	

Verlängerung einer Strecke, Fluchten aus der Mitte, indirektes Fluchten

Winkelmessung

Rechter Winkel

Folgende Verfahren ermöglichen die Feststellung eines rechten Winkels im Gelände:

- Schnurmethode oder Maßband: in Anwendung des pythagoreischen Lehrsatzes, mit den Zahlen 3, 4, 5 bzw. einem Vielfachen davon, lässt sich auf einfache Weise ein rechtwinkliges Schnurdreieck bilden. Eine praktische Methode, die sich auch zur Überprüfung eines rechten Winkels eignet.
- Winkelspiegel: funktioniert mithilfe zweier Spiegel, die den einfallenden Lichtstrahl rechtwinklig umlenken. Als Hilfsmittel sind Fluchtstäbe und Senklot notwendig.
- Winkelprisma: Ein Prisma ist ein lichtdurchlässiger Glaskörper, dessen Flächen geschliffen sind und zur Umlenkung von Lichtstrahlen dient. Der aufzuwinkelnde Punkt wird mit dem Winkelprisma auf der Messungslinie abgestimmt. Man unterscheidet zwischen einem Dreiseitprisma und einem Fünfseitprisma (Pentagon).
- Das Doppelpentagonprisma verfügt über zwei Prismen (jeweils 90° nach links und rechts) und einen Mitteldurchblick. Es eignet sich perfekt zum exakten Ausrichten von Fluchtstäben und Abstecken von Fluchten und dem Errichten eines rechten Winkels. Die Ungenauigkeit liegt unter 1'.

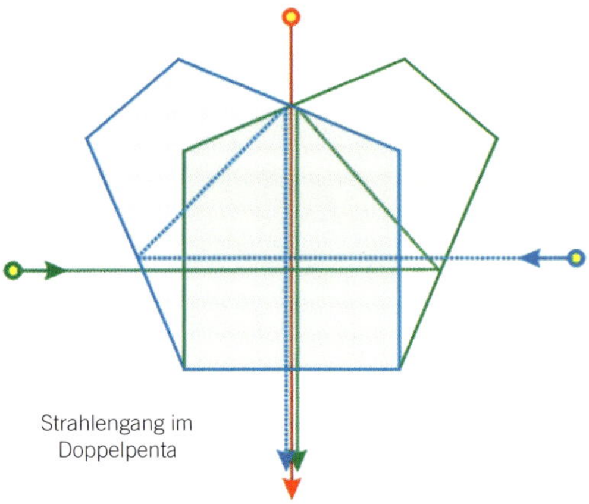

Strahlengang im Doppelpenta

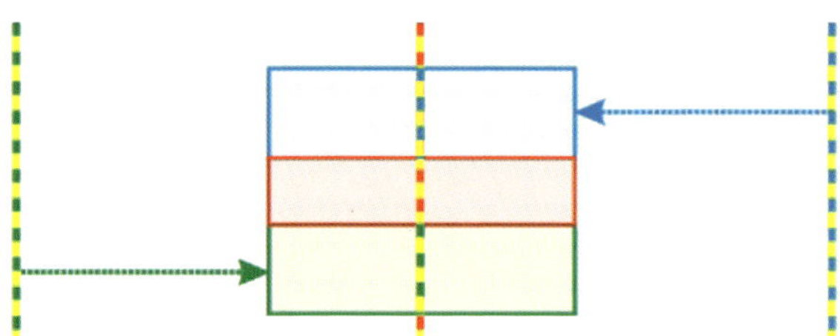

Messung mit Doppelpentagon

Andere Winkel

Horizontale Winkel

- Durch Ausmessen der Entfernungen und Berechnung mit einer Winkelfunktion
- Messung mit dem Nivelliergerät
- Messung mit dem Theodoliten

Vertikalwinkel

- Messung mit dem Theodoliten

Messung von vertikalen Neigungen

- Wasserwaage, Richtlatte und Maßband (auch Bandmaß, im Vermessungswesen Messband oder Rollbandmass genannt):

Längere schräge Strecken werden durch eine Staffelvermessung bestimmt. Darunter versteht man das stückweise horizontale Messen mit dem Messband und einer Richtlatte. Man beginnt beim höher gelegenen Punkt und misst bergab. Dort legt man die Richtlatte waagrecht an. Am anderen Ende der Messlatte wird mit einem Messband der Höhenunterschied festgestellt. Die Gesamtstrecke ergibt sich aus der Zahl der vollen Maßbandlängen und dem Reststück.

- Das Schnurgerüst ist eine Konstruktion aus Hölzern, die waagrecht und diagonal angenagelt werden und eine biegefeste Einheit bilden. Die senkrechten Hölzer werden bereits in der gewünschten Neigung fixiert. Daran werden die Fluchtschnüre (Perlonschnur oder Draht) waagrecht festgebunden bzw. eingekerbt. Dadurch entsteht ein Schnurbock, der bei dem Aufbau von Natursteinmauern mit gleichmäßigem Verlauf verwendet wird.

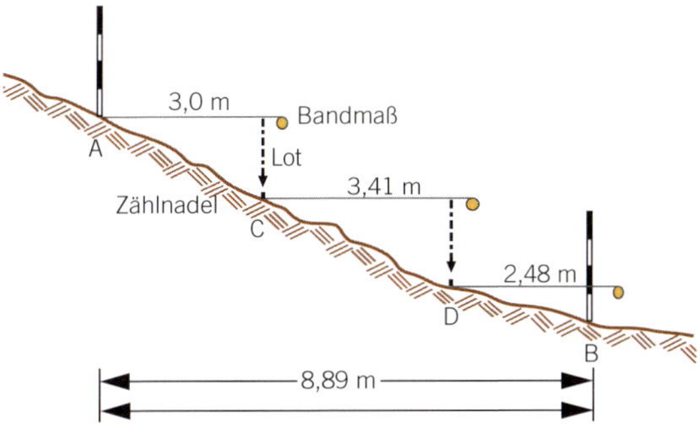

Staffelmessung

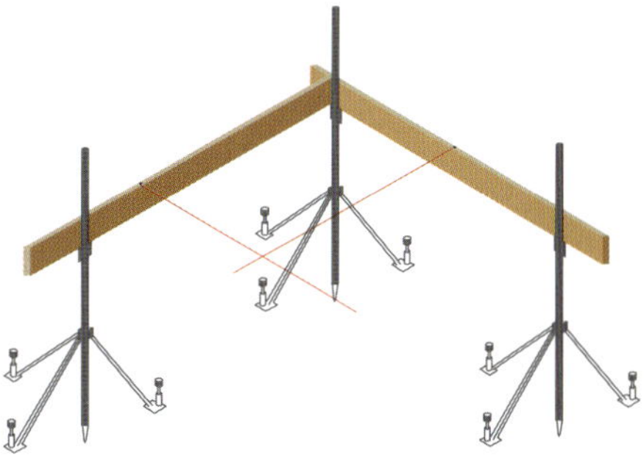
Schnurgerüst für Hausbau

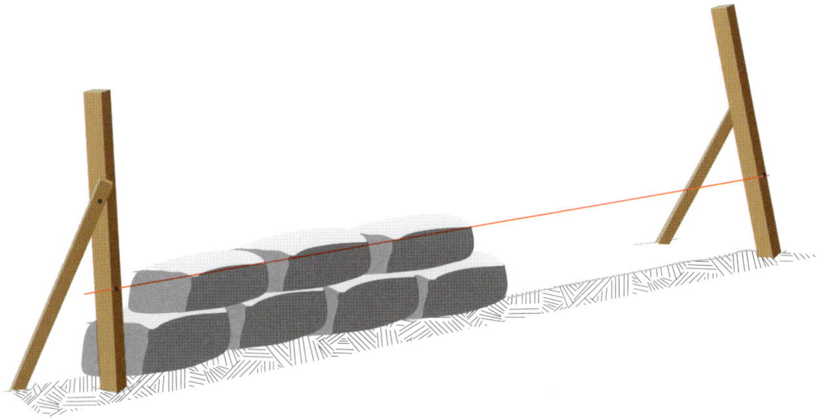
Schnurgerüst Natursteinmauer

Feldmessung, Flächenermittlung

Flächen, die ermittelt werden sollen, sind meistens unregelmäßig, ohne rechte Winkel oder mit bogenförmigen Abschlüssen. Oftmals müssen Flächengrößen bestimmt werden, die mehr oder weniger geneigt sind. Zur Erfassung von Messdaten gibt es verschiedene Vorgehensweisen. Je nach Verfahrensart werden entsprechende Hilfsmittel und Instrumente eingesetzt.

Vorgehensweise

Geradlinige Ränder werden festgestellt und an den Eckpunkten meist mit Fluchtstangen markiert. Gekrümmte Linien werden in regelmäßigen Abständen mit Fluchtstangen abgesteckt. Dabei gilt: Je kleiner die Abstände, desto genauer das Ergebnis. Anschließend wird die Fläche in Teilflächen (Dreieck, Trapez, Quadrat, Rechteck, Kreissegment) zerlegt. Je nach Berechnungsart ist es notwendig, die Höhe der Fläche im rechten Winkel festzulegen. Sind alle Strecken festgelegt, werden die Weiten bestimmt. Liegen Lagepläne vor, können die Teilflächen direkt aufgetragen werden. Fehlende Maße müssen dennoch ermittelt werden.

Flächenermittlung

Die Genauigkeit einer Flächenermittlung ist abhängig vom richtigen Verhältnis zwischen der angewendeten Messtechnik und dem Rechenaufwand. Je nach Teilfläche wird durch entsprechende Formeln die Größe berechnet. Bei der Anwendung und Berechnung von Kreissegmenten ist es ratsam, möglichst flache Segmentbögen zu erreichen. Damit erreicht man genauere Ergebnisse. Werden Entfernungen mit elektrooptischen Geräten aufgenommen, kann die Gesamtfläche über EDV-unterstützte Verfahren ermittelt werden. Diese Berechnungsart ist rasch durchführbar und wesentlich genauer. Dabei werden die einzelnen Eckpunkte elektronisch erfasst und auf ein Koordinatensystem umgelegt. Der Vorteil dabei ist, dass sowohl horizontale Flächen = Lagemessungen als auch vertikale Flächen = Profile bestimmt werden können.

Flächenberechnung aus dem Planwerk mit dem Planimeter

Sind auf dem Plan die Maße ersichtlich, so ist eine Berechnung der Flächen einfach. Es empfiehlt sich bei ungleichmäßigen Flächenformen diese in Teilflächen zu unterteilen. Sind keine Maße angegeben oder ist eine genaue Berechnung der Flächeninhalte nicht notwendig, bedient man sich eines Hilfsgeräts = des Planimeters. Das Planimeter ist ein mathematisches Instrument und ein Analogrechner, also ein mechanisches Messgerät zur Ermittlung beliebiger Flächeninhalte in Landkarten oder Zeichnungen. Die zu messenden Flächen können beliebige Formen haben.

Wir unterscheiden:

- Polarplanimeter und
- Linearplanimeter (Rollenplanimeter)

Das Polarplanimeter besteht aus zwei Armen, die mit einem Gelenk miteinander verbunden sind. An dem einen Ende des Polarms befindet sich der Pol. Er besteht aus einem schweren Zylinder, der entweder durch sein Eigengewicht auf dem Papier stehen bleibt oder mit einer kleinen Spitze, die aus seinem Boden herausschaut, auf dem Papier fixiert wird. Den Polarm kann man frei um den Pol herum drehen. Am anderen Ende greift er drehbar in den Fahrarm ein. Am Ende des Fahr-

Polarplanimeter

Linearplanimeter (Rollenplanimeter)

arms ist ein Stift oder eine Linse mit integriertem Fadenkreuz montiert. Außerdem ist in der Nähe des Gelenks ein Messrad angebracht.

Beim Linearplanimeter ist der Fahrarm statt mit dem Polarm mit einer Walze verbunden, die nur gerade Bewegungen zulässt. Die Bewegungsfreiheit ist somit unbegrenzt und deshalb für schmale, lang gestreckte Grundstücke besonders geeignet.

Bei beiden Geräten ist das Prinzip gleich. Man fährt den Rand der zu messenden Fläche mit dem integrierten Stift oder mit dem Fadenkreuz entlang. Diese Bewegung wird auf ein Messrad übertragen. Den Weg, den dieses Rad abrollt, zeigt ein Messwerk (Nonius) an. Das Vorzeichen der Messung wird dadurch bestimmt, ob der Rand im Uhrzeiger- oder Gegenuhrzeigersinn abgefahren wird.

Durch Verstellung der Fahrarmlänge kann ein Planimeter an verschiedene Maßeinheiten (Quadratzentimeter, square inch ...) oder an verschiedene Zeichnungsmaßstäbe angepasst werden.

Das Arbeiten mit dem Planimeter erfordert eine ruhige Hand. Das Umfahren einer Fläche sollte nicht entlang einer festen Führung (z. B. Lineal), sondern stets freihändig erfolgen, da sich Fehler meist ausgleichen. Wenn man Ungenauigkeiten vermeiden möchte, ist es ratsam, den Mittelwert aus mehreren Messungen zu verwenden.

Ablesen des Planimeters:

Der Umfang des Messrades ist in 100 Schritte geteilt. Da die Ablesung an einem Nonius erfolgt, kann der Weg des Rades auf ein Tausendstel des Radumfangs genau bestimmt werden. Über ein Schneckengetriebe werden an einem zweiten Rad bis zu zehn volle Umläufe des Messrads angezeigt. Insgesamt wird die Rollenumdrehung in einer vierstelligen Zahl, in Noniuseinheiten, ausgedrückt. Der abgelesene Zahlenwert muss nun noch mit einem Kalibrierfaktor k multipliziert werden, um den Inhalt der umfahrenen Fläche zu erhalten. Diesen Kalibrierfaktor k entnimmt man in Abhängigkeit von der eingestellten Länge des Fahrarms der zum Planimeter gehörenden Tabelle mit den Kalibrierungsdaten. Er beinhaltet z. B. auch den Umfang des Messrads. Die Genauigkeit liegt bei ca. 1 ‰, bei speziellen Geräten auch höher.

Digitale Flächenbestimmung

Digitale Planimeter

Neben den mechanischen Geräten gibt es moderne Planimeter mit eingebautem Rechner und einer digitalen Ablesemöglichkeit.

Digitalisieren mit einem Digitalisiertablett

Das Tablett gibt es bis zu einer A0-Größe. Es besteht aus einer Platte, die elektromagnetisch initialisiert wird. Auf diese Unterlage werden analoge Pläne aufgelegt. Durch das Abfahren der Grenzen oder durch Anklicken der einzelnen Messpunkte werden Koordinaten gebildet und an den PC weitergegeben. Mit entsprechender Software lässt sich der aufgelegte Plan digitalisieren und eine Flächenberechnung durchführen.

Scanner

Mit einem Flachbettscanner werden analoge Zeichnungen in Rasterdaten umgesetzt und als Pixelbild über den Bildschirm ausgegeben. Diese Rasterdaten beanspruchen wesentlich größeren Speicherplatz als Vektordaten. Mit entsprechenden Programmen lassen sich die übertragenen Pläne weiterbearbeiten. Durch Streckenvergleich lässt sich der Maßstab verändern. Die Flächenberechnung erfolgt durch „Nachzeichnen" von Punkten, Geraden oder Bögen mittels Mausklick, wobei die Konturen meist automatisch erkannt werden. Durch geschickte Punktsetzung werden Teilflächen erzeugt, deren Flächeninhalt über das CAD-Programm berechnet werden kann.

Wiederholungsfragen

1. Wie können Entfernungen gemessen werden?
2. Welche Hilfsmittel werden bei der Längenmessung verwendet?
3. Wie können Höhenunterschiede bestimmt werden?
4. Welche Messgeräte werden bei der Höhenmessung verwendet?
5. Wie kann ein rechter Winkel bestimmt werden?
6. Woraus besteht ein Nivelliergerät?
7. Wie verwendet man ein Nivelliergerät?
8. Was versteht man unter Fluchten?
9. Wie können vertikale Neigungen bestimmt werden?
10. Welche Möglichkeiten gibt es bei der Flächenbestimmung?

Maschinen und Geräte zur Gehölzpflege

Handgeräte	Motorgeräte	Rodung Aufarbeitung	Baumdiagnose	Steighilfen	Kronen-sicherung
Baumschere	Kettensäge	Keile	Impulshammer	Leiter	dynamische
Baumsäge	Hochentaster	Seilwinde	Zuwachsbohrer	Seil	statische
Teleskopsäge	Heckenschere	Stockfräse	Resistograf	Hubsteiger	
	Unterholz-schneider	Häcksler	Fraktometer		
		Schredder	Elastometer		
			Computer-tomograf		
			Inclinometer		

Schnittgeräte

Baumschere

Man unterscheidet zwischen zwei Systemen:

- die Bypassscheren, bei denen die Schneideklingen am Gegenpart vorbeigleiten, und
- die Ambossscheren, bei denen die Schneideklinge bei optimaler Einstellung mittig auf dem Gegenpart aufschlägt.

Viele Scheren besitzen eine Übersetzung, damit können stärkere Äste mit einem geringen Kraftaufwand geschnitten werden. Bei bloßen Handscheren sollte zudem darauf geachtet werden, dass eine ausreichend stabile Feder das Rückholen der Schere beim Schnitt auf Dauer gewährleistet.

Zwei-Hand-Astschere

Die meisten Astscheren haben Griffe mit einer Länge von ca. 60 cm. Einige Astscheren verfügen über einen Teleskopgriff, der ausgezogen wird und die Griffe bis auf zwei Meter verlängert. So können auch höher gelegene Äste ohne größere Anstrengungen erreicht werden. Durch die Hebelwirkung kann man erheblichen Druck auf die Klinge ausüben und so relativ große Aststärken durchtrennen.

Ein Qualitätskriterium bei Baumscheren ist, dass die Klingen einzeln verschraubt sind, damit sie bei Bedarf ausgetauscht werden können.

Baumsäge

Sie besitzt eine kleine Zahnteilung und einen langen bis sehr langen Stil. Sie schneidet nicht auf Druck (Schub), sondern auf Zug, wodurch das Wegdrücken von Ästen verhindert wird. Die einzelnen Modelle unterscheiden sich vor allem in ihrer Größe, Form und der Länge des Sägeblatts. Als weitere Variante gibt es auch klappbare Baumsägen, die dann platzsparend und sicher aufbewahrt werden können.

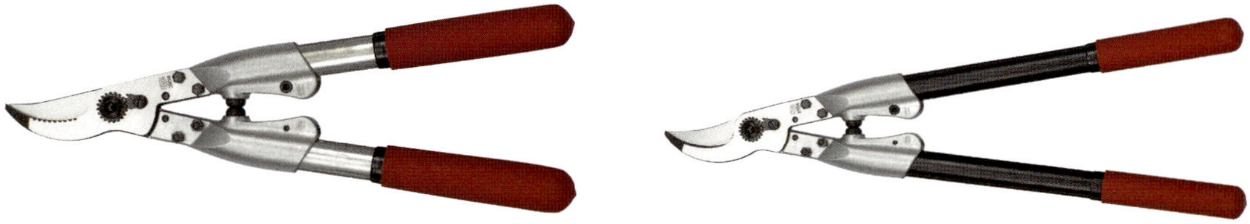

Astscheren

Teleskopschere

Astsäge

Teleskopschere, -säge (Stangensäge)

Diese Stangensäge ist für professionellen Einsatz mit ein oder zwei Verlängerungselementen auf etwa 3,60 m ausziehbar. Ein Gestänge aus Aluminium oder Glasfaser ist äußerst stabil und lässt sich in jeder gewünschten Länge arretieren. Am oberen Ende besteht die Möglichkeit, spezielle Sägen oder Baumscheren mit doppelter Arretierung anzubringen. Das ovale Gestänge hat außerdem die Eigenschaft, sich nicht durchzubiegen, wodurch man die Säge auch in großer Höhe gut steuern kann. Die Schere wird über einen Mechanismus und eine Leine vom anderen Ende der Stange bewegt.

elektrische Reb- und Baumschere mit Elektronik-Steuerung

Sonderformen bei Handgeräten

Eine deutliche Erleichterung bieten Pneumatik-Astscheren oder elektrobetriebene Schnittgeräte. Die sonst erforderliche Muskelkraft wird hier durch Druckluft oder durch einen Elektromotor ersetzt. Somit ist ein rationeller Arbeitsablauf bei Trimm- und Pflegeschnitten gewährleistet. Alle Pneumatik-Astscheren, Pressluft-Kettensägen und Druckluftschläuche sind mit Schnellkupplungen ausgerüstet, sodass ein rascher Wechsel der Pneumatik-Arbeitsgeräte erfolgen kann. Bei den Elektrogeräten wird eine hohe Mobilität durch Batteriebetrieb erreicht.

Motor-Kettensäge

Eine Kettensäge ist eine motorbetriebene Säge, deren schneidender Teil die Sägekette ist. Dabei werden in der Regel Zweitakt-Benzinmotoren oder auch Elektromotoren verwendet. Zum Anlassen des Benzinmotors ist ein Seilzugstarter vorhanden. Viertaktmotoren sind ungebräuchlich, da sie eine aufwendige lageunabhängige Schmierung benötigen würden, was bei Zweitaktmotoren durch die Gemischschmierung (Schmieröl bereits im Benzin enthalten) entfällt. Häufigste Bauart ist die handgeführte Kettensäge. In einem Gehäuse, an dem auch die beiden Griffe angebracht sind, befindet sich der Antriebsmotor. Der Motor betreibt eine Sägekette, die um eine Schiene mit Nut herumläuft. Um den Verschleiß der Schiene zu vermindern, muss die Kette ständig mit Öl geschmiert werden. Die Spannung der Kette ist einstellbar. Die Kette ist auf der Außenseite mit Sägezähnen bestückt. Die Kette muss je nach Beanspruchung früher oder später geschärft werden. Vor allem bei verschmutztem, vereistem Holz, beim Schneiden in Fremdkörper und in den Boden werden die Schneidezähne sehr schnell stumpf. Je nach Schnittleistung und -qualität unterscheidet man verschiedene Ketten.

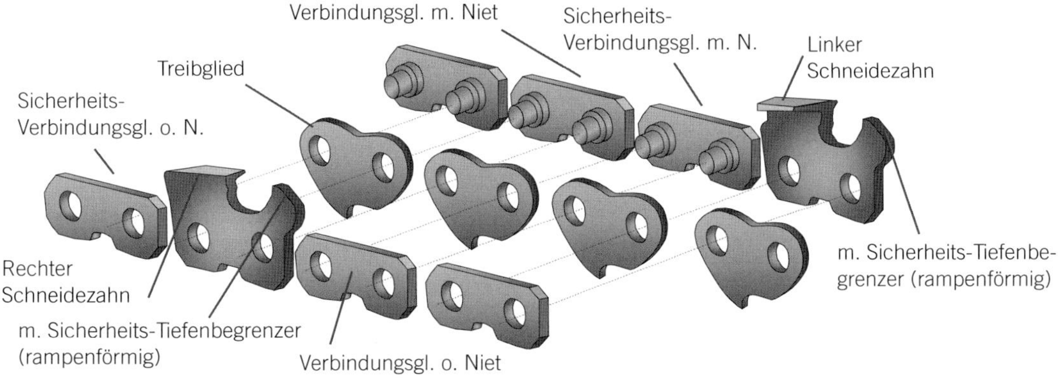

Kettensägeteile

Funktionen der einzelnen Glieder:

- Das Treibglied überträgt die Antriebskraft vom Ritzel auf die Kette und sorgt durch die Mitnehmer für eine Verteilung des Kettenhaftöls auf der Schiene.
- Das Verbindungsglied verbindet Treib- und Schneidglieder.
- Das Schneidglied ist für das Zerspanen des Holzes zuständig. Es ist auf der Unterseite glatt. Auf der Oberseite ist eine rechtwinklige Schneide mit vorlaufender Abstandsnase (Tiefenbegrenzer) ausgebildet. Das Zahndach hebt die Holzfaser an, die Zahnseite schneidet die Faser ab. Die Spandicke wird hierbei durch den vertikalen Abstand zwischen Tiefenbegrenzer und Schneidzahnoberkante bestimmt. Dieser Abstand sollte mit einer Flachfeile auf ein korrektes Maß von 0,025" = 0,64 mm abgefeilt werden. Feilt man den Tiefenbegrenzer zu tief ab, wird die Spanstärke größer, allerdings wird die Motorkettensäge kraftmäßig überfordert und die Gefahr eines Rückschlageffekts steigt.

  Bei den Zähnen unterscheidet man Halbmeißel und Vollmeißel. Halbmeißel mit abgerundeter Seitenkante finden sich vorzugsweise bei leistungsschwächeren Kettensägen, wohingegen Vollmeißel mit größerer Schnittbreite starken Sägen vorbehalten sind. Halbmeißel haben, bedingt durch den geringeren Materialabtrag, einen geringeren Rückschlageffekt. Die Formgebung des Schneidgliedes ist entscheidend für das Schnittverhalten.

Sägeketten werden in den unterschiedlichsten Variationen hergestellt. So ist beim Kauf einer Sägekette die Kettenteilung, -breite und -länge zu beachten, deren Maße unbedingt einzuhalten sind.

- Die Kettenteilung (in Zoll angegeben) ist der Abstand der Nietbolzen (in der Verbindungslasche) von Mitte zu Mitte gemessen. Zur Bestimmung der Teilung muss der Abstand von drei hintereinanderfolgenden Nieten gemessen werden, dann durch 2 teilen = Kettenteilung. Angeboten werden 1/4", 3/8" (oder 0,375"), 0,325" und 0,404".
- Das Maß der Kettenbreite entspricht der Stärke des Treibglieds = der Nutbreite in der Schiene. Angeboten werden 1,1 mm, 1,3 mm, 1,5 mm und 1,6 mm sowie 2,0 mm als 0,404". Im Bereich der Holzbearbeitungsmaschinen gibt es teilweise noch gröbere Teilungen als die 0,404".
- Die Kettenlänge wird teilweise in cm angegeben, aber auch die Anzahl der Treibglieder (z. B. 52 E für Endloskette oder 52 Tg für 52 Treibglieder) ist gebräuchlich. Eine vollständige Kaufangabe wäre demnach z. B. 3/8" – 1,3 – 52E.

Schärfen von Ketten:

- Sägekette mit dem Handschutz blockieren
- Die Feile im richtigen Winkel ansetzen.
- Die Feile greift nur im Vorwärtsstrich – danach die Feile abheben.
- Immer von innen nach außen feilen.
- 2–3 Feilenstriche sind oft ausreichend.
- Die Feile immer etwas drehen, damit diese nicht einseitig abnutzt.
- Zum Weiterziehen der Kette den Handschutz wieder zum Griff ziehen.

Wartungsarbeiten:

- Wartungs- und Instandsetzungsarbeiten dürfen nur so weit ausgeführt werden, wie sie in der Betriebsanleitung beschrieben sind.
- Den betriebssicheren Zustand der Motorsäge, insbesondere die Funktion der Kettenbremse, prüfen.
- Auf vorschriftsmäßig geschärfte und gespannte Sägekette achten.
- Korrekte Vergasereinstellung prüfen.
- Regelmäßig die Motorsäge reinigen, besonders den Luftfilter.
- Tankverschlüsse regelmäßig auf Dichtheit überprüfen.
- Kettenschmierung kontrollieren.
- Bei Austausch von Teilen nur Original-Ersatzteile, –Zubehör, –Schienen/Ketten verwenden.
- Einhand-Kettensäge: eine besondere Ausführung einer Kettensäge. Durch eine ausgewogene Gewichtsverteilung ist das leichte Gerät mit einer Hand zu bedienen. Allerdings wird dadurch die Verletzungsgefahr gesteigert.

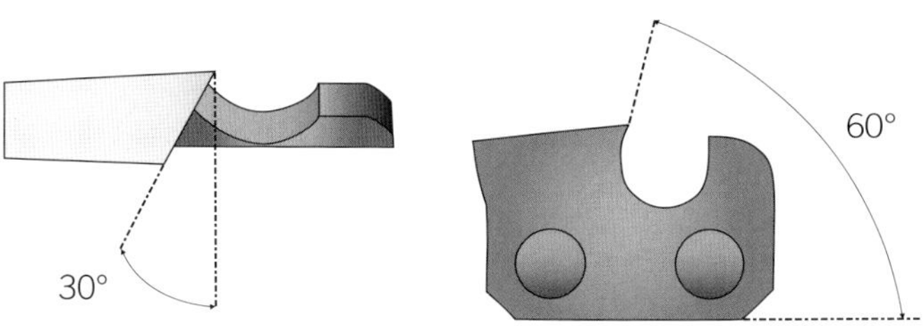

Hochentaster

Der Hochentaster Ist ein Kombinationswerkzeug aufgebaut auf mit Rundumgriff rückentragbare, teilbare Motorsensen. Gearbeitet wird vom sicheren Boden aus, sodass die Pflege beispielsweise von Obstbäumen einfacher wird. Der saubere korrekte Schnitt ist allerdings nicht immer möglich. Für die Pflege von hohen und breiten Hecken oder Bodendeckern kann statt der Kettensägen auch eine Motorheckenschere aufgebaut werden. Dabei ist es möglich, den Messerbalken im 135° umfassenden Arbeitsbereich stufenweise einzustellen.

Hochentaster

Heckenschere

Über einer fest stehenden Leiste ist ein beweglicher Balken befestigt. Sowohl an der Leiste als auch am Balken sind jeweils rechts und links eine Reihe fest stehender Messer gelagert. Der Abstand der Messer liegt bei 1,5–3,4 cm. Dies entspricht der Größe eines maximal zu schneidenden Astdurchmessers. Der bewegliche Balken bewegt sich so hin und her, dass die Messer dieses Balkens mit den feststehenden Messern der Leiste eine lange Reihe einzelner Scheren bilden. Je nach Motorleistung besteht das Schneidwerkzeug aus einem 40–70 cm langen Schwert.

Unterholzschneider

Als Zusatzwerkzeug bei Motorsensen. Dieser Dickichtschneider besteht aus Stahl. Er wird zum Auslichten und Beseitigen von zähem, verfilztem Gras, Gestrüpp und zum Zurückschneiden von Wildwuchs verwendet. Dieses Zubehör kann verschiedene Formen und Ausführungen haben, z. B. Dreizack, Sägeblatt, Sichelscheibe. Beim Arbeiten mit diesem Gerät ist besonderer Schutz notwendig.

Heckenschere

Sonstige Pflegegeräte

Fräser

Motorsägenanbaugerät für Fräsarbeiten, z. B. bei der Baumpflege, wo kranke und verletzte Baumteile schnell und sauber ausgefräst werden. Die Rundmesser auf der Doppelfrässcheibe schneiden nach allen Seiten. Der Antrieb von der Motorsäge zum Fräskopf erfolgt über Keilriemen.

Geräte zur Rodung und Aufarbeitung

Fällkeile

Aus Kunststoff (aus hochschlagfestem Polyamid), sind unempfindlich gegen Minustemperaturen. Fällkeile aus geschmiedetem Aluminium sind auch als Spaltkeil zu verwenden. Zur sicheren Verwendung können Fällkeile Führungsrillen, Schuppen oder Rillen aufweisen. Dadurch sind die Richtung und besser Sitz gewährleistet. Fällkeile sind deswegen nur aus Aluminium oder Kunststoff zu verwenden, damit die Motorsägenkette bei unbeabsichtigtem Kontakt nicht beschädigt wird.

Spaltkeile

Ähnlich der Fällkeile, können auch aus Stahl gefertigt sein. Sicherheits-Spaltkeile sind mit verdrehter Schneide und Kunststoffeinsatz an der Schlagfläche ausgestattet, damit eine Absplitterung der Metallteile verhindert wird.

Holzspalter

Sinnvollerweise sind Holzspaltgeräte mit hydraulischem Antrieb des Spaltwerkzeugs ausgestattet. Die Hydraulik ist entweder direkt am Schlepper angeschlossen oder wird mittels Zapfwelle, Elektromotor bzw. Verbrennungsmotor angetrieben. Spaltgeräte werden im Handel in unterschiedlichen Größen, Stärken und Ausführungen (liegend oder stehend) angeboten. Das richtige Gerät ist von dem jeweiligen Verwendungszweck und Verarbeitungsmaterial abhängig.

Holzspalter

Wurzelstockfräse

Seilwinde

Ist ein Stahlseil auf einer Seiltrommel, die mechanisch, elektrisch oder hydraulisch angetrieben wird. Das Seil kann unter Spannung selbstständig nebeneinander gleichmäßig aufrollen. Die ganze Zugkraft wird vom Seil auf die Trommel übertragen. Dabei muss man berücksichtigen, dass die Zugkraft mit der Anzahl der Lagen auf der Trommel abnimmt. So schwankt die Zugkraft je nach Seildurchmesser von 50 kN auf der innersten Lage bis 20 kN. Die Seilwinde wird für Sicherung und Fällhilfe bei Rodungen eingesetzt.

Wurzelstockfräse

Wird auch als Baumstockfräse oder Stumpenfräse bezeichnet. Nach Baumrodungen können Baumstümpfe zu gefährlichen Stolperfallen werden. Auch beim Rasenmähen bilden Baumstümpfe unliebsame Hindernisse. Die Wurzelstockfräse entfernt mit speziellen Fräsmessern den Baumstumpf bis zu einer Tiefe von 80 cm, sodass der Stumpf parallel zum Erdreich liegt. Die dabei anfallenden Späne können als Mulchmaterial verwendet werden. Es gibt unterschiedliche Ausführungen von Fräsen. Je nach Verwendungszweck kommen selbstfahrende Stockfräsen oder einfachere Handgeräte zum Einsatz.

Holzhäcksler

Es sind Geräte mit einer schnell rotierenden Messerscheibe und solche mit einer sich langsam drehenden Schneidewalze erhältlich. Während die Messerscheibe das Material in kleine Stücke hackt, wird es von der Schneidewalze – wesentlich geräuscharmer – gequetscht. Angetrieben werden die Werkzeuge mit Elektro- oder Verbrennungsmotoren bzw. mittels Zapfwelle. Je steiler der Materialzuführungskanal und je schräger er zur Schnitt- oder Reißebene angeordnet ist, desto besser ist der selbsttätige Einzug. Für einen zufriedenstellenden Betrieb darf die Eingabeöffnung nicht zu klein sein.

Schredder

Ein Schredder ist ein mechanisches Gerät zum Zerkleinern von Schnittabfällen bei der Gehölzpflege. Je nach Bauart zerkleinert ein durch einen verhältnismäßig starken Elektro- oder Verbrennungsmotor angetriebenes Mahlwerk Stämme, Äste und Zweige. Das Mahlwerk besteht zumeist aus Walzen, auf denen versetzt angebrachte Schlageisen durch das aufgebaute Getriebe rotieren. Wird ein Objekt in den Schredder gegeben, wird dieses durch Zerreiben, Zermahlen, Zerreißen oder

Holzhäcksler

Schredder

Zerschneiden in kleine Bestandteile aufgelöst. Der Materialeinzug erfolgt entweder durch die rotierenden Werkzeuge oder durch eigene Einzugswalzen. Je dicker das zu verarbeitende Material ist, umso stärkere Motorleistung ist gefordert. Besonders große Geräte sind auf ein- oder zweiachsigen Fahrzeugen aufgebaut.

Baumdiagnosegeräte

Besonders im urbanen Bereich sind Bäume in zunehmendem Maße durch die besonderen Umwelteinflüsse gefährdet. Daher ist es die Aufgabe des Gärtners, alle Mittel anzuwenden, um einen gesunden Baumbestand zu erhalten. Die Sach- und Funktionswerte der Bäume rechtfertigen in den meisten Fällen auch die erhöhten Kosten einer besonderen Baumpflege. Oft genügt es nicht, den Problembaum einfach nur mit geübtem Kennerblick zu betrachten, sondern es sind weitreichende Untersuchungen notwendig.

Die Standsicherheitsuntersuchung:

Zur Bestimmung der Standsicherung gehört in erster Linie die Beurteilung über den Zustand des Baums, der Bodenverhältnisse, der Klima- und Witterungseinflüsse. Mit den daraus gewonnenen Daten kann eine statische Berechnung oder mit gewisser Erfahrung eine mehr oder weniger große Standfestigkeit angenommen werden.

Impulshammer

Dies ist ein Gummihammer mit Stahlkern, mit dem auffällige Stellen am Stamm durch ein verletzungsfreies Abklopfen geprüft werden. Dabei soll ein Eindruck gewonnen werden, wie es hinter Borke und Rinde aussehen könnte. Dumpfe Schlaggeräusche lassen auf Faulstellen schließen.

Schall-Luftmessungen

Am Baumstamm werden bis zu 20 Sensoren angebracht. Ein mittels Impulshammer erzeugter Schall wird messtechnisch erfasst. Ist der Zustand des Holzes in Ordnung, läuft die Schallübertragung rascher; bestehen Schäden, sinkt die Schallgeschwindigkeit. So erhält man eine Schalltomografie. Mit den ermittelten Daten kann der Holzzustand mittels Software räumlich dargestellt werden. Bei Höhlungen und bereits eingefaulten Astungswunden, Astabbrüchen oder Kappstellen ist es zudem auch ratsam, mittels einer Stange die Tiefe und Schwere der Ausfaulung auszuloten. Astungswunden sind vom Boden schlecht einsehbar und wirken oft noch unversehrt. In Wirklichkeit hat sich aber nicht selten bereits eine ausgeprägte

Impulshammer

Zuwachsbohrer

Fäulnis dahinter ausgebildet. Da diese Wunden meistens in den oberen Regionen des Baumes vorzufinden sind, ist der Einsatz von Leiter, Hubsteiger oder die Anwendung von Seilklettertechnik notwendig.

Zuwachsbohrer

Der Zuwachsbohrer ist ein Hohlbohrer mit etwa 5 mm Durchmesser. Damit wird der Zustand im Stamminneren untersucht. Allerdings ist sein Einsatz in der Baumdiagnostik fachlich sehr umstritten, da es durch die Bohrung zu einer Baumverletzung kommt. Dadurch entsteht eine erhöhte Gefahr für Pilzinfektionen. Zwar lassen sich aus der Jahrringanalyse rückblickend Aussagen zum bisherigen Wachstumsverlauf treffen, jedoch keine statischen Schlussfolgerungen ableiten.

Resistograf

Hierbei handelt es sich um ein Bohrgerät. Der Bohrer selbst besteht aus einer Stahlfeder mit einem Durchmesser von 2 mm. Die Bohrung wird auf einem Kontrollstreifen parallel aufgezeichnet. Die Ausschläge zeigen den Bohrwiderstand an und geben somit bei der Auswertung ein genaues Bild über die noch vorhandene Restwandstärke. In der Regel sind mehrere Bohrungen pro Baum nötig, um ein aussagekräftigeres Ergebnis zu erhalten.

Ein ähnliches Verfahren erfolgt beim Einsatz eines Teredo-Bohrgeräts. Der wesentliche Unterschied besteht im Durchmesser der Bohrnadel – er liegt nur bei ca. 1,2 mm – und der sehr hohen Umdrehungsgeschwindigkeit. Dabei kommt es zu Verkohlungen des Bohrkanals und zu einem geringen Pilzbefall.

Fraktometer

Das Fraktometer ist ein handliches, feldtaugliches Prüfgerät für Holz. Als Prüfkörper werden Bohrkerne von 5 mm Durchmesser verwendet, die mit einem Zuwachsbohrer aus dem Holz gezogen werden. Durch kontrolliertes Brechen der Holzbohrkerne mittels des Fraktometers wird angezeigt, bei welcher Krafteinleitung und in welchem Biegewinkel ein Bohrkern bricht. Diese Werte werden anhand von baumartspezifischen Werten in Tabellen umgelegt.

Elastometer

Dabei wird verletzungsfrei eine Belastung wie z. B. bei Sturm nachempfunden. Wobei es gleichgültig ist, ob in die Richtung gezogen wird, wo die schwächste Stelle des Baums ist, oder in die entgegengesetzte. Die Faserdehnung auf der Zugseite ent-

Resistograf

Fraktometer

spricht der Faserstauchung auf der Druckseite; der Lastabtrag ist auf beiden Seiten gleich hoch. Der Elastometer misst nun die Dehnung der äußersten Stammfasern im 1/1 000-mm-Bereich. Durch entsprechende Umrechnungen im Verhältnis zur eingebrachten Last kann ermittelt werden, ob der Baum im Orkan bruchsicher ist.

Computertomograf

Bei dieser Untersuchungsmethode wird ein radioaktiver Strahl durch den Holzkörper des Baums geschickt. Durch eine eingebaute Aufnahmeeinrichtung werden Angaben über die vorhandene Dichte des Holzes aufgezeichnet. Die einzelnen Schichten und ihre Stärken können grafisch dargestellt werden. Aufgrund von behördlichen Auflagen ist diese Methode nur eingeschränkt durchführbar.

Inklinometer

Das Verfahren gleicht dem der Elastometermessung. Am Stammfuß wird zusätzlich ein Messgerät angebracht, das die Neigung des Baums ermittelt. Die Neigungswerte werden ins Verhältnis zu der eingebrachten Kraft gesetzt und geben Aufschluss über das Verhalten des Baums bei einem Lasteintrag.

Kronensicherungen

Eine Kronensicherung wird durch Verseilung oder Verschraubung im Kronenbereich angebracht. Dabei werden mittels Gurten, Seilen oder Schraubstangen Bruchstellen oder überlastete Äste dauerhaft verbunden und abgesichert. Gleichgültig, welche Kronensicherung eingebaut wird, muss eine regelmäßige Kontrolle vorgesehen werden.

Durch den Einbau von Kronensicherungen können gefährdete Bäume, Baumkronen bzw. deren Teile vor stärkeren Schnittmaßnahmen oft bewahrt oder Fällungen vermieden werden. Die Systeme lassen sich individuell an die jeweiligen Erfordernisse in Bezug auf die Haltekraft, das Baumwachstum, Schwingungen usw. anpassen. Die Baumbewegung darf beim Einbau von Kronensicherungen nicht eingeschränkt werden. Erst bei extremen Schwingungen muss das System in die Bewegung des Baums eingreifen.

Man unterscheidet:

- Die dynamische Kronensicherung: Dabei werden einzelne Äste der Baumkrone durch elastische Seile bzw. Gurte miteinander verbunden, um ein Ausreißen zu verhindern.

- Die statische Kronensicherung wird angewendet, um bereits erkennbare Gefahren einzudämmen. Die Schadstelle wird dauerhaft gesichert.

Steighilfen

Leitern

Es gibt Leitern aus Holz, Stahl, Aluminium sowie Kunststoff. „Tragbare Leitern“ sind im Allgemeinen Leitern, die von einem oder mehreren Menschen getragen werden können. Dadurch können diese Leitern schnell an verschiedenen Orten eingesetzt werden.

Stehleiter

Schiebeleiter

Anlegeleiter

Mehrzweckleiter

Stehleiter

Eine Stehleiter ist eine Leiter aus zwei über Gelenke miteinander verbundenen Teilen. Um ein unbeabsichtigtes Einklappen zu verhindern, sind beide Teile mit einer Kette oder einem Bügel verbunden.

Schiebleiter

Dies ist eine Anstellleiter aus drei beweglich verbundenen Leiterteilen, die mit einem Zugseil auseinandergezogen werden kann. Sie hat zusammengeschoben eine Transportlänge von z. B. 5,60 m, komplett ausgezogen eine Einsatzlänge von 14 m.

Eine Schiebleiter mit 5,60 m aus Holz wiegt 100 kg, die Ausführung aus Aluminium ist mit 75 kg deutlich leichter.

Die Anlegeleiter ist nach der Stehleiter die verbreitetste Leiter im gewerblichen und privaten Bereich. Sie besteht aus zwei Holmen und dazwischenbefindlichen Sprossen. Sie ist in den verschiedensten Längen und Materialausführungen erhältlich. Neben einteiligen Anlegeleitern gibt es auch mehrteilige Anlegeleitern, bei denen man die Leiterteile gegeneinander verschieben kann, um größere Höhen zu erreichen.

Mehrzweckleiter

Diese Leiter kann als frei stehende Doppelstehleiter, zwei- bis dreiteilige Schiebeleiter oder Arbeitsbühne verwendet werden. Zudem ist sie auch als Doppelstehleiter mit aufgesetztem Aufsteckteil nutzbar.

Seilklettertechnik, seilunterstützte Baumklettertechnik (SKT)

Diese Arbeitstechnik wird in der Forstwirtschaft und Baumpflege eingesetzt. Dabei kann der ganze Baum von innen bis zum Feinastbereich der äußersten Krone geschnitten werden. Die Methode umfasst Kletter- und Riggingtechniken, fachgerechten Einsatz der Motorsäge am Baum, spezielle Holzbergetechniken sowie Maßnahmen der Sicherheit des Kletterers und ermöglicht beispielsweise ein „Begehen der Äste“. Der Kletterer kann somit die gesamte Krone des Baums erreichen. Nur abgestorbene und extrem bruchgefährdete Bäume oder Äste sowie Kronenbereiche in der Nähe von Hochspannungsleitungen sind mit der SKT nicht zugänglich.

Persönliche Schutzausrüstung (PSA) in der Baumpflege

- Schnittsichere Arbeitskleidung, bestehend aus Schnittschutzjacke und Schnittschutzhose
- Helm mit Gesichtsschutz (Visier) sowie Gehörschutz
- Sprechverbindung zu den Helfern am Boden (Interkom oder Walkie-Talkie)
- Klettergurt mit Sicherungsseil; bei Motorsägeverwendung mit Stahlseilsicherung
- Handschuhe und Kletterschuhe mit Stahlkappen
- Steigeisen

Eine vollständige und gute Kletterausrüstung, die regelmäßig auf Verschleiß kontrolliert werden muss, ist unerlässlich für die Sicherheit des Baumsteigers.

Kletterausrüstung: Schnittschutzkleidung, Helm mit Gesichtsschutz, Klettergurt, Sicherungen, Seile

Hebebühne

Hubsteigertechnik

Eine Hubarbeitsbühne (Arbeitsbühne, Hebebühne, Hubsteiger, Steiger) ist ein Gerät mit einer Arbeitsbühne, das über einen hydraulischen und elektromechanischen Antrieb verfügt. Die Arbeitsplattform ist mit einem Ein- bzw. Ausstieg ausgestattet. In der Baumpflege werden vorwiegend Gelenkarmbühnen eingesetzt. Die Belastbarkeit ist unterschiedlich und richtet sich nach der Hubkonstruktion. Alle Arbeitsbühnen besitzen einen Hub- bzw. Auslegerendausschalter. Damit wird ein Kippen durch Überlastung weitgehend verhindert. Für eine großräumige Mobilität sind Arbeitsbühnen auf Lkws aufgebaut. Für unwegsames Gelände stehen auch Bühnen mit Schreitunterbau oder montiert auf Raupenfahrwerk zur Verfügung.

Die Arbeitshöhen liegen bei 12–45 m.

Von entscheidender Bedeutung für die Leistungsfähigkeit der Arbeitsbühne ist das Auslegersystem, das aus Unterarmteleskopausleger, teleskopartigem Oberarm und beweglichem Korbarm bestehen kann. Je beweglicher das Auslegersystem der Bühne, desto problemloser können schwer zugängliche Einsatzorte in Bäumen erreicht werden.

Wiederholungsfragen

1. Welche Handwerkzeuge werden in der Baumpflege eingesetzt?
2. Welche motorbetriebenen Werkzeuge werden in der Baumpflege eingesetzt?
3. Aus welchen Teilen besteht eine Motorsägenkette?
4. Was muss beim Schärfen einer Kettensäge berücksichtigt werden?
5. Welche Pflegemaßnahmen sind an der Motorsäge durchzuführen?
6. Mit welchen Geräten kann man die Standfestigung von Bäumen feststellen?
7. Welche Steighilfen werden beim Arbeiten am Baum verwendet?
8. Woraus besteht die PSA (Persönliche Schutzausrüstung) bei der Baumpflege?
9. Welche Hilfsmittel werden bei der Baumrodung eingesetzt?
10. Welche technischen Geräte werden in der Baumdiagnose eingesetzt?
11. Welche Systeme werden bei der Kronensicherung verwendet?
12. Welche Geräte und Maschinen stehen zur Aufarbeitung des Schnittmaterials bei Baumrodung und Baumpflege zur Verfügung?

Maschinen zum Wege- und Mauerbau

Je nach Ausbildung von Wegeflächen oder Mauern (Wänden) werden verschiedene Maschinen verwendet. Beim Aufbau von Frostschutzschichte oder Tragschichte werden Bagger, Lader usw. eingesetzt (siehe Kapitel Bodenbearbeitungsgeräte und -maschinen).

Bodenverdichtung	Betonmischer	Steinbearbeitung	Verlegegeräte
Walzen	Zwangsmischer	Meißeln	Manuelle Geräte
Stampfer	Fallmischer	Handwerkzeuge	Hydraulische Geräte
Rüttler		Steinsägen	Pneumatische Geräte
		Trennschleifer	
		Steinspalter	

Maschinen und Geräte zur Bodenverdichtung

Sie dienen zur Befestigung von Oberflächen und Aufbauten. Das Ziel der Bodenverdichtung ist, die mit Luft und Wasser gefüllten Porenräume eines Bodens zu verringern oder ganz zu schließen. Durch die Erhöhung der Dichte wird die Tragfähigkeit des Erdreichs verbessert und spätere Verformungen und Setzungen werden verhindert. Je nach Flächengröße werden verschiedene Geräte ausgewählt. Zur Erhöhung des Dichtegrads werden starke Aufbauten schichtenweise verdichtet.

Statisch wirkende Geräte

Diese Geräte bewirken allein durch ihr Gewicht eine Verdichtung des Untergrunds.

Glattradwalze

Schaffußwalze

Glattradwalzen

Walzen sind sowohl mit Walzenbandagen als auch mit einer Luftbereifung ausgestattet. Als Bandage bezeichnet man den Mantel des Walzenkörpers. Beide Teile können entweder starr oder mittels einer Knicklenkung verbunden sein. Die Fahrerkabine ist auf der Mitte der Maschine aufgebaut. Von dort hat der Baumaschinenführer eine gute Sicht auf die Maschine. Um ein Ankleben lehmiger Böden an der Bandage zu verhindern, ist ein Abstreifer montiert. Am hinteren Ende des Walzenzugs befindet sich ein zusätzliches Gewicht, um die Verdichtungsleistung zu erhöhen. Der Antrieb erfolgt üblicherweise hydrostatisch mit einem Dieselmotor. Das Betriebsgewicht liegt je nach Bauart zwischen 4,5 und 18 t, die Leistung liegt zwischen 22 und 158 kW.

Schaffußwalzen

Diese Walzen bestehen aus einem schweren Walzkörper aus Stahlblech mit aufgeschweißten kubischen oder zylindrischen Körpern. Sie wirken knetend und dienen zur Verdichtung von bindigem Bodenmaterial. Sie eignen sich dagegen nicht zur Verdichtung von felsigen Böden.

Gummiradwalze

Gummiradwalzen

Einzeln stehende Gummiräder verdichten den Untergrund mithilfe der Walk- und Knetwirkung. Der Maschinenführer kann den Luftdruck während des Einsatzes verändern und an die jeweiligen Erfordernisse anpassen. Als Bauart gibt es Walzen mit starrem Rahmen oder mit einer Knicklenkung. Sie besitzen ein Betriebsgewicht von bis zu 14 t, was einer Einzelradlast von rund 1,8 t entspricht. Zur Verbesserung der Verdichtungsleistung kann die Gummiradwalze mit zusätzlichem Ballast (Wasser) versehen werden. Sie werden in der Asphaltverdichtung eingesetzt, sind aber auch für den Erdbau geeignet. Bei Splittbelägen oder nicht bindigen Böden sollte auf einen Einsatz von Gummiradwalzen verzichtet werden.

Grabenwalzen

Hierbei handelt es sich um kleine Vibrationswalzen, die entweder handgesteuert oder mit Fernbedienung gelenkt werden. Die Fernsteuerung hat den Vorteil, dass sich der Maschinenführer im Fall eines Grabeneinbruchs außerhalb des Gefahrenbereichs aufhält. Aufgrund ihrer Größe und ihrer Wendigkeit werden sie überwiegend zur Verdichtung von Gräben im Kanal- und Leitungsbau eingesetzt.

Tandemribrationswalze

Dynamisch wirkende Geräte

Diese Geräte werden zur Verdichtung durch Rütteln oder Stampfen genützt.

Vibrationswalze und Tandemvibrationswalze

Sie sind auch unter dem Begriff Doppelvibrationswalzen zu finden. Diese Maschinen besitzen zwei Walzenkörper zur Verdichtung von Straßenbelägen. Kleinere handgeführte Geräte eignen sich auch für Verdichtungsaufgaben im Erdbau. Die Walzenkörper haben innen eine Vibrations- oder Oszillationseinheit, die bessere Verdichtungsergebnisse ermöglicht. Damit ist neben ihrer Flächenpressung auch eine dynamische Verdichtung möglich. Bei größeren Ausführungen ist das Fahrerhaus wie beim Walzenzug mittig angeordnet, der Rahmen kann entweder starr oder mit Knicklenkung ausgestattet sein.

Rüttelplatte/Vibrationsplatte

Eine Rüttelplatte (auch Vibrationsplatte) ist ein motorgetriebenes Verdichtungsgerät für mittelgroße Flächen. Als Antrieb für das rechte Rütteln dienen bei schweren Geräten Dieselmotoren, bei kleineren kommen Benzinmotoren zum Einsatz. Es gibt sowohl selbstständig vorwärtslaufende als auch reversierende (vor- und rückwärtslaufende) Maschinen. Rüttelplatten werden in der Regel handgeführt. Für das Anlegen von wassergebundenen Decken sind manche Geräte mit einem Wassertank ausgestattet. Während des Abrüttelns wird Wasser über die Oberfläche verteilt. Dadurch erhält der Bodenbelag seine kompakte Struktur. Gleichzeitig wird auch damit die Staubentwicklung gemindert. Für empfindliche Bodenbeläge kann unter der Vibrationsplatte eine Gummimatte montiert werden.

Rüttelstampfer, Vibrationsstampfer

Rüttelplatte

Rüttelstampfer

Ein Vibrationsstampfer wird für die Verdichtung von Künettenfüllungen oder kleinen Flächen eingesetzt. Die rotierende Bewegung seines Verbrennungs- oder Elektromotors wird in eine Auf- und Abwärtsbewegung umgewandelt, die auf eine am unteren Ende des Geräts angebrachte Platte übertragen wird, wobei das Gerät 2–8 cm vom Boden abhebt. Die Leistung liegt etwa bei 3 PS.

Betonrüttler

Betonrüttler

Man unterscheidet zwischen Druckluft oder elektrisch betriebenen Rüttlern, die Vibrationen erzeugen, um frischen Beton zu verdichten. Betonrüttler werden eingesetzt, um die beim Mischen und Schütten des Betons entstandenen Lufteinschlüsse zu beseitigen. Der Verdichtungsprozess ist besonders wichtig, da so die Stabilität beispielsweise von Fundamenten erhöht wird. Das geschieht mit sondenartigen Geräten, die in den frischen Beton gesteckt werden und dort Schwingungen auslösen; dadurch gelangen Überschusswasser und Lufteinschlüsse an die Oberfläche. Der „entlüftete" Beton kann sich dadurch besser mit den Bewehrungsstäben verbinden. Betonrüttler gibt es als Stand- und als tragbare Maschinen. Angetrieben werden sie mit Elektro- oder Benzinmotor. Innenrüttler sind ausgestattet mit Rüttelflaschen zu 31, 38, 50, 58, 65, 80 mm Durchmesser für 42 V/200 Hz und für 250 V/200 Hz.

Mischmaschine zur Betonherstellung

Man unterscheidet zwischen Freifallmischer (Kipptrommelmischer) und Zwangsmischer mit fest stehendem Mischbehälter und rotierenden Schaufeln. Die Mindestmischzeit beträgt 1 Minute.

Betonarten

Nach dem Ort der Herstellung:

- Baustellenbeton ist Beton, der in einem eigenen Werk direkt auf der Baustelle hergestellt wird.
- Transportbeton oder Fertigbeton ist Beton, der in stationären Betonmischanlagen zentral hergestellt und dann mit Betonmischfahrzeugen auf den Baustellen angeliefert wird.
- Als Ortbeton bezeichnet man Beton, der vor Ort auf der Baustelle verarbeitet wird und dort, meist in einer Schalung, abbindet. Ortbeton wird entweder als Transportbeton auf die Baustelle geliefert oder dort als Baustellenbeton hergestellt. Nach dem Einfüllen in die Schalungen muss der Ortbeton verdichtet werden.

Nach Art der Bewehrung:

- Unbewehrter Beton
- Stahlbeton ist ein Beton, der durch Stahleinlagen verstärkt wird.
- Spannbeton mit vorgespannten Stahleinlagen

Nach Art der Zuschlagstoffe:

- Splittbeton enthält Splitt einer Körnung von 2/8, 8/16 und 16/22 sowie Zement und Wasser. Nach dem Abbinden ergibt sich ein zusammenhängendes Hohlraumsystem, durch das Wasser abfließen kann. Dadurch besteht geringere Frostgefahr im Winter. Splittbeton wird im Straßen- und Wegebau sowie beim Setzen von Randsteinen etc. angewendet.
- Magerbeton ist ein erdfeuchtes Kies-Zement-Gemisch im Verhältnis 8 : 1. Den Namen hat er durch den nur geringen Zementanteil im Beton. Man verwendet Magerbeton hauptsächlich für Füllungen, die druckfest sein müssen, für Sauberkeitsschichten, zum Ausgleichen von Unebenheiten.
- Kiesbeton: Dabei bewegen sich die Durchmesser der Körner bei Feinstsand von 0 mm–25 mm bis hin zu 32 mm–63 mm bei Grobkies.

Nach dem Erhärtungszustand:

- Frischbeton, solange er noch verarbeitet werden kann.
- Festbeton. Beton, sobald er erhärtet ist.

Ausbreitmaßklassen

Klasse	Ausbreitmaß [mm]	Konsistenzbereich	Abkürzung
F1	≤ 340	Steif	KS
F2	350–410	Plastisch	KP
F3	420–480	Weich	KR
F4	490–550	Sehr weich	–
F5	560–620	Fließfähig	KF
F6	≥ 630	Sehr fließfähig	–

Zwangsmischer oder Rotormischer Charakteristisch sind seine kurzen Mischzeiten und hohen Stundenleistungen bei einer guten Homogenität des Mischguts. Zwangsmischer sind für Qualitätsbeton, mit Zuschlagstoffen bis 63 mm Korngröße, einsetzbar. Die Mischbehälter sind für 150–1 000 l/1 700 kg Aufgabegut ausgelegt. Das Mischwerk besteht aus ein oder zwei Mischerarmwellen mit bis zu sechs Mischerarmen/Abstreifern. Der Mischerantrieb ist mit bis zu 30-kW-Motoren aus-

Zwangsmischer

Fallmischer

gestattet. Alternativ kann der Antrieb über die Traktorzapfwelle erfolgen. Für den harten Baustelleneinsatz sind Aufsattel-Betonmischer geeignet.

Fallmischer

Diese Mischmachine besteht aus einer rotierenden Mischtrommel bis zu 400 l Inhalt, in der Schaufeln eingebaut sind. Der Antrieb erfolgt über einen 500- bis 3 000-W-Motor über einen Stahlzahnkranz und über einstellbares Gussritzel. Ein großes Handrad dient zum leichten Schwenken der Trommel. Die Befüllung und Entleerung ist von beiden Seiten möglich. Die Wiederanlaufsperre verhindert ein unbeabsichtigtes Anlaufen nach der Stromunterbrechung. Kleinere Geräte sind mit einem transportgünstigen Klappgestell ausgestattet. Größere Betonmischer sind auf einem gefederten Straßenfahrwerk, einer Zugdeichsel mit Lkw-Öse oder Kugelkopf für Pkw aufgebaut.

Werkzeuge und Maschinen zur Steinbearbeitung

Meißelarten

Der Meißel ist ein Handwerkzeug, das bei der Metall- und Steinbearbeitung verwendet wird. Hierbei handelt es sich um ein Werkzeug aus Stahl, das eine gehärtete keilartige Schneide sowie eine nicht gehärtete Schlagfläche aufweist. Ein Spitzmeißel besteht aus Werkzeugstahl mit gehärteter Spitze. Er dient bei der Steinbearbeitung in erster Linie zum Abarbeiten der Steinoberfläche. Das Sprengeisen, auch Sprenger oder Setzer genannt, wird in verschiedenen Ausführungen mit Schneidenbreiten von 30–70 mm hergestellt. Der Schneidenwinkel beträgt abhängig vom Einsatzzweck 80–90°. Das Sprengeisen wird zur gezielten Herstellung von Kanten am Werkstück verwendet. So wird überschüssiges Material ausschließlich im Randbereich abgearbeitet. Als Zahneisen bezeichnet man einen Flachmeißel mit gezahnter Schneide mit einer unterschiedlichen Anzahl von Spitzen. Er dient zum Abarbeiten der Bosse im Kantenbereich und wird bei Profilarbeiten verwendet. Als Flachmeisel werden Meisel mit flachem, rechteckigem Querschnitt und breiter, klingenartiger Schneide bezeichnet. Für alle allgemeinen und groben Stemmarbeiten an Mauerwerk und Beton werden Flachmeißel benutzt.

Flach- und Spitzmeißel

Meißeln mit Pressluft oder Elektromotor

Pressluftmeißelhämmer werden für leichte Schlag-, Spitz- und Stockarbeiten eingesetzt. Die Schlagzahl wird bis 5 000/min. ausgeführt, Luftverbrauch: 250 l/min., Arbeitsdruck: bis 6,0 bar, Schallabgabe: <108 db. Die Meißelhämmer sind für alle gängigen Meißel (wie oben beschrieben) mit entsprechender Aufnahme geeignet. Elektromeißelhämmer: In Verwendung sind Bohrmaschinen mit Hammerfunktion in verschiedenen Gewichtsklassen und Leistungsbereichen.

Druckluftmeißel

Hammerarten: Fäustel, Bossierhammer, Stockhammer

Weitere Handwerkzeuge

Fäustel: Stabiler, quaderförmiger Hammer, entweder mit ergonomischem Holzstiel aus extra schlagzähem Eschenholz oder mit Kunststoffgriff. Gewicht: 800–2 000 g.

Setzhammer: Dieser Hammer ist eine spezielle Form eines Vorschlaghammers und besitzt auf einer Seite eine scharfe Schneide aus gehärtetem Werkzeugstahl mit Eschenholzstiel. Er wird zum Abschlagen großer oder unerwünschter Steinüberstände benutzt.

Bossierhammer: Für eine Art der Oberflächenbearbeitung des Steins, die zu einer rustikalen Oberflächenrauigkeit führt.

Stockhammer, auch Kronenhammer genannt, ist ein hammerähnliches Handwerkzeug zum Einebnen oder Aufrauen, dem sogenannten Stocken, von gespitzten Steinflächen bei härteren Steinen.

Pflasterhammer mit einem stumpfen und einem verlängerten quer stehenden Ende, mit dem der Pflasterstein gesetzt werden kann.

Steinsäge

Steinkreissägen werden für das Sägen von Steinwerkstoffen wie z. B. Beton- oder Granitplatten verwendet. Es handelt sich dabei um Maschinen, die mittels Elektromotoren kreisrunde Sägeblätter antreiben. Der Sägeblattdurchmesser kann von etwa 20 cm bis ca. 500 cm reichen. Die Sägeblätter haben einen Stahlkern, auf den sogenannte diamantbesetzte Segmente aufgelötet sind. Das wassergekühlte Sägeblatt schneidet durch den sogenannten Vorschub (horizontale Führung) oder durch Absenkung des Schwenkarms die Steinplatten oder Steinblöcke. Die Wasserversorgung erfolgt durch einen Schlauchanschluss oder Wassertank. Das Sägegut kann auch mit geeigneten Sägeblätter trocken geschnitten werden, je nach Härtegrad des Werkstoffs. Steinsägen werden als Tischgeräte oder für den Mobilbetrieb angeboten und finden vielfach auch als Fliesenschneider Verwendung. Der Staub wird über einen Staubsaugeradapter abgesaugt.

Steinsäge

Winkelschleifer

Winkelschleifer, Trennschleifer

Dies ist eine Handmaschine mit schnell rotierender runder Schleifscheibe, die über ein Winkelgetriebe angetrieben wird. Das Werkzeug rotiert mit bis zu 13 300 U/min., das entspricht 80 m/sek.

Von der Antriebsseite her gibt es diese Trennschleifer mit Elektromotor als auch mit Verbrennungsmotor. Problemloser, stärker und netzunabhängig arbeiten die Trennschleifer mit Zweitakt-Verbrennungsmotoren. Der technische Aufbau von motorbetriebenen Trennschleifern ist dem von Motorsägen vergleichbar. Da Trennschleifer oft im Trockenschnitt eingesetzt werden, finden motorschonende Spezialluftfilter Verwendung. Bei der Arbeit mit einem Trennschleifer ist deshalb auch immer der Luftfilter auf Sauberkeit zu kontrollieren.

Als Schnittwerkzeug dienen Scheiben mit Durchmessern von 115, 125, 150, 180, 230 und 300 mm. Trennschleifer mit Benzinmotor arbeiten mit Scheiben von 300–400 mm Durchmesser. Um ein Bersten der Scheiben zu vermeiden, sind diese durch Gewebeeinlagen verstärkt und besitzen hohe Belastbarkeit dank einer besonders elastischen Kunstharzbindung. Diese Flexibilität ermöglicht ein manuelles, freihändiges Trennschleifen von Metall, Stein und anderen Werkstoffen, ohne dass die Schleifscheibe im Falle einer leichten Verkantung zerbricht. Der Scheibendurchmesser entscheidet über die maximale Schnitttiefe. Bedingt durch die runde Form der Scheibe lässt sich auch nicht alles bis zum Ende trennen. Hier muss manchmal mit Hammer und Meißel nachgearbeitet werden.

Eine Zeit lang waren Diamantscheiben so teuer, dass sie nur für Spezialeinsätze verwendet wurden. Mit fortschreitender Fertigungstechnik und dem Einsatz von Industriediamanten fanden die Scheiben aber langsam Eingang in breitere Nutzerkreise. Die Diamantscheiben werden fast ausschließlich zum Trennen eingesetzt. Für Stahl und Metalle sind Diamantscheiben noch nicht einsetzbar. Hier dominieren faserverstärkte Trenn- oder Schrubbscheiben.

Die Einsatzgebiete aller Trennschleifer lassen sich in zwei Bereiche unterteilen: Trennen und Schrubben. Schrubbscheiben sind für diese Arbeiten deutlich dicker. Zum Schneiden und Trennen von Beton, Natursteinblöcken aller Art, Ziegeln oder auch Asphalt werden dagegen möglichst dünne Scheiben benötigt. Daher dürfen die dünnen Trennscheiben nicht für Schrubbarbeiten eingesetzt werden! Für saubere Schnitte werden statt Kunstharzscheiben Diamantscheiben verwendet.

Um einer übermäßigen Staubentwicklung entgegenzuwirken, wird häufiger der Nassschneider verwendet. Bei beiden Antriebsarten sind die Geräte mit Wasseranschlüssen ausgestattet. Wasser ist vor allem für die Einhaltung der Grenzwerte für Feinstaubemissionen nötig. Für alle anderen Arbeiten kann auch ein Trockenschneider eingesetzt werden.

Sicherheitsmaßnahmen beim Einsatz von Trennschleifern

Bei der Verwendung eines Trennschleifers sind hohe Sicherheitskriterien zu erfüllen. Der für die Sicherheit des Benützers wichtigste Teil an einem Trennschleifer ist die Abdeckung der Scheibe: Sie schützt vor herumfliegenden Teilen sowohl den Bediener als auch in der Nähe stehende Personen. Deshalb ist auch eine richtige Sicherheitskleidung unabdingbar: Dazu gehören feste Arbeitsschuhe, lange Hosen, lange Hemden, Handschuhe sowie richtiger Augen-, Gehör und Gesichtsschutz.

Steinspaltgerät

Wenn eine Kante nicht speziell bearbeitet werden muss, können Blöcke schnell und einfach gespalten werden. Es handelt sich hier um Bearbeitungsgeräte für alle gängigen Pflastersteingrößen.

- Max. Druckkraft: bis 10 t
- Schnittbreite: bis 500 mm
- Max. Schnitthöhe: 120 mm

Mechanischer Steinspalter

- Starre Messerbalken
- Austauschbare Messerleiste
- Besonders für Betonsteine geeignet
- Hoher Krafteinsatz notwendig
- Leicht zu transportieren

Steinspalter

Hydraulischer Steinspalter

- Beweglich gelagerte Messerbalken aus gehärtetem Spezialstahl
- Alle Funktionen einfach ausführbar: Spalten und Rückstellen mit einem Griff
- Hohe Druckkraft bei geringstem Körpereinsatz durch speziell entwickelte Hydraulik; alle Komponenten und Verschleißteile auswechselbar
- Robuste, standfeste Konstruktion

Plattenheber

Mit dieser Verlegehilfe können Platten besser gefasst und getragen werden. Man verwendet sie zum Transportieren, Verlegen und Auswechseln von Gehwegplatten. Greifbereich von 30–50 cm.

Bordsteinzange

Sie eignet sich zum Setzen von Bordsteinen, Randsteinen, Rinnensteinen, auch für Natursteinbordsteine. Öffnungsweite 0–430 mm, Eintauchtiefe 200 mm, Backenlänge 150 mm, Tragfähigkeit 150 kg, Eigengewicht 4 kg.

Pflasterverlegemaschine

Verlegemaschinen

Verlegemaschinen eignen sich für gleichmäßige Pflaster und werden primär für Großprojekte wie Parkplatzflächen, Fußgängerzonen usw. eingesetzt. Die maschinelle Pflasterverlegung spart nicht nur Zeit und Geld, sie hilft zugleich schwere körperliche Arbeit zu vermeiden. Auch die Hersteller von Betonpflastersteinen haben ihre Produkte auf die maschinelle Verlegung abgestimmt. Durch die besondere Form sind die Abstände zwischen den Steinen vorgegeben. Die Bettung, das Splittbett, muss allerdings gleichmäßig verlaufen. Starke und in kurzen Abständen verlaufende Höhenunterschiede sind unzulässig.

Aufsattelbare hydraulische Verlegezangen

Für kleinere Flächen verwendet man hydraulische Verlegezangen, die auf Kompaktradlader, Minibagger oder Gabelstapler angebaut werden können. Große Geräte fallen wegen der starken Bodenpressung aus. Auch Raupenfahrzeuge sind nur dann geeignet, wenn diese nur geradeaus fahren.

Pneumatische Verlegegeräte

Für schwerelose, exakte und wirtschaftliche Verlegung von Betonplatten, Natursteinplatten, Waschbetonplatten, Großpflaster, Tankstellenplatten bis zu 200 kg. Damit ist eine leichte Verlegung über ein Luftsteuerventil möglich. Geräuscharme Vakuumerzeugung wird mit E-Motor, alternativ mit Benzinmotor gewährleistet. Das exakte Positionieren der Platten mittels leichtgängigem Schwenkkran erleichtert die Arbeit. Ein erneutes Anheben bereits verlegter Platten ist problemlos möglich. Die Verlegeleistung liegt bei 300 m^2 pro Tag.

Selbstfahrende Verlegegeräte

Die Pflasterverlegemaschine ist ein Mehrzweckgerät, das allerdings in erster Linie zur Verlegung aller derzeit gängigen Betonpflastersteinformate eingesetzt wird. Eine wendige Verlegemaschine garantiert durch präzise Lenkung ein schonendes Fahren auf frisch verlegtem Pflaster – das Fugenbild bleibt unbeschädigt. Die enorme Beweglichkeit ermöglicht auch den Einsatz auf engen Baustellen. Dies ist durch eine 360°-Rundumsicht und uneingeschränkte Sicht zur Verlegekante möglich. Weiterhin muss eine hohe Standsicherheit, optimale Gewichtsverteilung und extreme Wendigkeit gewährleistet sein. Durch die leichte Bedienung wird ein hohes Arbeitstempo erreicht, das auf Großbaustellen eine Verlegeleistung von über 1 000 m^2 pro Tag ermöglicht.

Wiederholungsfragen

1. Welche Bodenverdichtungsgeräte werden im Wegebau eingesetzt?
2. Welche Walzenarten werden im Wegebau eingesetzt?
3. Wo werden vorwiegend Stampfer verwendet?
4. Wie wird Beton hergestellt?
5. Wo liegt der Unterschied zwischen Zwangsmischer und Fallmischer?
6. Welche Möglichkeiten bestehen bei der Steinbearbeitung?
7. Wie können Steine geteilt werden?
8. Welche Hilfsmittel werden bei der Steinverlegung verwendet?
9. Wie arbeiten pneumatische Verlegegeräte?
10. Wie arbeiten hydraulische Verlegegeräte?

Maschinen und Geräte für den Teichbau

Pumpen	Filter	Skimmer	Belüfter	Fügetechnik
Tauchpumpen	Durchlauffilter			Quelltechnik
Saugpumpen	Druckfilter			Warmgasschweißen
	Trommelfilter			Hochfrequenz-technik
	Kammerfilter			

Pumpen

Auslegung und Auswahl der richtigen Teichpumpe

- Wichtigstes Kriterium zur Pumpenauslegung ist der Umwälzzyklus, d. h. wie oft man den Teichinhalt in einer Zeiteinheit durch den Filter schickt. Die Umwälzung wird pro Stunde angegeben. Daraus errechnet sich die nötige Pumpleistung.
- Ein anderer wichtiger Parameter ist die Förderhöhe einer Pumpe; diese wird von der Wasseroberfläche gemessen, auch wenn die Pumpe tiefer liegt.
- Die Förderleistung ist abhängig von der Förderhöhe und von den Längen bzw. Leitungsquerschnitten. Man sollte lieber etwas größer dimensionieren und mit einem Ventil nach unten regeln.
- Teichpumpen für den Schwimmteich: Es sind nur 12-Volt-Pumpen erlaubt. Beim Schwimmteich ist die Umwälzrate sehr stark von der Bepflanzung und dem eigenen Anspruch an das Wasser abhängig.

Wir unterscheiden zwischen verschiedenen Teichkategorien:
1 = 0-mal, es gibt keine Umwälzung durch eine Pumpe
5 = Umwälzung über 3-mal pro Tag
Bei einem Teich mit 5 000 l Inhalt und einer gewünschten Umwälzrate von 1-mal in 2 Stunden ergibt sich eine nötige Pumpleistung von 5 000 l/2 h = 2 500 l /h.

Beim Einsatz einer Teichpumpe sollte man neben den Leistungswerten auf Langlebigkeit und Energieverbrauch achten. In den meisten Fällen wird die Teichpumpe rund um die Uhr und das ganze Jahr laufen. Dies gilt besonders beim Einsatz von Biofiltern.

Tauchpumpe

Tauchpumpen

Tauchpumpen sind für den Unterwassereinsatz konzipiert und sind daher wasserdicht. Es dürfen keine Eingriffe an der Pumpe vorgenommen werden.

Bei getaucht aufzustellenden Teichpumpen (Nassläufer) sind die stromführenden Elemente wasserdicht. Der Wartungsaufwand bei modernen Teichpumpen ist relativ gering. Das äußere Pumpengehäuse muss in regelmäßigen Abständen kontrolliert werden. Dabei sollten auch die elektrischen Leitungen auf Risse überprüft werden. Wird die Teichpumpe über Winter aus dem Teich genommen, sollte sie mit Wasser gefüllt bzw. in Wasser gelagert werden, damit Kalkablagerung vermieden wird und die Dichtungen nicht austrocknen.

In einem Schwimmteich sind Tauchpumpen aus Sicherheitsgründen verboten. Sie können jedoch 2,5 m vom Teich entfernt in einem Pumpenschacht verwendet werden, sofern vom Hersteller der Einsatz hierfür ausdrücklich gestattet ist.

Saugpumpen

Eine Saugpumpe erzeugt einen Unterdruck und saugt damit das Wasser hoch. Der Unterdruck kann maximal bis 0 bar verringert werden. Die Pumpe kann maximal eine Druckdifferenz von 1 bar erzeugen, was einer Wassersäule von etwa 10 m entspricht. Ein weiteres Problem ist, dass das Wasser (und alle anderen Flüssigkeiten) anfängt zu sieden, wenn man den Druck stark absenkt. Wasser beginnt (abhängig von der Temperatur) spätestens bei 0,1 mbar (bzw. bei 0,9 bar) zu sieden. Somit ist die theoretische Saughöhe auf 9 m begrenzt. Es kommen noch technische Verluste der Pumpe und auch noch Verluste durch verschiedene Widerstände hinzu, sodass man maximal von 8 m Saughöhe bei selbstsaugenden Pumpen und bei normal saugenden Pumpen bis zu 6 m Saughöhe ausgehen sollte.

Schutz vor Stromunfällen im Umgang mit Pumpen

Alle Pumpen mit Elektroanschluss müssen vom Fachmann installiert werden. Sie müssen überprüft und mit einem anerkannten Prüfzeichen versehen sein. Beim Betrieb der Pumpe muss ein sogenannter FI-Schalter (Fehlerstromschutzschalter) mit einem Nennfehlerstrom von 30 mA vorgeschaltet sein.

Überwintern von Pumpen

1. Pumpe aus dem Wasser herausnehmen, frostfrei und nass einlagern.
2. Pumpe im Wasser lassen. Fontänenaufsätze und Schläuche demontieren. Auch bei Frost die Pumpe durchlaufen lassen.
3. Pumpe unverändert im Wasser lassen – keine Gefahr, wenn sich die Pumpe im frostfreien Bereich befindet (z. B. in mindestens 80 cm Tiefe).

Filter

Je nach Bauweise wird ein Filter entweder als Trocken- oder als Nassfilter konzipiert. Seine Aufgabe ist es, die biologische Wasseraufbereitung mittels Nutzung von Mikroorganismen und anderen biologischen Abläufen zu erledigen. Auf die Zugabe von Chlor bzw. ähnlichen Chemikalien wird gänzlich verzichtet. Filterkörper werden mit unterschiedlichsten Materialien wie z.B. Kiesen, Zeolithen, Kalksteinen, Schaumstoffen oder Tonen in verschiedenen Schichtstärken, Kornstärken und Durchströmgeschwindigkeiten gebaut und betrieben. Die Lage des Filters kann sowohl direkt im Schwimmteich oder Naturpool oder auch getrennt von der eigentlichen Anlage eingebunden werden. Eine wichtige Komponente für die zuverlässige Funktion eines Filters ist dabei eine entsprechende Wassertemperatur. Filter können zusätzlich mit Wasserpflanzen bestückt werden, die durch Nährstoffentnahme ebenfalls zur Wasserreinigung und Qualitätsverbesserung beitragen. Filter befördern nicht nur Schmutz und Fischkot aus dem Wasser. Sie sorgen auch für den Abtransport anderer organischer Bestandteile, die im eng besiedelten Lebensraum Wasser zu erhöhten Nitritwerten führen.

Durchlauffilter

Funktionsweise und Aufbau von Durchlauffilter-Systemen

Diese Filter werden bei mittelgroßen bis großen Teichen oder Koiteichen eingebaut. Sie stehen oberhalb des Wasserspiegels am Teichrand oder oberhalb eines Bachlaufs. Das Teichwasser – entweder vom Teichgrund oder bei Einsatz eines zusätzlichen Oberflächenabsaugers von der Wasseroberfläche – wird im Durchfluss durch vorgehaltenen mechanischen Filter (Siebe, Schwämme) gereinigt und fließt ohne Druck zurück in den Teich. Diese Filter müssen ständig gereinigt werden.

Druckfilter

Sie sind so gebaut, dass sie einen höheren Druck aushalten können. Durch die höhere Belastbarkeit kann der Druckfilter auch an einen Wasserfall oder Bachlauf angeschlossen werden. Das Wasser wird zum höher liegenden Wasserfall gepumpt und läuft über diesen wieder in den Teich zurück. Der Druckfilter kann im Erdreich eingegraben sein, um das gepflegte Gesamtbild der Teichanlage nicht zu stören, oder über dem Wasserspiegel neben dem Teich aufgestellt werden. Die Größe des Druckfilters richtet sich nach der Größe des Teichs. Die Filtermedien und die UV-Lampe müssen einmal jährlich gewartet bzw. getauscht werden, um die einwandfreie Funktion zu gewährleisten. UV-Filter haben eine desinfizierende Wirkung. Sie töten allerdings auch förderliche Mikroorganismen ab und sind aus biologischer Sicht bedenklich.

Funktionsweise von Druckfiltersystemen

Trommelfilter

Diese Filter werden oft als Vorfilter in großen Teichanlagen eingesetzt, mit mehr als 100 m^3/h. Bei einem Trommelfilter ist der Filter in einem Gehäuse drehbar eingebaut. Das Schmutzwasser wird direkt über die Filtertrommel geleitet. Dabei bleiben Schmutzpartikel, die größer als die Maschenweite des Siebs sind, in der Trommel. Durch den Schmutz, der sich an der Filtertrommel anlagert, wird der Durchfluss behindert. Wenn das Sieb verschmutzt ist und die Sensoren den Spülvorgang starten, wird die Filtertrommel in Drehung versetzt und der Schmutz mittels eines Wasserstrahls ausgewaschen. Durch diesen automatisierten Spülvorgang sind Trommelfilter wartungsarm.

Mehrkammerfilter

Diese Methode setzt die Erkenntnisse moderner Forschung in praktische und variable Filtersysteme um. Zur Stabilisierung bzw. Herstellung des biologischen Gleichgewichts eines Gartenteichs müssen die Filtersysteme möglichst umfassend alle biochemischen Prozesse, die zu gesundem Teichwasser führen, unterstützen. Herkömmliche Filtersysteme bewirken gewöhnlich nur mechanische Filtration.

Mehrkammersysteme bestehen aus:

1. Vorklärgerät mit Magnet und UV-C: Das Wasser wird an einem Permanentmagneten vorbeigeführt, wodurch Kalkkristalle umgewandelt werden. Dadurch wird eine übermäßige Verkalkung verhindert. Durch das UV-C-Licht (dem kurzwelligsten Bereich des UV-Lichts) verklumpen Grünalgen und Krankheitsträger werden dezimiert. Das UV-C-Licht wirkt oxidierend, keimtötend und hinterlässt keine toxischen Stoffe im Wasser.
2. Belüftung: Durch starke Wirbelbildungen im Einlass wird das Teichwasser mit der nötigen Luft und dem darin enthaltenen Sauerstoff angereichert, was für die biologische Effektivität wichtig ist.
3. Grober Filter: Grobe Schmutzpartikel werden zurückgehalten. Durch die Anreicherung mit Sauerstoff bilden sich schnell Bakterien, die das schädliche Ammoniak in Nitrit umwandeln.

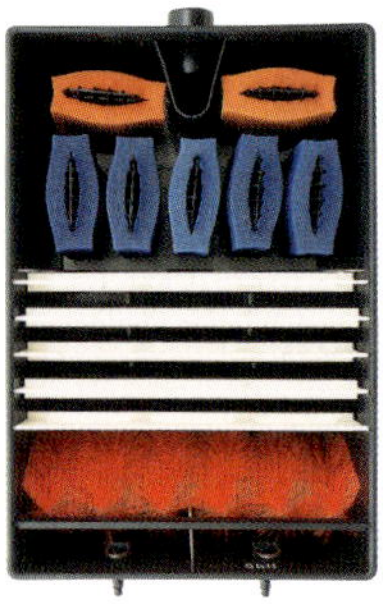

Kammerfilter, z. B. OASE

4. Biomatte mit sehr großer Oberfläche: gut geeignet, um den Schadstoffabbau gleichzeitig aerob und anaerob zu betreiben. Schädliches Nitrit wird zu Nitrat abgebaut.
5. Feinfilter: Mechanische Feinfilterung und eine biologische Filterung durch aerobe (sauerstoffarme) Bedingungen erlauben den Bakterien den Abbau von Nitrat. Das Endprodukt Stickstoff kann von Pflanzen aufgenommen oder gasförmig an die Luft abgegeben werden.
6. Denitrifikationszone: Durch sauerstoffarmes Wasser wandeln Mikroorganismen überschüssiges Nitrat in freien und ungefährlichen Stickstoff um.
7. Biotec-Plus-Zone: ein System zur Aufnahme von unterschiedlichsten Materialien zur Verstärkung und Unterstützung der Filtereigenschaften wie Phosphateliminierung, Filterstarter oder anderen biologisch wirkenden Zusätzen.

Mikroorganismen wie NSB- und NBB-Bakterien vermehren sich ab +10 °C. Zu warmes Wasser neigt zu verstärktem Algenwachstum und damit zur Sauerstoffeliminierung im Teich.

Wartung der Filter sollte immer nach der Betriebsanleitung geschehen. Sind jährliche Intervalle vorgeschrieben, so ist der beste Zeitpunkt im Herbst nach Ende der Garten- und Badesaison.

Teichbelüftung

Eine Teichbelüftung besteht aus einer Luftpumpe (es sind Membranpumpen oder Kolbenpumpen üblich) und einem Ausströmer. Der Ausströmer soll die Luftblasen möglichst fein ins Teichwasser ausströmen lassen. Das verbessert den Übergang des Gasgemisches ins Wasser. Da die Teichbelüftung Luft in den Teich drückt, wird nicht nur Sauerstoff im Wasser gelöst, sondern auch alle anderen Gase. So wird mit der Belüftung auch immer der CO_2-Gehalt des Wassers steigen. Dies wiederum verändert den ph-Wert des Wassers. Der pH-Wert im biologischen Wasser sollte zwischen 8,0 und 8,7 liegen. Wasser kann je nach Temperatur unterschiedlich viel Sauerstoff lösen. Man spricht vom Sättigungspunkt. Je wärmer das Wasser ist, desto weniger Sauerstoff kann im Wasser gelöst werden. Oft kann man lesen, dass man im Sommer Luft in den Teich pumpen muss. Das ist so nicht richtig. Wenn der Sättigungspunkt erreicht ist, kann man nicht mehr Sauerstoff ins Wasser bringen. Und gerade im Sommer, wenn die Pflanzen auf dem Höhepunkt ihrer Sauerstoffproduktion sind, macht es keinen Sinn, zusätzlich mit einer Belüfterpumpe Luft einzublasen. Wichtig ist eine Teichbelüftung, wenn man im Filterkreislauf viele Nährstoffe abbauen muss.

Skimmer

Dieses Gerät ist an die Teichpumpe angeschlossen und saugt laufend die Oberfläche des Teichs ab. Staub, Blätter, Öl oder sonstige Verschmutzungen führen dazu, dass das Teichwasser mit zu vielen Nährstoffen von außen angereichert und somit veralgt und trübe wird. Die eingetragenen Teile bleiben im eingebauten Siebkorb des Skimmers hängen. Das Sieb ist herausnehmbar und kann leicht entleert werden. In größer angelegten Gewässern wird eine entsprechend größere Anzahl von Absaugstellen eingebaut, die immer gegenüber der Hauptwindrichtung platziert sind. Tägliches Reinigen ist unbedingt notwendig. Leider können sich Skimmer auch als Tierfallen erweisen. Gängige Bauweise: Im Teichrand eingebaut oder als Schwimm-Skimmer.

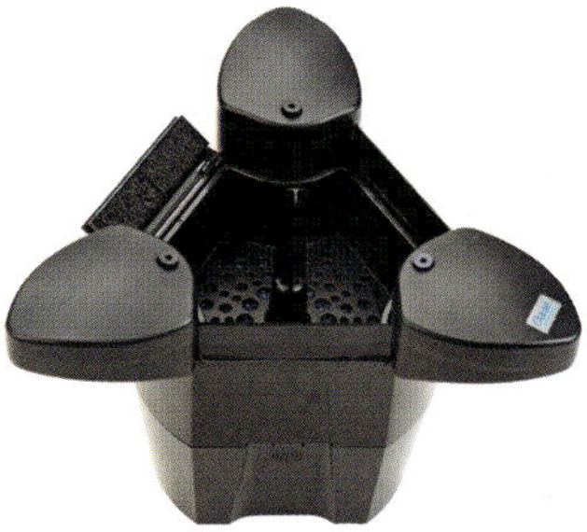

Beispiel für einen Schwimm-Skimmer

Fügetechnik

Darunter versteht man das Verbinden oder Verschweißen von Teichfolien.

Wir unterscheiden zwischen:

- Quellschweißen
- Heißluftschweißen
- Hochfrequenzschweißen

Diese Verfahren sind für die Baustellenanwendung geeignet.

Verwendbare Folien im Teichbau und in der Dachbegrünung:

- PVC-Teichfolien sind sehr weich und flexibel, gutes Preis-Leistungs-Verhältnis, einfache Verlegung und Verarbeitung. PVC-Teichfolien werden mit Quellschweißmittel, Folienkleber oder Heißluft verarbeitet. PVC-Teichfolien werden in verschiedenen Farben angeboten.
- PE-Teichfolien haben höhere UV-Beständigkeit und sind etwas leichter. Spätere Reparaturen können mittels Heißluft ausgeführt werden.
- Kautschukfolien (EPDM-Teichfolie) bieten höhere UV- und Ozon-Stabilität, sind flexibler und weicher, haben höhere Dehnfähigkeit als PVC und PE Folien, weisen eine lange Lebensdauer auf und gelten als umweltfreundlich. Spätere Verarbeitung/Reparaturen sind unter Anwendung von Heißluftschweißgeräten oder Klebetechnik möglich.

Quellschweißen

Darunter versteht man das Verbinden zweier Folienbahnen durch Lösungsmittel.

Dabei sind die sauberen und trockenen Verbindungsflächen von etwa 3–5 cm mit Quellschweißmittel einzustreichen und unter Druck zu verbinden. Das Quellschweißmittel wird mit einem leimlosen Flachpinsel in Längsrichtung aufgebracht. Die obere und untere Bahn müssen gleichzeitig behandelt werden und sollen nach Abtrocknung des Klebers gleich zusammengepresst werden. Quellschweißen ist auf offenen Baustellen eine zuverlässige und einfache Verbindungsmethode. In geschlossenen Räumen ist die Verwendung von Quellschweißmitteln bedingt erlaubt. Bei Temperaturen unter +5 °C ist beim Verlegen das Vorwärmen des Schweißbereichs mit einem Heißluftgerät erforderlich. Sollten nach der Quellverschweißung die Nahtkanten leicht abstehen, so sollten diese mit einem Handschweißgerät (siehe Warmgasschweißen) nachgearbeitet werden.

Vorbehandlung und Verkleben von Folien

Maschinelles Warmgasschweißen – Heißluftschweißen

Warmgasschweißen (Heißluftschweißen) wird dann angewendet, wenn das Quellschweißen nicht möglich ist, z. B. in Räumen, die nicht ausreichend für Quellschweißungen be- und entlüftet werden können. Die Verschweißungszonen müssen frei von Verunreinigungen sein. Falten und Quetschungen im Nahtbereich der Bahn sowie Kreuzstöße sind zu vermeiden. Beide Folienflächen werden durch gleichmäßiges Erhitzen in den plastischen Zustand überführt. Dabei werden Schweißautomaten und Handschweißgeräte verwendet, die mit einstellbaren Temperaturreglern ausgerüstet sind. Unmittelbar nach Erreichen des plastischen Zustands werden die Folienbahnen übereinandergelegt und festgedrückt. Die Schweißgeschwindigkeit variiert in Abhängigkeit von der Umgebungstemperatur, der Heißlufttemperatur und der Folienstärke.

Ausführung der Warmgasschweißung – Handschweißung:

Die Schweißdüse des Schweißgeräts soll mit einer Flachdüse ausgestattet sein und eine Breite von 4 cm haben. Die notwendige Schweißtemperatur muss vorher an einem Folienmuster beidseitig ermittelt werden. Die Herstellung der Nahtverbindung erfolgt in zwei Schritten. Zunächst wird die hintere Nahtkante mit ca. 1–2 cm vorgeklebt. Beim anschließenden zweiten Arbeitsgang kann keine Heißluft unter der überdeckenden Bahn entweichen. Die Schweißdüse des Handschweißgeräts wird so in die Überlappung eingelegt, dass beide Nahtflächen gleichmäßig erwärmt werden. Die erwärmten Flächen werden mit einer Andrückrolle fest aufeinandergepresst. Die richtige Schweißtemperatur ist dann erreicht, wenn beim Andrücken bei der Naht eine dünne Raupe austritt und der Rand der Dichtungsbahn sich nicht verfärbt.

Handschweißgerät

Schweißautomat

Warmgasschweißung mit Schweißautomaten

Die Verbindung der Folien erfolgt mit automatischen Geräten. Die erreichte Lufttemperatur liegt bei ca. 500 °C. Neuartige Geräte verfügen über einen automatischen Regler, der Temperaturschwankungen durch Spannungsschwankungen ausgleicht. Dies kann z. B. durch den Einsatz von Stromaggregaten auftreten. Die Fahrgeschwindigkeit und die Heißlufttemperatur müssen regelbar sein. Schweißtemperatur und Schweißgeschwindigkeit müssen so aufeinander abgestimmt werden, dass im Nahtbereich weder Fehlstellen noch Materialverformungen auftreten. Die Schweißnaht erreicht eine Breite von >4 cm. Für eine einwandfreie Geräteeinstellung ist vor Beginn der Schweißarbeiten eine Probeschweißung durchzuführen.

Hochfrequenzschweißen

Diese Methode wird bei Folienvorfertigung durchgeführt. An der Schweißstelle wird das Material durch Zuführen von Wärme aufgeschmolzen. Das wird durch eine hochfrequente mechanische Schwingung erreicht. Das Hauptmerkmal dieses Verfahrens ist, dass die zum Schweißen notwendige Wärme zwischen den Folien durch Molekular- und Grenzflächenreibung entsteht.

Prüfungen der Nahtverbindungen

Die Überprüfung der Nähte kann durch Sichtkontrolle bzw. nach Erkalten der Naht mit einer Prüfnadel erfolgen.

Arbeitsschutz beim Folienschweißen

Bei Arbeiten mit Quellschweißmitteln und PVC-Lösungen sind Unfallverhütungsvorschriften zu beachten.

- Rauchen und offenes Feuer sind verboten.
- Bei Arbeiten in geschlossenen Räumen muss für eine den behördlichen Vorschriften entsprechende Be- und Entlüftung gesorgt sein.
- Bei Übelkeit sofort an die frische Luft begeben.
- Kontakt der vorgenannten Produkte mit Haut und Augen sind zu vermeiden.

- Reißnadelprüfung
- Anblasprüfung
- Optische Prüfung
- Vakuumprüfung

Fehlstellen sind zu markieren und mit einem Warmgas-Handschweißgerät auszubessern. Beim Schweißautomaten wird die Schweißraupe an der Nahtkante durch Betrachten auf Lücken beobachtet. Fehlstellen sind zu überprüfen und auszubessern.

Absichern der Naht- und Stoßkanten

Geschweißte Nähte können mit PVC-Lösung abgesichert werden. Durch das Absichern wird eine optimale Fügetechnik erreicht.

Wiederholungsfragen

1. Durch welche Pumpen kann eine Wasserbewegung durchgeführt werden?
2. Wie werden Filtersysteme im Teichbau eingesetzt?
3. Wie funktioniert ein Kammerfilter?
4. Was ist ein Skimmer?
5. Welche Wirkung hat ein Belüfter?
6. Welche Fügetechniken werden bei Teichfolien durchgeführt?
7. Wie werden EPTM-Folien verschweißt?
8. Wie werden PE-Folien verschweißt?
9. Wie werden PVC-Folien verschweißt?
10. Welche Sicherheitsmaßnahmen sind bei Schweißarbeiten an Folien einzuhalten?

15 Sonstige Maschinen und Geräte im Gartenbau

Maschinen und Geräte zur Holzbearbeitung

Handwerkzeuge

Bohrer	Sägen	Sonstige
Holzbohrer	Fuchsschwanz	Stemmeisen
Zentrumsbohrer	Bogensäge	
Lochsäge	Gestängesäge	

Maschinen

Sägen	Hobel	Fräsen	Schleifmaschinen
Tischkreissäge	Handhobel	Tischfräse	Rotationsschleifer
Wippkreissäge	Elektrohobel	Oberfräse	Schwingschleifer
Handkreissäge			Bandschleifer
Kapp-, Gehrungssäge			
Bandsäge			
Stichsäge			
Elektr. Fuchsschwanz			

Güteklassen und Dimensionen von Schnittholz

Schnittholz wird in den Güteklassen 0, I, II, gute III, grobe IV gehandelt. Für jede Holzart gibt es genaue Klassifizierungen. Bei Nadelholz gibt es spezielle Sortierungen wie reine oder halb reine Ware, Tischlerware, sägefallende Ware und Bauware.

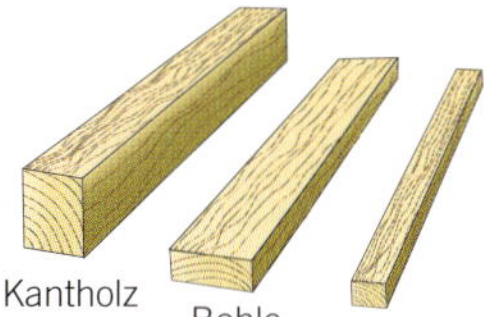

Dimensionen bei Schnittholz

Art	Dicke	Breite
Balken	200 mm	
Kantholz	≥ 60 mm	≤ 3 · Dicke
Bohle	> 40 mm	≥ 2 · Dicke
Brett	8–40 mm	

Art	Dicke	Breite
Diele	30–50 mm	80 mm
Latte	≤ 40 mm	< 80 mm
Leiste	3 < 16 mm	< 80 mm

Bohrer

Holzspiralbohrer

Diese Bohrer sind für nahezu alle Weich- und Harthölzer geeignet. Außerdem zum Bohren von Spanplatten, Hartfaserplatten und zum Dübellochbohren. Durch die nadelscharfe Zentrierspitze kann punktgenau angesetzt werden, und durch den messerartig geschliffenen Vorschneider werden die Holzfasern exakt durchtrennt. Die geschliffenen Spannuten und Rücken sorgen für präzise Bohrungen und besten Spanabfluss.

Aufsteckversenker

Schraubenköpfe können in einem Arbeitsgang gebohrt werden. Sie werden mit Holzspiralbohrern verwendet. Der Senkwinkel beträgt 90°, er ist auch als Tiefenanschlag verwendbar.

Zentrumsbohrer

Zum Bohren von zylinderförmigen Löchern in Weich- und Harthölzern, Spanplatten und Hartfaserplatten für Maschinen und Bohrwinden. Es gibt auch verstellbare Maschinenzentrumsbohrer. Mit Dreikantspitze, Zylinderschaft 8 mm und 10 mm. Für alle elektrischen Bohrmaschinen. Bohrdurchmesser 15–45 mm einstellbar.

Lochsäge

Eine Lochsäge ist eine in Verbindung mit einer Bohrmaschine genutzte Säge. Sie ermöglicht großkalibrige, passgenaue Bohrungen in Holz, Dämmstoff und Gipskartonplatten. Dabei wird nur wenig Material abgetragen.

Sägen

Die Säge oder ein Sägeblatt besteht aus einer geraden oder einer runden dünnen Stahlplatte, die am Rand mit meißelartigen Zähnen versehen ist. Die Sägezähne dringen in den Festkörper ein und durch Wegnahme dünner Späne (Sägespäne) wird eine schmale Nut eingearbeitet und eine Trennfuge entsteht. Für die Wirkweise eines Sägevorgangs sind zum einen der Winkel zwischen der Zahnbrust und der Zahnspitzenlinie und die Größe der Zähne (Zahnhöhe) entscheidend. Bei kleinem Schnittwinkel (maximal 90°) greift das Sägeblatt nur noch beim Vorwärtsstoßen an,

Holzspiralbohrer

Lochsäge-Satz für unterschiedliche Durchmesser

die Säge arbeitet „auf Stoß". Beim Zurückziehen gleiten die Sägezähne über das Werkstück, ohne dass ein nennenswerter Materialabtrag erfolgt. Steigt der Schnittwinkel über 90°, erfolgt ein Materialabtrag in beiden Bewegungsrichtungen, wobei ein größerer Schnittwinkel in der Regel auch einen größeren Materialabtrag ergibt. Spitze Sägezähne, bei denen beide Zahnrücken eines Zahns einen Schnittwinkel von jeweils mehr als 90° aufweisen, arbeiten somit auf „Stoß und Zug".

Um ein Festklemmen des Sägeblatts im Werkstoff zu verhindern, muss der Schnitt breiter sein als das Sägeblatt. Dies erreicht man durch ein gewelltes, gestauchtes oder sogenanntes „geschränktes" Sägeblatt, dabei sind die Zähne abwechselnd nach rechts und links gebogen. Heute findet man häufig auch eine Bestückung von Sägeblättern mit einem anderen Material, etwa Hartmetall, das entsprechend breiter als das Blatt ist.

Bezeichnungen am Sägeblatt

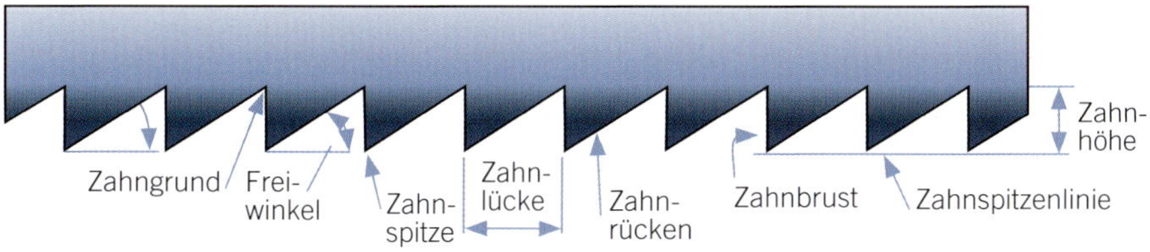

Je nach Ausrichtung der Sägezähne wird mehr auf Zug oder auf Stoß bzw. Schub gearbeitet, bei dem Holzfasern aufgerissen werden. Bei gleichschenkligen Sägeblättern sind Stoß und Zug gleich stark.

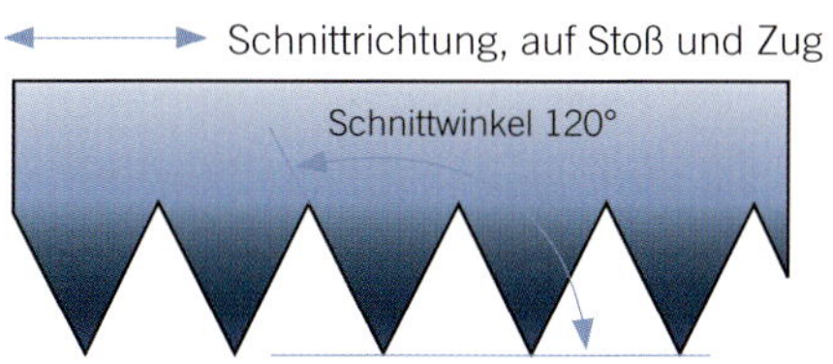

Schnittwirkungen von Sägezähnen

Schnittwinkel	Schnittwirkung
120°	Auf Stoß und Zug
100°	Schwach auf Stoß
90°	Auf Stoß
<90°	Stark auf Stoß

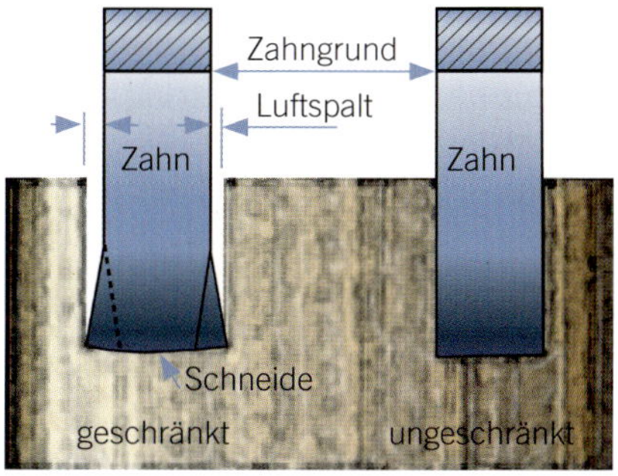

Schnittbahn bei geschränkter und ungeschränkter Säge

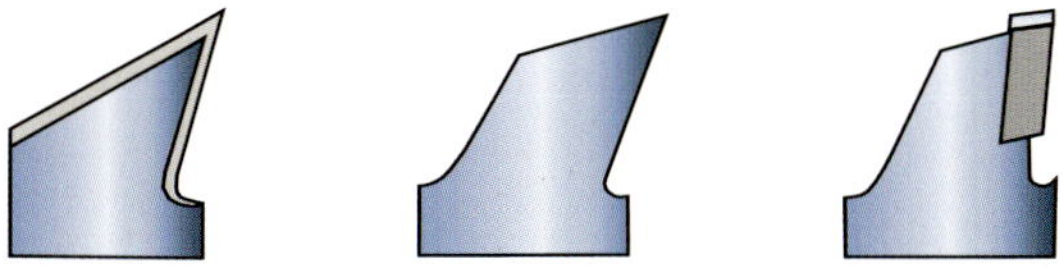

Spitzzahn mit Wechselschliff für Vollholzquerschnitte

Wolfszahn für Vollholz-Längsschnitte

hartmetallbestückter Wechselzahn für Vollholzquerschnitte und Holzwerkstoffe

Zahnformen von Sägeblättern für Kreissägen und deren Verwendung.

Zahnarten

Handsägen

Fuchsschwanz

Darunter versteht man eine einseitig eingespannte Säge mit kurzem breitem Sägeblatt, die dadurch ihre Festigkeit erhält. Die Zähne des Fuchsschwanzes stehen auf Stoß und sind häufig relativ groß. Als Material hat sich sowohl für den Blattkörper als auch für die Zähne Werkzeugstahl bewährt, doch sind auch Bimetallblätter mit zähem Blattkörper und harten Schneiden oder mit Hartmetalleinsätzen bestückte Sägen in Gebrauch. Die Schränkung für das Freischneiden des Blatts wird in den meisten Fällen durch abwechselndes Verbiegen der Zähne erzeugt. Der Fuchsschwanz wird hauptsächlich als Feinsäge verwendet.

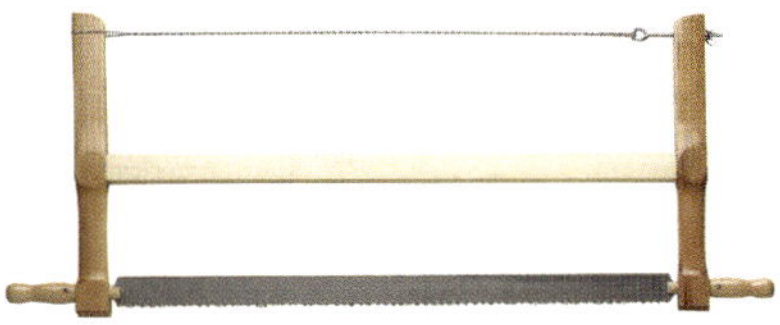

Gestellsäge

Das Sägeblatt wird durch drei Holzleisten zusammengehalten und mit einer Schnur gespannt. Die Gestellsäge ist universell verwendbar: zum Ablängen, Besäumen, zum Schlitzen. Wichtig ist, dass nach getaner Arbeit das Gestell entspannt werden muss. Die Lochabstände von Gestellsägeblättern gleicher Länge können um wenige Millimeter differieren.

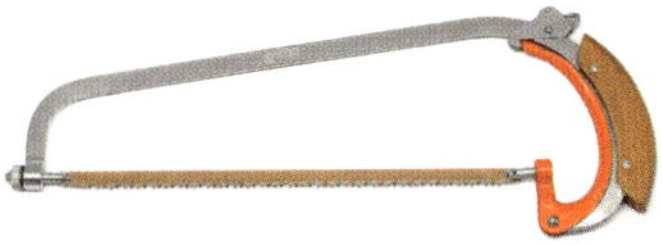

Bogensäge (Bügelsäge)

Das Sägeblatt wird durch einen Metallbogen, der als Griff dient, gehalten. Zum Sägen von feuchtem Holz gibt es eine spezielle Zahnung. Diese Säge ist ideal für Stämme und dickere Äste. Sie arbeitet auf Zug und Schub. Ein exakter Schnitt ist nicht möglich.

Motorbetriebene Sägen

Tischkreissäge

Sie ist so gebaut, dass die Sägewelle samt Motor höhenverstellbar ist. Häufig sind Kreissägen noch bis auf 45° neigbar, damit Gehrungen geschnitten werden können. Manche Modelle sind mit einer Absaugvorrichtung ausgestattet.

Tischkreissäge

Wippkreissäge

Handkreissäge

Wippkreissäge

Das Sägegut wird auf den Wipptisch gelegt und mit diesem gegen das Sägeblatt gedrückt. Sicheres und schnelles Arbeiten ist mit dieser Säge absolut kein Problem. Sie wird hauptsächlich für die Brennholzerzeugung verwendet.

Handkreissäge

Diese Maschine gehört zu dem wichtigsten Werkzeug für die Holzbearbeitung. Neben Holz und Holzwerkstoffen lassen sich mit ihr auch viele Kunststoffe und Metalle sägen. Sie ist die Spezialistin für lange gerade Schnitte. Hier wird sie bei Werkstoffdicke bis zu mehreren Zentimetern in Geschwindigkeit und Präzision von keinem anderen Elektrowerkzeug übertroffen.

Bedingt durch die Größe des Sägeblatts haben Handkreissägen nur eine begrenzte Schnitttiefe. Je nach Maschinentyp liegt diese in der Regel zwischen ca. 40 und 85 mm.

Anwenderschutz bei Handkreissägen

Bei den meisten Modellen schützt eine Pendelschutzhaube, die den unteren Teil des Sägeblatts umschließt, den Anwender vor der Berührung mit den scharfen Sägezähnen. Beim Arbeiten schwenkt die Pendelschutzhaube zurück und gibt das Sägeblatt frei. Anschläge erleichtern einen parallelen Schnitt.
Handkreissägen sollen nie ohne diese Sicherheitsvorkehrung verwendet werden!

Kappsäge

Kapp- und Gehrungssäge

Diese Sägen sind für den professionellen Betrieb mit Zugfunktion ausgestattet. Sie finden Verwendung für schnelle, präzise Gehrungs- und Doppelgehrungsschnitte. Das Kippen des Sägeblatts wird durch das Kippen des gesamten Sägekopfs, der über ein Gelenk befestigt ist, erreicht. Gehrungen sind damit in beliebigen Winkeln von etwa –45° bis +45° möglich. Der genaue Schnittwinkel lässt sich mithilfe einer Skala einstellen. Die maximale Schnittbreite und Schnitttiefe ist durch die Größe des Sägeblatts festgelegt. Schnitte sind mit etwa 25 mm in der Tiefe und 70 mm in der Länge möglich.

Bandsägen

Dieser Maschinentyp wird zum Sägen von Holz, Metall, Kunststoff verwendet. Das Sägeblatt besteht aus einem zu einem Kreis verschweißten geschlossenen Band. Mit einer Bandsäge sind sowohl gerade als auch geschweifte Schnitte möglich. Mit besonderen Hilfsvorrichtungen lassen sich außerdem kreisförmige Zuschnitte herstellen.

Stichsäge

Mit einer Stichsäge werden durch die Hubbewegung eines einseitig eingespannten Sägeblatts diverse Materialien zersägt. Besonders bei Kurvenschnitten in Platten und bei Einpassarbeiten findet die Stichsäge Einsatz. Um zu verhindern, dass der Schnitt beim Sägen ausfranst, sägt man immer von der „schlechten" Seite. Die „gute" Seite wird dabei geschont, da das Sägeblatt gegen die Werkstückoberfläche arbeitet.

Bandsäge

Stichsäge

elektronischer Fuchsschwanz

Elektronischer Fuchsschwanz

Man verwendet ihn zum Sägen von Holz, Gipskarton, Gasbeton und Kunststoff. Der elektronische Fuchsschwanz besteht aus einem verwindungsfreien Schwert, auf dessen unterer Kante ein Sägeblatt auf Führungsschienen mittels E-Motor hin und her bewegt wird. Der Sägeblattwechsel ist ohne Werkzeug möglich. Der Griff ist schwenkbar und seitlich verschiebbar für randnahes Sägen.

Leistung bis 2 000 Watt, Schwertlänge bis 500 mm.

Hobel

Dieses Werkzeug wird zur Oberflächenbearbeitung von Holz eingesetzt. Es glättet, indem mit dem Hobeleisen Späne vom Material abgetragen werden. Durch die Tiefeneinstellung des Hobeleisens kann die Spandicke variiert werden. Man unterscheidet zwischen handgeführten und elektrisch betriebenen Hobeln.

Handhobel

Je nach Verwendung sind Hobel aus Holz oder Metall in verschiedenen Breiten und Formen ausgeführt.

Klassischer Handhobel

Elektrischer Handhobel

Elektrohobel

Elektrohobel erleichtern die Arbeit besonders bei rauem Holz enorm. Die Hobelbreite des Elektrohobels beträgt ca. 80 mm, die Spantiefe kann stufenlos eingestellt werden. Der Elektrohobel arbeitet mit zwei Messern, die das Holz abhobeln.

Fräsen

Dies sind Werkzeugmaschinen, die mittels rotierender Schneidwerkzeuge von einem Werkstück Teile abfräsen, um dieses in die gewünschte Form zu bringen.

Tischfräsen

Sie werden vorrangig in der Holzbearbeitung eingesetzt und bestehen aus einem tischähnlichen Gestell, auf dem das Werkstück geführt wird. Der Fräser befindet sich entweder seitlich oder in der Mitte. Mit Tischfräsen sind präzise Arbeiten möglich, wie das Schneiden von Nuten und Profilen.

Handgeführte Oberfräsen

Diese Maschinen können mit den unterschiedlichsten Schaftfräsern, Profil- und Bündigfräsern bestückt werden. Mithilfe des Anschlags lassen sich gerade Profile und Nuten fräsen. Der Tiefenanschlag ermöglicht das fliegende Eintauchen des Fräsers bei laufendem Motor ins Werkstück.

Tischfräse

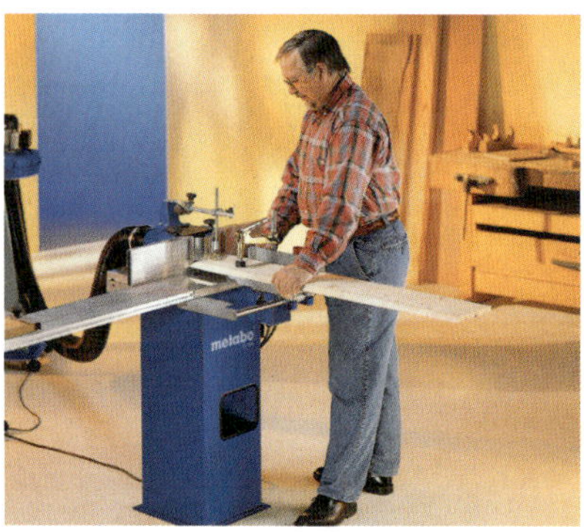

Oberfräse

Fräswerkzeuge

Man unterscheidet zwischen Fräsköpfen für Tischfräsen oder Oberfräsen. Es gibt Falzfräser, Abplattfräser, Fensterfräser, Profilierfräser, Verleimfräser ... Bei Oberfräsen wird der Fräser wie ein Bohrer vertikal in das Material eingetaucht. Mithilfe seiner Schneide an Stirn- und Umfangseite ist es möglich, auch horizontale Richtungen auszuführen und so Figuren oder Langlöcher (Nuten) aus dem Material herauszufräsen.

Präzisions-Fräsköpfe

Schleifmaschinen

Profischleifmaschinen werden vorrangig vom Tischler eingesetzt, um die Oberflächen von Holz zu glätten. Es gibt unterschiedliche Arten von Elektrogeräten, die das Schleifen von Oberflächen übernehmen. Bei der Arbeit mit Schleifmaschinen sind Absauganlagen unerlässlich.

Exzenterschleifer

Dies ist ein Schleifgerät, das vorwiegend zum Schleifen und Polieren von Oberflächen verschiedener Werkstoffe wie Holz, Metall, Glas, Kunststoff, Spachtel und Lack verwendet wird. Der runde Schleifteller des Werkzeugs sitzt exzentrisch auf der Antriebswelle und führt so eine Exzenterbewegung und eine Rotation aus, wodurch er eine hohe Abtragsleistung und gleichzeitig einen feinen Schliff erzielt. Eine einstellbare Steuerelektronik ermöglicht den vielseitigen Einsatz vom Schleifen bis zum Polieren. Die integrierte Staubabsaugung sorgt für umweltfreundliches und sauberes Arbeiten.

Exzenterschleifer

Rotationsschleifer

Diese Maschine bietet die Möglichkeit zum Abschleifen von lackierten und versiegelten Oberflächen aus Holz – speziell bei Treppen und Parkett. Darüber hinaus können Spachtelmassen, Spritzraufaser und andere Beschichtungen schnell abgeschliffen werden. Es handelt sich um ein relativ leichtes Gerät mit hoher Abtragsleistung. Es ist dann für grobe Arbeiten geeignet, wenn die Oberflächengüte keine Rolle spielt. Zu den Rotationsschleifern zählen Geradschleifer und Winkelschleifer.

Schwingschleifer

Ein handgeführtes Elektrowerkzeug, das für Vor- und Nachschleifarbeiten verschiedener Werkstoffe wie z.B. Hart- und Weichhölzer sowie bei Lacken eingesetzt wird. Das Schleifpapier wird mittels eines Klemmverschlusses oder einer Kletthaftung an der Schwungplatte befestigt. Die Abtragsleistung ist zwar gut, aber die Handhabung ist auf Dauer anstrengend.

Winkelschleifer

Geradschleifer

Schwingschleifer

Bandschleifer

Bandschleifer

Sie nutzen ein ringförmiges Schleifband, das um zwei Rollen (Antriebsrolle und Umlenkrolle) geführt wird. Die benötigten Schleifbänder weisen je nach Hersteller unterschiedliche Abmessungen (Breite und Umfang) auf. Bandschleifer sind Geräte mit hoher Abtragsleistung. Besonders geeignet für längliche Objekte, die in Faserrichtung geschliffen werden können, wie z. B. Balken oder Bretter.

Stemmeisen, Stechbeitel

Diese Werkzeuge verwendet man zur manuellen Holzbearbeitung, z. B. für Einpassarbeiten, Zapfenverbindungen. Sie bestehen aus einem Griff (Holz oder Kunststoff) und der Klinge aus geschliffenem und gehärtetem Stahl in den Breiten von 4–40 mm. Der Stechbeitel wird im flachen Winkel angesetzt. Dabei zeigt die schräg abgeschliffene Seite (Fase) nach unten. Das Holz wird Schlag für Schlag unter Berücksichtigung der Maserung mit einem Klöppel oder einem Hammer in Spanform weggestemmt. Für tiefere Auskerbungen setzen Sie die Stechbeitelklinge so an, dass die schräge Seite zum Abfallteil des Werkstücks zeigt. Der Stechbeitel steht dabei senkrecht. Für sicheres und sauberes Arbeiten sollte das Werkstück auf einer schwingungsfreien Unterlage sicher befestigt werden.

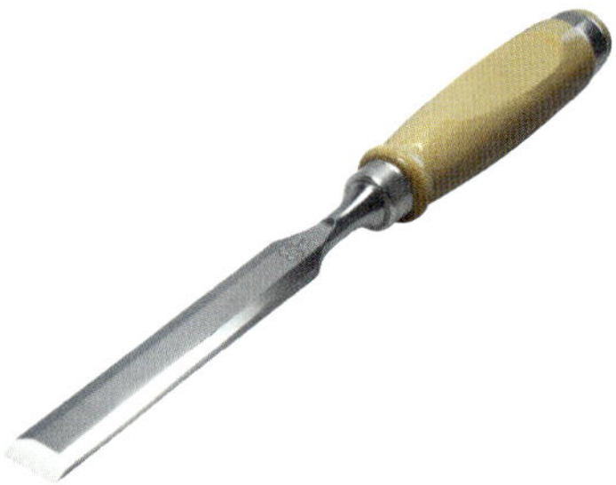

Stechbeitel

Wiederholungsfragen

1. Schnittholz wird in welchen Dimensionsarten unterteilt?
2. Welche Handsägen werden im Gartenbau eingesetzt?
3. Was bedeutet auf Zug oder Stoß schneiden?
4. Welche Unterteilung gibt es bei Sägen?
5. Welche Bohrer werden in der Holzarbeit eingesetzt?
6. Welche motorbetriebenen Sägen werden im Gartenbau eingesetzt?
7. Welche Fräsen werden im Gartenbau für Holzarbeiten eingesetzt?
8. Welche Schleifgeräte werden im Gartenbau für Holzarbeiten eingesetzt?
9. Welche Maschinen werden in der Oberflächenbearbeitung bei Holzflächen verwendet?
10. Was versteht man unter einem Stechbeitel?
11. Wozu werden Stemmeisen bei Holzarbeiten verwendet?

Reinigungsgeräte und -maschinen

Kehrmaschinen	Gebläse	Sauggeräte
Handgeführte Kehrmaschinen	Zusatzgeräte	Handsauger
Motorkehrmaschinen	Laubgebläsegeräte	Sauglader

Kehrmaschine

Handkehrmaschine

Darunter versteht man all die Kehrmaschinen, die von Hand bewegt bzw. geschoben werden. Sie besitzen ein komplett geschlossenes Gehäuse und Räder, die die Handkehrmaschine bewegen. Sie dienen gleichzeitig auch als Bürstenantrieb. Die Reinigung wird entweder von Kehrwalzen oder von rotierenden Bürsten erledigt. Bei der Einwalzenkehrmaschine wird der Schmutz durch eine Rundbürste und eine Gummilippe, die die Funktion einer Kehrschaufel erfüllt, aufgenommen. Größere Verschmutzungen bzw. Teile können mit einer Doppelwalzenkehrmaschine aufgenommen werden. Die erste Kehrwalze löst den Schmutz, die zweite gegenläufige Kehrwalze nimmt ihn auf und befördert ihn in den Schmutzbehälter. Große Behälter bedeuten Zeitersparnis dadurch, da dieser weniger oft geleert werden muss. Wesentlich bleibt, dass Handgeräte leicht manövrierbar bleiben, um in jede Ecke zu gelangen. Ganz ohne Kehrwalze arbeiten Tellerbesenkehrmaschinen. Der Schmutz wird von zwei entgegenlaufenden, tief am Boden arbeitenden, Tellerbürsten aufgekehrt. Der Schmutz wird von unten angehoben und über eine Platte fast staubfrei in den Schmutzbehälter transportiert. So wird auch fest sitzender Schmutz und nasses Laub entfernt. Auch größere Schmutzteile können mit dieser Handkehrmaschine gut entfernt werden.

Motorkehrmaschinen

Aufsitzkehrsaugmaschinen dienen in der Regel zur Reinigung von sehr großen Flächen wie Sportplätzen . Vom Reinigungsprinzip her funktionieren diese Maschinen mit einem Bürstensystem. Die Bürsten heben den Schmutz an, und per Luftsog wird der Schmutz in einen Schmutzbehälter befördert. Eingebaute Filtersysteme sorgen dafür, das kein feiner Staub wieder nach draußen gelangt. So ist eine saubere und gründliche Reinigung gewährleistet. Angetrieben werden diese Geräte mit Elektro- oder Verbrennungsmotoren. Es gibt auch kleinere Aufsitzkehrsaugmaschinen, die im privaten Bereich zur Reinigung benutzt werden können. Die kleineren Kehrsaugmaschinen zeichnen sich durch bessere Wendigkeit aus.

Gebläsegeräte

Laubbläser, passend für Freischneider

Gilt als Anbaugerät für fast alle handelsüblichen Freischneider im privaten und Semiprofibereich. Die Montage ist einfach und schnell. Ein Windrad wird über die Antriebswelle bewegt und verursacht damit eine starke Windentwicklung. Dadurch wird ein hoher Säuberungseffekt beim Reinigen von Höfen und Gehwegen erzielt. Großer Nachteil ist die starke Staubentwicklung.

Kehrmaschine zum Anbau an Freischneider

Motorkehrmaschine

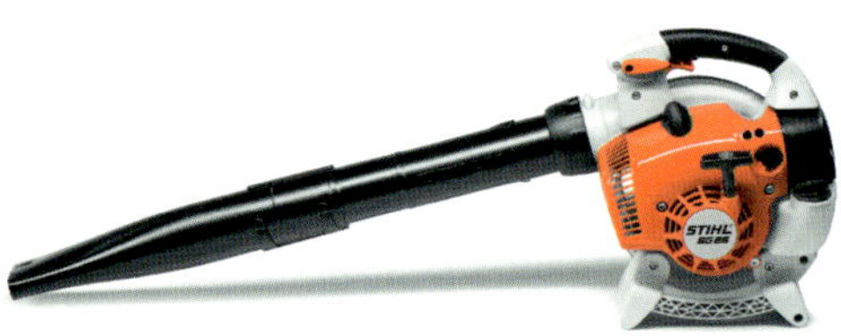

Laubbläser

Laubgebläse/Laubsauger

Dies ist ein handliches Blasgerät zum Beseitigen von Laub oder gemähtem Gras von Flächen. Moderne Laubgebläse kombinieren die Funktionen von Laubpuster und Laubsauger. Laubgebläse nutzen die Kraft komprimierter Luft und blasen das Laub problemlos aus dem Weg – selbst wenn es feucht ist. Der Nachteil dieser Geräte ist jedoch, dass sie das Laub nur woanders hinschieben. Sie entfernen es nicht. Zudem ist es für so manchen Anwender eine kleine Kunst, mit einem Laubpuster das Laub auch wirklich auf einen großen Haufen zusammenzublasen – ohne dass dieser aus Versehen sofort wieder zerstäubt wird. Durch die praktische Luftstromumkehr kann das Gerät auch als Laubsauger arbeiten. Laubsauger funktionieren wie Staubsauger. Sie saugen das Laub auf, zerkleinern dieses mittels Hackmesser und sammeln es in einem Behälter, sodass man, bei gleichem Volumen, um eine vielfache Menge mehr entsorgen kann. Der Antrieb erfolgt mittels Elektro- oder Verbrennungsmotoren. Alle Geräte neigen zu extremer Lautstärke und vernichten bei ihrer Arbeit möglicherweise auch Klein- und Kleinstlebewesen.

Sauglader

Mit einem Sauglader wird nicht nur die schwere und schmutzige Ladetätigkeit von Laub usw. maßgeblich erleichtert, sondern auch das Material zerkleinert. So gelingt es, ein Vielfaches aufzuladen, da der Platz effizienter genützt werden kann. Die Ladebehälter und Sauggebläse können vielfach auf Lkws aufgesattelt werden.

Schneefräsen

Sie dienen zur problemlosen Schneeräumung rund ums Haus, auf Wegen und Straßen. Die meisten Geräte sind mit Reifenantrieb, mit automatischer Differenzialsperre, automatischer Lenkbremseinrichtung, Einhandbedienung, sechs Vorwärts- und zwei Retourgängen, einer gezahnten Frässchnecke und mit einem 200° verdrehbaren Auswurfkamin ausgestattet. Die Räumbreite ist von der Motorleistung abhängig. Der Antrieb erfolgt über Benzin- oder Dieselmotor.

Schneefräse

Wiederholungsfragen

1. Welche Reinigungsgeräte werden für Kleinflächen verwendet?
2. Welche Reinigungsgeräte werden bei Rasenflächen verwendet?
3. Welche Reinigungsgeräte werden für Großflächen verwendet?
4. Welche Geräte und Maschinen werden für die Laubbeseitigung eingesetzt?
5. Was versteht man unter einem Sauglader?
6. Welche Vor- und Nachteile gibt es beim Laubsauger?
7. Was ist eine Schneefräse?

Ladegeräte und Transport

Ladegeräte		Transportgeräte
Lader	Raupenlader	Lastkraftwagen
	Radlader	Vorderkipper
	Kompaktlader	Raupentransporter
	Frontlader	Förderband
Ladekran		Schrägaufzug

Ladegeräte

Lader

Sie werden zum Laden und Transportieren von Gütern über kurze Strecken verwendet. Die Ausrüstung besteht aus einer Schaufel, die über Seilzug oder Hydraulikzylinder bewegt wird. Es gibt verschiedene Baugrößen. Die Leistung liegt bei Kleinladern zwischen 20 und 60 kW und bei Großladern zwischen 70 und 590 kW. Das Gewicht liegt zwischen 7,5 t und 90 t. Die Ladeschaufel fasst zwischen 0,2 und 10,5 m^3. Je nach Modell liegt die Höchstgeschwindigkeit bei 15 km/h, bei Leerfahrt bis zu 40 km/h.

Es gibt:

- Radlader mit einem Gewicht von weniger als 2 t bis zu einem Gewicht von über 200 t.
- Kompaktlader. Er zeichnet sich durch geringere Abmessungen und durch hohe Wendigkeit aus. Gewicht: 0,9–2,5 t.
- Raupenlader oder Kettenlader ist eine Baumaschine, die überwiegend im Erdbau verwendet wird. Sie besitzt ein Kettenfahrwerk und ist an der Front mit einer Ladeschaufel ausgestattet. Die Laderaupe unterscheidet sich vom Radlader in der besseren Geländegängigkeit.
- Frontlader

Radlader

Raupenlader

Kompaktlader

Frontlader

- Unterschieden werden zwei Frontladerarten. Älterer Frontlader, der lediglich zum hydraulischen Heben und Senken der Schwinge eingerichtet ist. Bei dieser Bauart werden die Frontladerwerkzeuge (z. B. Erdschaufel) durch einen Seilzug vom Fahrzeug aus betätigt. Diese ermöglicht jedoch lediglich das Ausleeren der Schaufel.
- Moderne Frontlader sind mit einer umfassenden hydraulischen Gerätebedienung ausgestattet. Diese neuere Bauform erlaubt es dem Fahrzeugführer, von der Kabine aus über die Hydraulik die Schaufel auszuleeren und wieder heranzuziehen.
- Statt einer Schaufel kann auch eine Palettengabel, Mistgabel usw. angebaut sein. Größere Trägergeräte sind mit einem Schnellwechsler ausgestattet. Dadurch kann der Austausch von den Anbaugeräten über die Fahrerkabine ausgeführt werden.

Schaufelarten für Lader

- Standardschaufel für Schüttgüter, wie Kies oder Mutterboden
- Leichtgutschaufel mit größerem Volumen für leichte Güter, z. B. Rindenmulch
- Kombi-/Klappschaufel mit hydraulischer Frontklappe
- Paletten-/Ladegabel für palettierte Güter
- Schaufel mit Zinken für leichte Grabarbeiten
- Steingabel zum Aufnehmen von Steinen

Lenkung

- Knicklenkung. Das Gelenk befindet sich etwa in der Mitte der Maschine und wird hydraulisch angetrieben. Dadurch haben diese Geräte einen kleineren Wendekreis.
- Panzerlenkung der Kompaktlader. Diese hat den Nachteil, dass die Geräte bei Richtungsänderungen den Untergrund aufwühlen. Ihr Einsatz sollte daher auf befestigte Flächen begrenzt sein, dort können sie keinen Schaden anrichten und drehen leichter. Allerdings muss man dann einen recht hohen Reifenabrieb in Kauf nehmen.

Ladekran

Diese Maschine ist eine Einrichtung, die auf einem Nutzfahrzeug montiert ist, um dieses zu be- und entladen. Ladekrane werden in der Regel hydraulisch angetrieben. Durch den ausfahrbaren Teleskoparm kann eine große Reichweite erreicht werden, die allerdings vom Gewicht des Ladeguts abhängig ist.

Man unterscheidet Heckkräne und Kräne, die zwischen Führerkabine und Ladefläche montiert sind. Die Ladefläche bei Heckkränen können nicht nach hinten entladen werden. Vereinzelt kann der Ladekran vom Fahrgestell gelöst werden.

Auf den Ladearmen können Greifer, Palettengabeln, angebaut oder Ladegurte etc. angehängt werden. Diese Geräte können durch ein steuerbares Gelenk in allen Richtungen hydraulisch verdreht werden.

Transportgeräte

Der horizontale Transport von Erdmassen oder Schüttgütern wird mithilfe von verschiedenartigen Transportgeräten ausgeführt. Sie eignen sich für weite Förderstrecken und können ihre Ladung meistens selbstständig abgeben. Für den Transport auf kurzen und mittleren Strecken eignen sich auch diverse Erdbaugeräte.

Lastkraftwagen

Lastkraftwagen sind dazu ausgelegt, selbst Lasten zu tragen und eventuell zusätzlich einen Anhänger zu ziehen, oder sie sind als Sattelschlepper gebaut.

Die Ladefläche lässt sich je nach Ausführung nach hinten oder zur Seite entleeren. Lkw werden in der Regel nach ihrem zulässigen Gesamtgewicht und der Anzahl ihrer Achsen unterteilt.

- Kleinlaster bis 3,5 t
- Leichte Lkw bis 7,5 t
- Mittelschwere Lkw bis 12 t
- Schwere Lkw als Hänger- oder Sattelzüge bis 40 t, wobei eine Last von 8 t pro Achse nicht überschritten werden darf.
- Auch einige Pkw können durchaus als Lkw zugelassen werden, wenn der Verwendungszweck der Gütertransport ist. Dafür bedarf es aber auch eines entsprechenden Umbaus.

Ladekran

Lkw mit Entladevorrichtung und Mulde

Vorderkipper (Motor-Japaner)

Transportmulde, Container

Eine Mulde, Schuttmulde, Absetzmulde, oder auch Container genannt, ist ein Behälter zum Transport von Bauschutt, Mutterboden, Kies u. A. Hauptsächlich wird sie im Baugewerbe eingesetzt. Der Vorteil eines solchen Behälters ist, dass der Lastwagen nicht die ganze Zeit benötigt wird; er stellt die leere Mulde hin und holt die volle wieder ab; Mulden gibt es in Größen von 1–40 m^3 Inhalt. Sie sind in ihren Maßen und Ausführungen genormt. Lastwagen müssen mit entsprechenden Be- und Entladevorrichtungen ausgestattet sein.

Vorderkipper (auch Motor-Japaner, Muldenkipper genannt)

Wird für Transporte auf Kleinbaustellen und im Garten- und Landschaftsbau verwendet. Er besitzt vorn eine schalenförmige Ladefläche, die bei Bedarf gekippt werden kann. Hinter der Ladefläche befinden sich der Fahrersitz und die Bedienelemente. Größere Geräte können mit einer Knicklenkung ausgestattet sein.

Raupentransporter

Er ähnelt dem Vorderkipper. Nur erfolgt die Bewegung über Raupenbänder mit Gummibelag. Sie überwinden fast jede Steigung und sind auch bei Treppen oder durch unwegsamstes Gelände einsetzbar.

Förderband

Das Förderband transportiert kontinuierlich Material, sowohl über weite als auch kurze Strecken. Je nach Ausführung erreicht das Förderband unterschiedliche Fördergeschwindigkeiten. Die Schüttgüter müssen ausreichend zerkleinert sein, sodass sie auf dem Förderband Platz finden.

Schrägaufzug

Dies ist ein Beförderungsmittel, das von Seilen oder Ketten gezogen wird und für den Transport von Lasten bestimmt ist. Zwischen Führungsschienen, die mit einem maximalen Winkel zwischen 15° und 75° gegen die Senkrechte geneigt sind, werden Transportkörbe ohne Beschränkung des Fahrwegs bewegt.

Raupentransporter

Schrägaufzug

Wiederholungsfragen

1. Welche Lademaschinen und -geräte werden im Gartenbau eingesetzt?
2. Welche Laderarten gibt es?
3. Welche Schaufelarten werden bei Lader verwendet?
4. Was ist ein Ladekran?
5. Welche Transportmöglichkeiten für weite Stecken stehen uns zur Verfügung?
6. Für geringe Mengen stehen welche Transportgeräte zur Verfügung?
7. Bei größeren Höhenunterschieden (z. B. Dachbegrünung) werden welche Transportgeräte verwendet?
8. Was versteht man unter einer Transportmulde?

16 Kühlräume

Aufgabe von Kühlräumen	Prozesse während der Lagerung	Einflussfaktoren während der Lagerung	Vorkühlung	Lagerverfahren	Lagerung von Obst und Gemüse	Lagerung von Zierpflanzen
	Atmung	Temperatur	Wasserkühlung	Erdmiete		
	Wasserabgabe	Luftfeuchte	Eiskühlung	Frischluftlager		
	Reifung	Luftbewegung	Vakuumkühlung	Kühllager		
	Ethylenabgabe	Luftzusammensetzung	Luftkühlung	CA-Lager		
	Änderung von Inhaltsstoffen					
	Lagerkrankheiten					

Aufgabe von Kühlräumen

Kühlräume haben die Aufgabe, die Haltbarkeit von Pflanzen oder Pflanzenteilen zu verlängern. Um den hohen Qualitätsanforderungen der Konsumenten gerecht zu werden, reicht es heute nicht, die geernteten Produkte aufzubewahren, sie müssen auch während der Lagerung frisch bleiben. Das ist nur mit einer zeitgerechten Ernte, genauer Klimaführung im Lager und Beachten der Produkteigenarten möglich.

Besondere Bedeutung hat die Lagerung für:

- Obst
- Gemüse
- Samen
- Gewebeteile
- Stecklinge
- Schnittblumen
- Knollen
- Zwiebeln
- Jungpflanzen
- Topfpflanzen

Lagerung

Prozesse während der Lagerung

Die Produkte leben, auch wenn sie geerntet bzw. von der Mutterpflanze getrennt wurden, während der Lagerung weiter. In allen Pflanzen(teilen) laufen nach der Ernte noch viele physiologische Prozesse ab, die den Frischegrad des Produkts mindern und die innere und äußere Qualität verändern. Die benötigte Energie wird während der Lagerung aus den gespeicherten Reservestoffen gewonnen, die die Pflanze während des Wachstums gespeichert hat. Durch Atmung und Transpiration nimmt das Gewicht ab, durch Wasserverlust nimmt die Festigkeit ab und auch Inhaltsstoffe verändern sich während der Lagerung. Pilze und Bakterien können die Qualität des Produkts mindern oder es gar zerstören.

Atmung (Respiration)

Bei der Atmung werden gespeicherte Reservestoffe zu CO_2, Wasser und Wärme abgebaut. Die Atmung ist für die Pflanze bzw. den Pflanzenteil auch nach der Ernte wichtig, um ihren Energiebedarf zu decken. Dabei werden Reservestoffe verbraucht. Überschüssige Energie wird als Atmungswärme abgegeben und muss im Lager zusammen mit dem gebildeten Kohlendioxid ständig abgeführt werden.

Wasserabgabe (Transpiration)

Die meisten Pflanzen enthalten neben Trockenmasse zwischen 65 und 90 % Wasser. Wasser ist damit der mengenmäßig bedeutendste Inhaltsstoff. Es ist in der Pflanzenzelle gebunden und dient als Lösungsmittel für alle anderen Inhaltsstoffe. Während der Lagerung wird Wasser an die Umgebungsluft abgegeben; dadurch werden die Früchte und Pflanzen welk und schrumpfen. Je höher die Luftfeuchtigkeit in der Lagerluft ist, desto geringer ist der Wasserverlust der Pflanze. Deshalb sollte die relative Luftfeuchte im Kühlraum zwischen 95 und 98 % liegen.

Pflanzen geben Wasser ab und welken

Reifung

Man unterscheidet bei Früchten in der Praxis je nach Verwendungszweck zwischen folgenden Reifestadien:

- Genuß- oder Verbraucherreife: Ist erreicht, wenn Obst- und Gemüsearten sortentypisch aussehen und schmecken und den sofortigen Verbrauch zulassen.

- Erntereife (technische Reife oder Versandreife): Zum Zeitpunkt der technischen Reife wird geerntet, wenn das Produkt Transportwege zu überstehen hat und in dieser Zeit nachreift.

- Physiologische Reife: Ist der biologische Abschluss der Entwicklung der Frucht nach Ausnutzung der gesamten Vegetationsperiode.

- Lagerreife: Es wird in dem Reifezustand geerntet, der eine optimale Lagerung ermöglicht.

Reifestadien bei Erdbeeren

Ausgeprägte Reifungsvorgänge finden vor allem in Früchten und in Fruchtgemüse (z. B. Tomate, Melone) statt. Während und nach der Reife entstehen in der Frucht Aromastoffe. Das sind flüchtige Verbindungen, die nur in sehr geringen Mengen vorkommen, aber neben Zucker und Säure für Geruch und Geschmack verantwortlich sind. Stärke, die der Pflanze als Reservestoff dient, wird bei der Reife und Lagerung abgebaut.

Ethylenabgabe

Manche Früchte und Fruchtgemüse bilden während der Reifung das Pflanzenhormon Ethylen (C_2H_4), das bei der Reifung und Alterung von Pflanzen eine entscheidende Rolle spielt. Es sammelt sich während der Lagerung in der Luft an und beschleunigt auch die Reifung der benachbarten Früchte. Deswegen dürfen ethylenabgebende Früchte wie Äpfel und Tomaten nicht gemeinsam in einem Kühlraum mit ethylenempfindlichen Früchten wie Gurken oder Kiwis aufbewahrt werden.

Änderung von Inhaltsstoffen

Vorkommen und Verteilung der Inhaltsstoffe in Pflanzen ist von Art, Sorte, Anbaubedingungen, Witterungsbedingungen, Wasserversorgung und anderen Kriterien abhängig. Während der Lagerung können sich diese Inhaltsstoffe und auch die Farbe, die Konsistenz oder der Geschmack vor allem bei Obst verändern.

Neben Wasser besteht die Pflanze aus Trockenmasse, wovon der Großteil auf Kohlenhydrate entfällt. Die Trockensubstanz nimmt in Abhängigkeit der Lagerdauer ab.

Vitamin C (Ascorbinsäure), das z. B. in frischem Obst und Gemüse in relativ hohen Konzentrationen enthalten ist, wird unter Einwirkung von Luft, Licht oder Hitze sowie langer Lagerung abgebaut.

Die gewählte Lagertemperatur übt auf die Veränderungen der Inhaltsstoffe einen wesentlich größeren Einfluss als die Art der Bewirtschaftung und die Sortenwahl aus.

Erdbeere mit Pilzbefall

Lagerkrankheiten

Meist werden die Erkrankungen im Lager durch falsche Erntetermine, ungünstige Witterungsbedingungen oder falsche Lagerbedingungen hervorgerufen.

Wird der Zellverband zerstört, treten Wasser und gelöste Inhaltsstoffe aus und stehen Pilzen und Bakterien als Nahrungsquelle zur Verfügung. Um das Mikroorganismenwachstum zu verhindern, sollte ab diesem Zeitpunkt das Produkt nicht mehr gelagert werden.

Um die oben erwähnten Verluste und Veränderungen möglichst gering zu halten, wurden verschiedene Lagerverfahren und Transportmöglichkeiten entwickelt. Die optimale Klimaführung setzt sich aus mehreren Faktoren zusammen, die auf das Lagergut einwirken und die oben beschriebenen Prozesse während der Lagerung verzögern. Je nach Lagerverfahren können diese Faktoren unterschiedlich gut gesteuert werden.

Einflussfaktoren

Temperatur

Die Prozesse während der Lagerung sind hauptsächlich von der Temperatur abhängig. Darum müssen die Produkte nach der Ernte möglichst rasch gekühlt und diese Temperatur stabil gehalten werden, um Qualitätsverluste zu vermeiden.

Tomate	rasches Weichwerden, glasiges Aussehen, beschleunigter Befall mit Mikroorganismen
Gurke	Wässrig- und Weichwerden der Fruchtoberfläche, beschleunigter Mikroorganismenbefall
Zucchini	Weichwerden der Fruchtoberfläche, beschleunigter Mikroorganismenbefall
Paprika	eingesunkene, braune Flecken auf Fruchtschale, die schnell von Mikroorganismen befallen werden
Melanzani	eingesunkene Stellen auf Fruchtschale, schwammiges Gewebe, beschleunigter Mikroorganismenbefall
Kürbis	keine sichtbaren Symptome, jedoch sehr rascher Mikroorganismenbefall

Symptome von Kälteschäden bei Gemüse

Die Intensität der Atmung ist neben der Pflanzenart hauptsächlich von der Lagertemperatur abhängig. Die optimale Lagertemperatur für die meisten Gemüsearten liegt nahe des Gefrierpunkts, da hier eine maximale Frischhaltung und geringe Atmungsintensität erreicht wird. Bei kälteempfindlichen Arten entstehen bei diesen Temperaturen allerdings Kälteschäden wie Verfärbungen, rascher Befall mit Mikroorganismen, Weichwerden der Fruchtoberfläche usw. Daher müssen Tomaten, Paprika, Zucchini, Salatgurken, Melonen, Kürbisse und andere kälteempfindliche Arten bei Temperaturen zwischen 5 und 15 °C gelagert werden, Schnittblumen bei

3–5 °C. Unter 0 °C sollten Pflanzen grundsätzlich nicht gelagert werden, da sonst der Zellsaft gefriert und Frostschäden entstehen.

Luftfeuchte

Nach der Ernte ist die Wasserzufuhr über die Wurzel bei Obst, Gemüse und Schnittblumen nicht mehr gewährleistet. Wenn in der Lagerluft zu wenig Luftfeuchtigkeit enthalten ist, führt das zur Wasserabgabe aus den Pflanzenzellen und damit zum Welken des Produkts. Besonders bei Gemüse reicht ein geringer Wasserverlust aus, um Welke, Frischeverlust und Gewichtsverlust hervorzurufen. Die optimale Lagerluftfeuchte wäre theoretisch für die meisten Pflanzen bei 100 % relativer Feuchte. Wenn allerdings die Lagertemperatur höher ist, sollte die Luftfeuchtigkeit niedriger eingestellt werden, da sonst das Mikroorganismenwachstum gefördert wird. In Kühllagern wird in der Praxis meist bei einer Temperatur von 0 °C eine Luftfeuchtigkeit zwischen 80 und 95 % gewählt.

Luftbewegung

Die Luftbewegung muss einerseits groß genug sein, um die vom Produkt abgegebene Wärme abzuführen, und andererseits so gering, dass die Wasserverluste (siehe Seite 262) nicht verstärkt werden. In der Praxis hat sich ein 30- bis 40-facher Luftwechsel (d. h., in einer Stunde wird das 30- bis 40-fache Luftvolumen ausgetauscht) bewährt.

Luftzusammensetzung

Die vom Menschen eingeatmete Luft setzt sich aus ca. 79 % Stickstoff und 21 % Sauerstoff zusammen. Da die gelagerten Pflanzen(teile) bei der Atmung Sauerstoff aufnehmen und Stickstoff abgeben, kann sich diese Luftzusammensetzung verändern. Durch erhöhte CO_2-Gehalte und erniedrigte O_2-Gehalte kann der Stoffabbau verlangsamt werden. Diesen Effekt nutzt man bei der CA-Lagerung. Ist der Sauerstoffgehalt zu niedrig oder der CO_2-Gehalt zu hoch, verderben die gelagerten Produkte rascher.

Vorkühlung

Wenn ein Produkt einen langen Transportweg vor sich hat, ist im Sommer oder in warmen Ländern eine Vorkühlung empfehlenswert. Es kann zum optimalen Reifezeitpunkt geerntet werden und erreicht den Kunden in guter Qualität. Bei der Vorkühlung wird dem Erntegut rasch Wärme entzogen und damit seine Temperatur abgesenkt. Es kann danach rasch weitergekühlt oder gelagert werden. Es gibt verschiedene Methoden der Vorkühlung, die in Abhängigkeit der Pflanzenart, der Pflanzenmenge und der Kosten angewendet werden.

Wasserkühlung

Das Erntegut wird durch den direkten Kontakt mit kaltem Wasser gekühlt. Entweder wird das Produkt in einen mit Eiswasser gefüllten Tank getaucht oder das gekühlte Wasser wird über das Erntegut gesprüht.

Eiskühlung

Zerstampftes Eis wird entweder mit der Ware verpackt oder über die schon verpackte Ware gestreut. Beide Varianten haben einen wesentlichen Nachteil. Wird das Eis

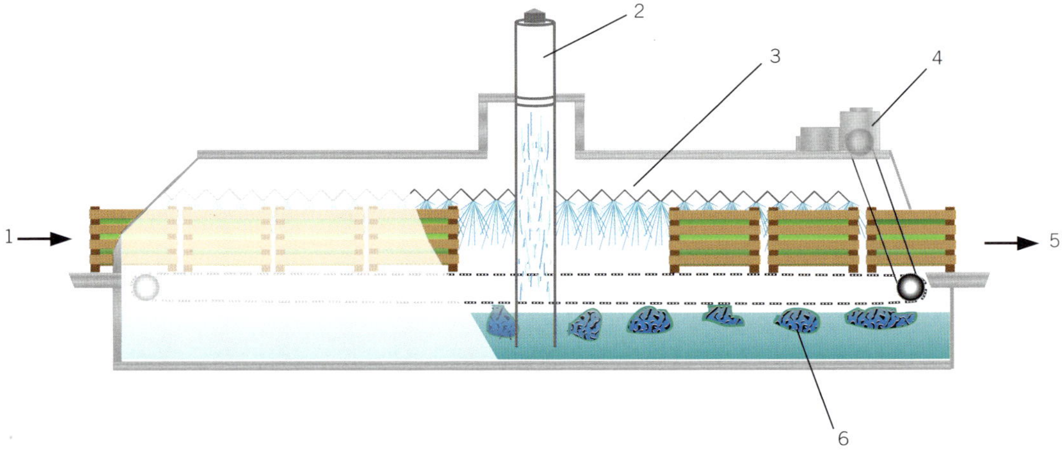

Wasserkühlanlage

1 = Zuführung des Lagergutes
2 = Wasserpumpe
3 = Wasserverteilung
4 = Antrieb
5 = Abführung in den Lagerraum
6 = Eisstücke

mit dem Produkt verpackt, ist nach dem Schmelzen des Eises zu wenig Ware in der Verpackung. Der Nachteil der zweiten Variante ist, dass das Erntegut langsamer gekühlt wird, weil das Eis erst schmelzen und nach unten sickern muss, um das Obst oder Gemüse zu kühlen.

Vakuumkühlung

Diese Kühlmethode wird hauptsächlich für Gemüsearten mit großer Oberfläche (z. B. Salat, Spinat usw.) eingesetzt. Der Luftdruck wird reduziert und führt über der verdunstenden Oberfläche des Gemüses zu einer rascheren Verdunstung. Dabei entsteht Verdunstungskälte, die das Erntegut abkühlt. Diese Methode ist sehr teuer und wird deshalb nur in Großbetrieben eingesetzt.

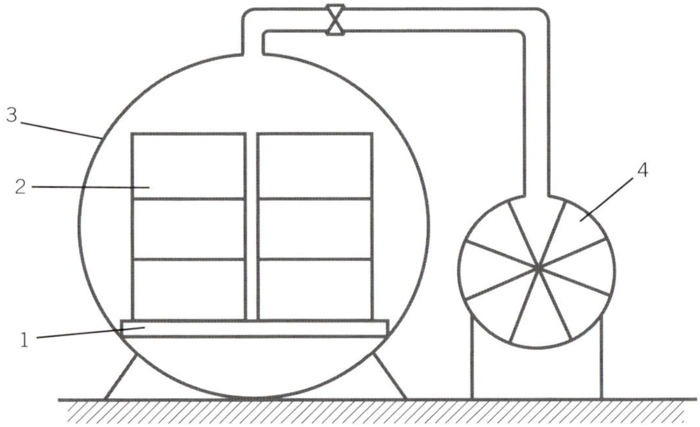

Vakuumkühlanlage

1 = Transportelemente
2 = Lagergut
3 = Hochvakuum-kessel
4 = Vakuumpumpe

Luftkühlung

Kalte Luft mit einer Temperatur von mindestens 0 °C und hoher Luftfeuchtigkeit wird durch das Erntegut gedrückt. Bei dieser Variante geschieht die Abkühlung sehr langsam und die Produkte trocknen rascher aus.

Lagerverfahren

Erdmiete

Früher wurde die Einlagerung in Erdmieten häufiger verwendet, heute ist dieses Verfahren kaum mehr bekannt. Wurzelgemüse wie Karotten, Sellerie usw. können mit diesem einfachen Lagerverfahren haltbar gemacht werden. Eine Erdgrube wird ausgehoben und mit feinmaschigem Draht ausgelegt, um Mäuse fernzuhalten. Darauf wird das Gemüse geschichtet und anschließend mit kalter und feuchter Erde abgedeckt. Die Lagerung in Erdmieten erfordert einen hohen Arbeitsaufwand und kann nicht mechanisiert werden. Das Gemüse wird allerdings in guter Qualität erhalten.

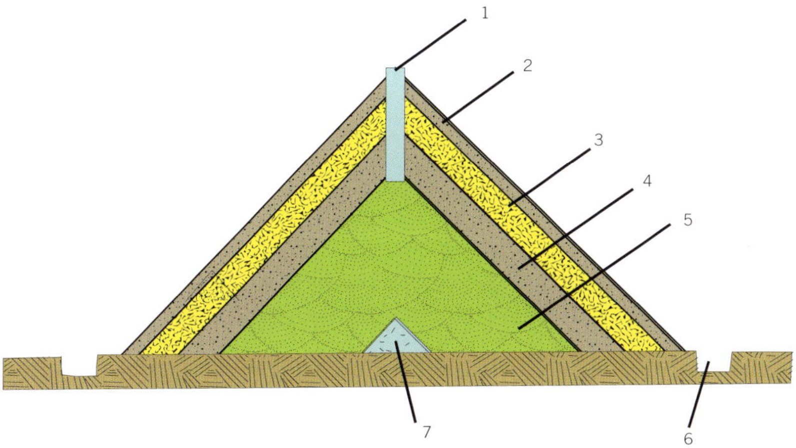

Schematische Darstellung einer Erdmiete für die Lagerung von Gemüse:

1 = Abluftkanal
2 = äußere Erdbedeckung
3 = Isolierung z. B. mit Stroh
4 = innere Erdabdeckung
5 = Lagergut
6 = Entwässerung
7 = Zuluftkanal

Frischluftlager

Kalte Außenluft, vorzugsweise Nachtluft, wird durch Ventilatoren in ein isoliertes Gebäude geblasen. Dieses Primitivlagerverfahren eignet sich besonders gut für die Winterlagerung von Wurzel- und Knollengemüse sowie Zwiebeln.

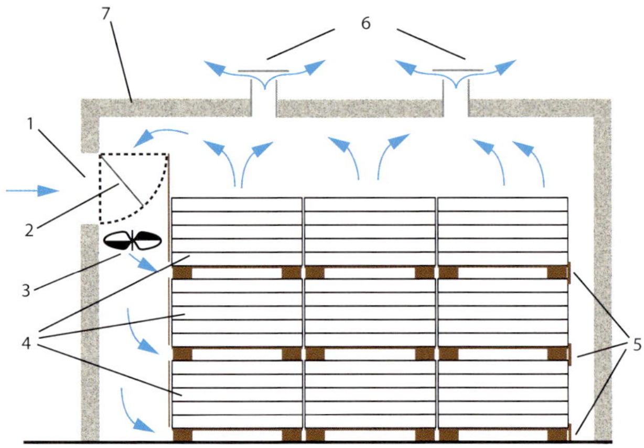

Frischluftlager

1 = Frischluftzufuhr
2 = Mischluftklappe
3 = Ventilator
4 = Lagergut (in Klein- und Großkisten)
5 = Verschlussbretter
6 = Abluftöffnungen
7 = Isolierung

Kühllager

Kühllagerräume sind mit Kühlaggregaten und Luftbefeuchtungsanlagen ausgestattete Räume. Durch eine Kälteanlage wird kalte feuchte Luft erzeugt, die dem Produkt Wärme entzieht und aus dem Stapel geleitet wird. Je nach Lagergut kann die optimale Temperatur und Luftfeuchtigkeit eingestellt werden. Allerdings können nur Arten mit gleichen Ansprüchen gemeinsam gelagert werden. Auch dürfen sie sich gegenseitig nicht negativ beeinflussen, z. B. durch Ethylenabgabe. Früchte, die einen intensiven Geruch abgeben, wie z. B. Zwiebeln, sollten nicht mit anderen Produkten gelagert werden. Wenn die Transportbehälter mit Maschinenkühlaggregaten ausgestattet werden, kann dieses Lagerverfahren auch beim Transport verschiedener Produkte angewendet werden.

Vor- und Nachteile von Kühllagern

Vorteile	Nachteile
• Variable Einstellung der Temperatur und Luftfeuchte möglich	• Hohe Kosten
• Auch für empfindliche Arten geeignet	• Nur bedingt gemeinsame Lagerung verschiedener Arten möglich
• Auch für kleine Betriebe geeignet	
• Auch für Transport einsetzbar	

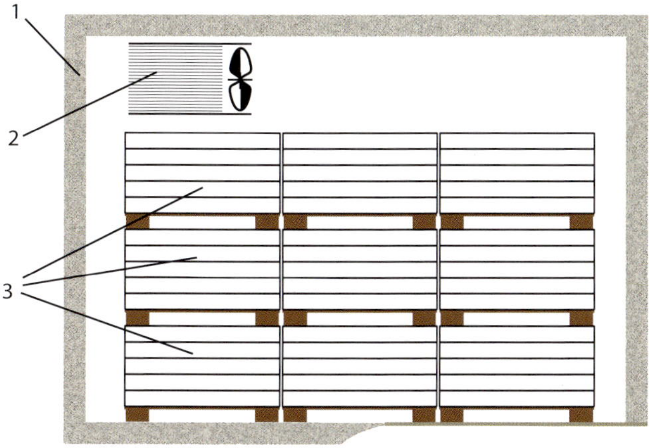

Kühllager mit Direktkühlung

1 = Isolierung

2 = Verdampfer mit Ventilator

3 = Lagergut (in Klein- und Großkisten)

CA-Lager (controlled atmosphere = kontrollierte Atmosphäre)

Bei der Lagerung in kontrollierter Atmosphäre wird zusätzlich zur Absenkung der Temperatur die Kohlendioxidkonzentration erhöht und die Sauerstoffkonzentration vermindert. Die Luft wird durch Aktivkohlefilter geleitet, dadurch der CO_2-Gehalt reguliert und Ethylen aus der Lagerluft entfernt. Als einseitig kontrollierte Atmosphäre bezeichnet man die alleinige Absenkung des Kohlendioxidgehalts. Die idealen CO_2-Gehalte für Obst und Gemüse liegen zwischen 2 und 8 %, die zuträglichen O_2-Gehalte zwischen 2 und 3 %. Die gewünschte Luftzusammensetzung kann durch Verbrennen von Heizgas oder Einblasen von Stickstoff erreicht werden. Bei der Atmung der gelagerten Früchte entsteht CO_2, und O_2 wird verbraucht. Durch die Erhöhung des Kohlendioxidgehalts und die Verminderung des Sauerstoffgehalts kommt es zu einer Reifeverzögerung. Dadurch wird die Entwicklung von Fäulnispilzen gehemmt und die Früchte haben auch bei höheren Lagertemperaturen eine gute Haltbarkeit.

Vor- und Nachteile von CA-Lagern

Vorteile	**Nachteile**
• Verlängerte Haltbarkeit gegenüber Kühllager um 1–2 Monate	• Höhere Investitionen
• Temperaturerhöhung für kälteempfindliche Früchte möglich	• Geschultes Personal
• Auch für Transport einsetzbar	• Partien mit gleichen Ansprüchen müssen gemeinsam ein- und ausgelagert werden.
	• Geschmacksveränderungen möglich

Lagerung von Obst und Gemüse

Obst und Gemüse werden je nach weiterer Verwendung zu einem unterschiedlichen Zeitpunkt geerntet. Soll es sofort gegessen werden, wird es später geerntet, als wennes noch Transport oder Lagerung zu überstehen hat. Der Nährwert und die Zusammensetzung sind bei späterer Ernte besser, aber auch hier wird die vollständige Entwicklung der Frucht bis zur physiologischen Reife nicht abgewartet. Während Lagerung und Transport hat das Obst oder Gemüse Zeit zum Nachreifen. Obst und Gemüse wird gelagert, weil es zwar zum optimalen Zeitpunkt geerntet wird, allerdings ist ein direkter Verkauf selten möglich. Der Markt erwartet eine kontinuierliche und nachfragebestimmte Belieferung. Durch optimale Lager- und Transporteinrichtungen wird dies möglich. Die verschiedenen Obst- und Gemüsearten sind unterschiedlich gut für die Lagerung geeignet. Beeren- und Steinobst sind nur wenige Tage bis Wochen lagerfähig, Äpfel und Birnen jedoch können über mehrere Monate ohne größere Verluste gelagert werden. Sollen in einem Lagerraum mehrere verschiedene Produkte aufbewahrt werden, muss man beachten, dass sie unterschiedliche Anforderungen an Temperatur und Luftfeuchte haben können. Es kann auch zu Geschmacksübertragungen von Zwiebeln, Kräutern, Kohlarten usw. auf andere Arten kommen. Bei Apfel, Birne, Tomate, Brokkoli und Melone muss die Bildung von Ethylen beachtet werden (siehe Seite 260).

Lagerung von Zierpflanzen

Zierpflanzen enthalten im Gegensatz zu den meisten Obst- und Gemüsearten wenige Reservestoffe, da die normale Entwicklung an der Pflanze oder als Pflanze durch die Ernte oder Entnahme aus einem Bestand unterbrochen wird. Besonders Gewebeteile, Stecklinge, Schnittblumen, Jung- und Topfpflanzen haben nur geringen Schutz gegen Wasserverluste, und eine optimale Lagerung ist daher von größter Bedeutung.

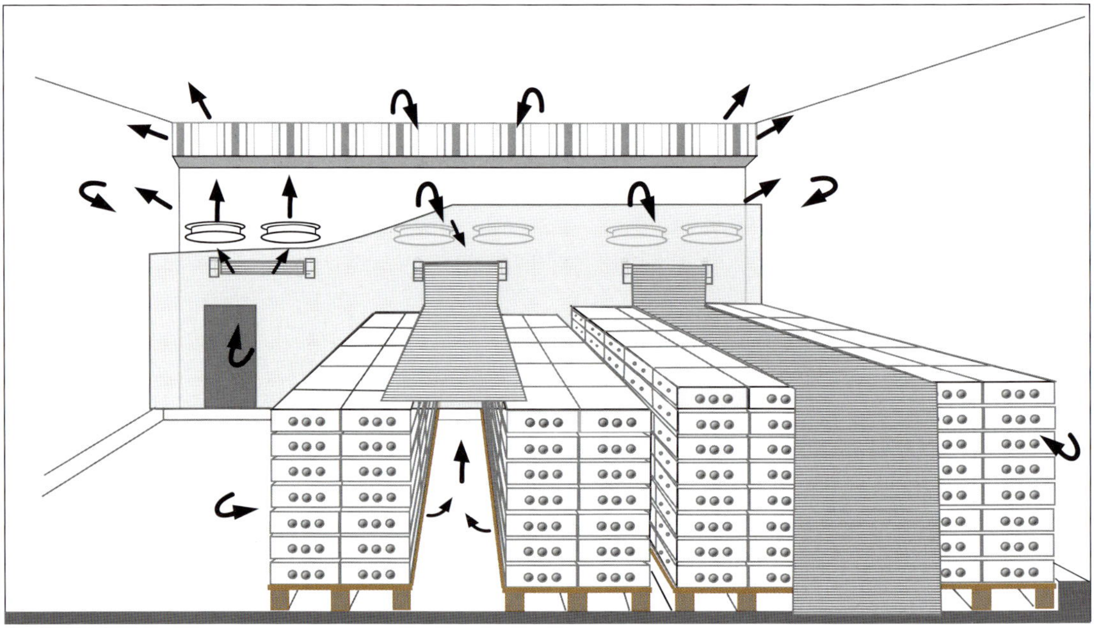

Lager mit Durchströmkühlung für Gemüse und Obst. Die Pfeile zeigen die Strömrichtung der Kaltluft an.

Lagerung von Schnittblumen

Lagerung von Schnittblumen und Beiwerk

Werden Schnittblumen und Beiwerk nicht täglich angeliefert, sondern auf Vorrat gekauft, müssen sie sofort nach dem Empfang angeschnitten, gewässert und in einem kühlen Raum mit Lüftung gelagert werden. Die optimale Lagertemperatur für Schnittblumen beträgt 3–5 °C bei einer relativen Luftfeuchtigkeit von 95 %.

Verkaufsfertige Glücksklee-Pflanzen warten im Gewächshaus auf den Transport

Lagerung von Topfpflanzen

Bei der Topfpflanzenlagerung ist die Versorgung mit den wichtigsten Wachstumsfaktoren Licht, Wasser, Temperatur und Luftfeuchtigkeit entscheidend, da sie auch während der Lagerung Fotosynthese betreiben müssen. Sollen die Pflanzen während der Aufbewahrung auch wachsen, werden sie am besten in einem Gewächshaus gelagert, wo die Wachstumsfaktoren optimal gesteuert werden können. Topfpflanzen müssen während der Lagerung regelmäßig auf Krankheiten und Schädlingsbefall kontrolliert werden. Auf Sauberkeit und ausreichende Standweiten ist zu achten.

Treiberei

Als Treiberei bezeichnet man die Steuerung einer Kultur durch bestimmte Temperaturen zu bestimmten Zeitpunkten. Dieses Verfahren wird bei Gehölzen sowie Stauden mit unterirdischen Speicherorganen (Zwiebeln, Knollen, Rhizome) angewendet. Es werden die natürlichen Bedingungen nachgeahmt, da bei diesen Pflanzen in der Natur der Wachstumsrhythmus ebenfalls durch eine Ruhephase mit niedrigen Temperaturen gekennzeichnet ist. Treibgehölze werden einige Wochen lang

Angetriebene Tulpen in Kistenkultur

im Kühlhaus niedrigen Temperaturen ausgesetzt und anschließend durch höhere Temperaturen zum Aufblühen gebracht. Zwiebeln, Knollen und Rhizome werden in Kisten oder Töpfen bei unter 9 °C frostfrei gelagert. Genaue Kulturanleitungen sind von der Pflanzenart und -sorte abhängig und können beim Zulieferer der Ware erfragt werden.

Beispiele für Pflanzen, die zum Treiben geeignet sind

Treibgehölze	**Treiberei von Überdauerungsorganen**
Aesculus hippocastanum (Rosskastanie)	*Convallaria majalis* (Maiglöckchen)
Cornus mas (Kornelkirsche)	*Crocus vernus* (Krokus)
Forsythia × *intermedia* (Goldglöckchen)	*Hippeastrum vittatum* (Ritterstern)
Salix caprea (Salweide)	*Narcissus*-Arten (Narzisse)
Syringa vulgaris (Flieder)	*Tulipa*-Arten (Tulpe)

Wiederholungsfragen

1. Welche Aufgabe haben Kühlräume?
2. Nenne die Prozesse, die während der Lagerung im Produkt ablaufen.
3. Welche Bedeutung hat die Atmung der gelagerten Produkte während der Lagerung?
4. Warum werden Pflanzen im Lager welk?
5. Welche vier Reifestadien unterscheidet man bei Früchten?
6. Welche Reifungsvorgänge finden in Früchten und Fruchtgemüse während der Lagerung statt?
7. Welche Rolle spielt das Pflanzenhormon Ethylen während der Lagerung?
8. Erkläre anhand eines Beispiels, wie sich Inhaltsstoffe durch Lagerung verändern können.
9. Wie entstehen Krankheiten im Lager?
10. Welche Faktoren wirken auf das Produkt während der Lagerung ein?
11. Wie wirkt sich die Temperatur auf das Lagergut aus?
12. Warum hat die Luftfeuchte bei der Lagerung so große Bedeutung?
13. Was ist die optimale Luftwechselzahl im Lager und warum?
14. Welche Auswirkungen hat die Luftzusammensetzung auf das Lagergut?
15. Wozu wird Vorkühlung eingesetzt?
16. Welche Möglichkeiten zur Vorkühlung kennst du?
17. Was ist Wasserkühlung?
18. Welchen Nachteil haben die beiden Varianten der Eiskühlung?
19. Erkläre das Prinzip der Vakuumkühlung.
20. Wie funktioniert die Kühlung mit Luft?
21. Was ist eine Erdmiete?
22. Wofür wird ein Frischluftlager eingesetzt?
23. Erkläre das Prinzip eines Kühllagers.
24. Nenne die Vor- und Nachteile eines Kühllagers.
25. Was ist ein CA-Lager?
26. Welche Vor- und Nachteile hat ein CA-Lager?
27. Was ist bei der Lagerung von Obst und Gemüse besonders zu beachten?
28. Was ist bei der Lagerung von Zierpflanzen besonders zu beachten?
29. Was versteht man unter Treiberei?

17 Belichtungsanlagen

Licht ist der für Menschen sichtbare Teil der Sonnenstrahlung. Dieser Bereich liegt ca. zwischen 380 und 780 nm Wellenlänge.

380 nm 780 nm

Farbspektrum des Lichts mit Wellenlängenbereichen

Wellenlänge-Bereiche der Spektralfarben

Farbton	Wellenlänge in nm
Violett	380–436
Blau	436–495
Grün	495–566
Gelb	566–589
Orange	589–627
Rot	627–780

Für die Pflanze ist Licht ein lebensnotwendiger Faktor (Wachstumsfaktor):

- Mit Hilfe des Lichts baut die Pflanze bei der **Fotosynthese** die für sie notwendigen Stoffe auf und nutzt die Energie für ihre Lebensvorgänge.
- Licht beeinflußt das **Längenwachstum** von Pflanzen. Im Dunklen wachsen Pflanzen schneller in die Höhe als bei Licht. Ist ausreichend Licht vorhanden, entstehen kürzere, gedrungene Pflanzen.
- Bei vielen Pflanzen wird die **Blütenbildung** durch den Einfluss der Tageslänge bestimmt (Photoperiodismus).
- Manche Pflanzenarten werden reagieren bei der **Keimung** auf Licht. Einige Pflanzenarten keimen besser in der Dunkelheit, andere im Licht.

Licht beeinflusst auch das Aussehen der Pflanze. Sonnenpflanzen haben sich an volles Licht angepasst, während Schattenpflanzen auch bei wenig Licht ausreichende Lebensbedingungen finden.

Fotosynthese: Die Fotosynthese ermöglicht das Pflanzenwachstum. Sie ist nur dann möglich, wenn genügend Licht vorhanden ist.

Pflanzenstoffwechsel: Der für die Pflanze notwendige Stoffwechsel vollzieht sich ununterbrochen, größtenteils jedoch in der Nacht.

In unseren Wohnräumen ist vor allem für Zimmerpflanzen oft zu wenig Licht vorhanden. Lichtmangel verursacht Wachstums- und Entwicklungshemmungen und auch die Krankheits- und Schädlingsanfälligkeit nimmt zu. Pflanzen, die unter Lichtmangel leiden, erkennt man an verlängerten Internodien, verringertem Blattwachstum und gelblichen, weicheren Blättern. Man nennt diese Erscheinung Etiolierung (Vergeilen) – sie entsteht aus dem Versuch der Pflanze, durch vermehrtes Längenwachstum zu Bereichen mit ausreichendem Licht zu gelangen.

Lichtüberschuss verursacht bei längerem Einfluss gedrungene Pflanzen mit hartem Laub.

Lichtansprüche der Pflanzen

Beim Lichtbedarf verschiedener Pflanzen gibt es große Unterschiede. Während beispielsweise Dracaena oder Ficus lyrata mit etwa 500 lx ihr Auslangen finden, benötigen Kakteen-Arten mindestens 1 000 lx. Besonders bei der Jungpflanzenproduktion und Gemüseproduktion ist auf ausreichende Belichtung zu achten.

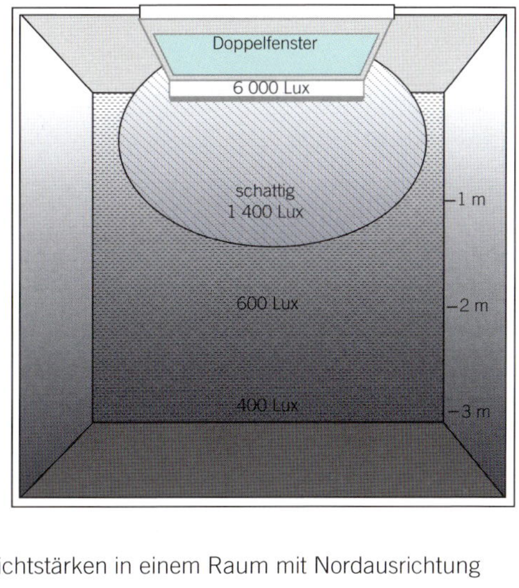

Lichtstärken in einem Raum mit Nordausrichtung

Begriffe aus der Beleuchtungstechnik

- **Strahlungsleistung:** bezeichnet den von einer Lichtquelle ausgestrahlte Energiestrom; wird in Watt (W) angegeben.
- **Lichtstrahlung:** der vom menschlichen Auge wahrgenommene Teil der Strahlung im Wellenlängenbereich zwischen 380 und 760 nm.
- **Lichtstrom:** ist die ausgestrahlte Lichtmenge einer Lichtquelle; wird in Lumen (lm) angegeben.
- **Lichtstärke:** bezeichnet den Lichtstrom, der in eine bestimmte Richtung abgestrahlt wird; die Einheit ist Candela (cd).
- **Lichtverteilungskurven:** die Verteilung der Lichtstärken einer Lichtquelle wird dargestellt.
- **Lichtausbeute:** gibt die Wirtschaftlichkeit einer Lampe an. Sie wird durch den erzeugten Lichtstrom pro Watt elektrischer Energie berechnet und in Lumen pro Watt (lm/W) angegeben.
- **Beleuchtungsstärke:** bezeichnet die Lichtleistung pro Fläche, ist ein Maß für die Helligkeit und wird in Lux (lx) angegeben.
- **Beleuchtungswirkungsgrad:** gibt an, wie viel Licht der Lampen auf die zu beleuchtende Fläche fällt.

Luxmeter zur Messung der Beleuchtungsstärke

Zur Messung der Lichteinstrahlung können in Gärtnereien folgende Messgeräte eingesetzt werden:

- **Luxmeter,** Fotometer: wird zur Messung der Beleuchtungsstärke (Helligkeit des eingestrahlten Lichts) eingesetzt, welche in Lux angegeben wird.
- **Solarimeter:** misst die Sonneneinstrahlung in einem Wellenlängenbereich von 300 – 3 000 nm.
- **PAR-Messgerät:** Mit diesem Gerät wird die Lichteinstrahlung im Wellenlängenbereich von 400 – 700 nm gemessen und es kann eine direkte Beziehung zur Fotosynthese hergestellt werden.

Erhöhung des natürlichen Lichtangebots

Bevor eine Zusatzbelichtung installiert wird, sollten zunächst alle Möglichkeiten zur Steigerung des natürlichen Lichtangebots ausgenutzt werden. Der Gärtner kann bereits bei der Aussaat und auch später bei den getopften Pflanzen auf ausreichende Pflanzabstände achten. In der Gewächshaustechnik (Ost-West-Ausrichtung, günstiger Dachneigungswinkel zwischen 20 und 30°, Vermeidung von unnötigen Gewächshauskonstruktionen und Inneneinrichtungen) sollte bereits bei der Planung auf optimale Bedingungen geachtet werden. Besonders in Winter kann durch regelmäßiges Reinigen der Gewächshauseindeckung das natürliche Lichtangebot gesteigert werden.

Bei der Kundenberatung ist speziell bei Zimmerpflanzen auf die richtige Standortwahl hinzuweisen.

Kunstlicht wird im Gartenbau für folgende Zwecke eingesetzt:

- Zur Ergänzung des Tageslichts in Gewächshäusern, um so die Intensität der Strahlung zu erhöhen, die für die Fotosynthese notwendig ist
- Zur Verlängerung des Tages (Photoperiodismus)
- Als Ersatz des Tageslichts in Treibräumen, in denen Pflanzen unter streng kontrollierten Umweltfaktoren für wirtschaftliche Zwecke kultiviert werden
- Als Ersatz des Tageslichts in Labors, in denen Pflanzen für wissenschaftliche Zwecke kultiviert werden
- Zur Beleuchtung im Versandbereich
- Zur Beleuchtung im Verkaufsraum
- Zur dekorativen und erhaltenden Beleuchtung

Jungpflanzen unter Laborbedingungen

Belichtung zur Förderung der Fotosynthese – Assimilationsbelichtung, Zusatzbelichtung

In Ländern nördlich des 45. Breitengrads auf der Nordhalbkugel und südlich des 45. Breitengrads auf der Südhalbkugel ist die durchschnittliche natürliche Intensität des Tageslichts gering, und während einiger Monate des Jahre sind die Tage kurz. In diesen Gebieten ist das Pflanzenwachstum für vier bis sechs Monate durch Lichtmangel eingeschränkt. In diesen Regionen kann das Pflanzenwachstum durch die Verwendung von Kunstlicht zur Ergänzung desTageslichts verbessert werden.

Neben dem Licht beeinflussen auch noch andere Faktoren, wie z. B. Nährstoffversorgung, Umgebungs- und Bodentemperatur, Feuchtigkeit, CO_2-Gehalt usw. die vegetative und generative Entwicklung von Pflanzen. Unter der Voraussetzung, dass die erwähnten Faktoren günstig und konstant sind, hängt die Wachstumsrate in einer bestimmten Zeit von der Gesamtmenge der Strahlungsenergie ab, die von der Pflanze in dieser Zeit aufgenommen wird. Die Bestrahlungsdosis muss über lange Zeiträume verteilt werden.

Die Wirkung des Kunstlichts ist nicht nur abhängig von der Stärke und der Zeitdauer, in der es angewendet wird, sondern auch von dem Grad, in dem es das Tageslicht ergänzt. Eine bestimmte Menge Kunstlicht kann entweder in der Form einer hohen Bestrahlungsstärke fur kurze Zeit oder in niedriger Bestrahlungsstärke über längere Zeit angewendet werden. Versuche haben gezeigt, dass die zweite Methode meist zu den besseren Ergebnissen führt. Die Empfehlungen, die am Endes dieses Kapitels für die verschiedenen Kulturen gegeben werden, sind allgemeine Richtwerte.

Assimilationsbelichtung bei *Campanula*

Zu den Kulturen, bei denen Kunstlicht zur Förderung der Fotosynthese im gewerblichen Maßstab eingesetzt wird, gehören Gemüse (z. B. Gurken, Tomaten und Kopfsalat), Schnittblumen und verschiedene Topf- und Beetpflanzen. Stärke und Dauer der Bestrahlung sind abhängig von Pflanzenart, Entwicklungsstand der Pflanze, Tageslänge, geographischer Breite und Kulturmethode.

Richtig angewendete Belichtung die fördert die Assimilation und damit das Wachstum. Die Kulturzeit wird verkürzt, die Pflanzen sind gesünder und stärker und blühen früher. Zusätzlich wird der Befall mit Schädlingen eingedämmt, weil Zellwände und Cuticula dicker ausgebildet werden.

Bei der Auswahl der Lampen ist auf die Lichtqualität und die Lichtmenge zu achten. Für die Fotosynthese der Pflanzen ist vor allem der blauviolette und rotorange Spektralbereich von Bedeutung. Bei einer Zusatzbelichtung ist eine Lichtmenge von 2 000 bis 5 000 Lux rentabel und sollte besonders in den Abend- und Morgenstunden eingeschaltet werden.

Zur Steuerung der Assimilationsbelichtung kann eine Schaltuhr, ein Dämmerungsschalter, der die Beleuchtung mithilfe eines Fotoelements steuert oder ein Computer, der automatisch zu einer bestimmten Zeit ein- und ausschaltet. Auch kann die tägliche Lichtmenge mit Hilfe eines Klimacomputers gemessen und danach belichtet werden.

Im Gartenbau werden vor allem Hochdrucknatriumdampflampen und teilweise Hochdruckmetallhalogendampflampen, die allerdings eine geringere Lichtausbeute haben und mehr Schatten erzeugen, verwendet. Sie sind mit einem Gas- Dampfgemisch gefüllt. Durch elektrische Entladung des Stromes beim Durchgang entsteht das Leuchten. Man unterscheidet zwischen Niederdrucklampen (1–20 mbar) und Hochdrucklampen (0,1–10 bar).

Hochdrucknatriumlampen haben ein besonders günstiges Lichtspkektrum für die Fotosynthese und eine hohe Licht- und Strahlungsausbeute.

Fotoperiodische Belichtung – Steuerung der Blütezeit

Zur Steuerung der vegetativen und generativen Pflanzenentwicklung kann bei Langtags- bzw. Kurztagspflanzen die Tageslänge durch Belichtung verlängert bzw. durch Verdunkelung verkürzt werden. Mit künstlicher Belichtung kann die Länge eines Tages auf relativ einfache und günstige Weise ausgedehnt werden, da die dazu benötigte Strahlungsdichte lediglich 150–400 mW/m² beträgt.

Nachtunterbrechung mit künstlicher Belichtung

Zur Steuerung der Blütezeit bieten sich zwei Methoden an:

- Der Tag wird verlängert, indem bei Einbruch der Dämmerung das Kunstlicht für eine bestimmte Zeit einschaltet wird.
- Die Nacht wird „unterbrochen“, indem man nachts die Belichtung für kurze Perioden einschaltet.

Die zweite Methode wird in der Regel bevorzugt, da sie im Hinblick auf den Energieverbrauch wirtschaftlicher ist. Wird das Kunstlicht zusätzlich zur Förderung der Fotosynthese eingesetzt, so ist die Verlängerung des Tages die wirksamere Methode.

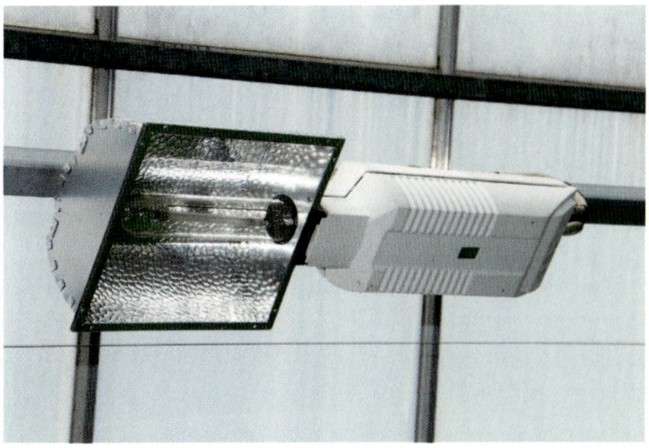

Assimilationsleuchte mit Reflektor

Zur photoperiodischen Belichtung werden im Gartenbau vor allem Glühlampen und Kompaktleuchtstofflampen eingesetzt. Bei Glühlampen wird ein Metallfaden von durchfließendem Strom auf 2 500 bis 3 000 °C erhitzt und damit zum Glühen gebracht. Sie bringen eine geringe Lichtausbeute, hohen Infrarotanteil und sind schaltunempfindlich. Sie sind daher auch gut zur Intervallbeleuchtung einzusetzen.
Kompaktleuchtstofflampen (Energiesparlampen) haben eine wesentlich höhere Lebensdauer, Licht- und Strahlungsausbeute als Glühlampen.

In der Europäischen Union ist zur Erzielung eines sparsamen Energieverbrauchs ein Verkaufsverbot von Glühlampen mit geringer Energieeffizienz (Energielabel E, F und G).

Zyklische Belichtung, Intervallbelichtung

Bei dieser Methode wird die Nacht in Perioden von Licht und Dunkelheit unterteilt, wobei Licht während 20–30 % der Zeit eingesetzt wird. Kurze Belichtungsperioden werden mindestens alle 30 Minuten wiederholt. Der sogenannte „Nachwirkungseffekt" bewirkt, dass die Pflanze so reagiert, als würde das Licht ständig brennen. In der Praxis wird das Gewächshaus in drei bis funf Bereiche unterteilt, die während der Unterbrechungen der Nacht nacheinander beleuchtet werden, um so die elektrische Belastung gleichmäßiger zu verteilen. Die zyklische Belichtung führt z. B. bei Erdbeeren und Chrysanthemen zu ausgezeichneten Ergebnissen.

Für die gewerbliche Pflanzenkultur wird die Entscheidung, ob eine Pflanzenbelichtungsanlage installiert werden soll, weitgehend vom Ergebnis
der Kosten-Nutzen-Rechnung abhängen.

Die zusätzlichen Gewinne, die mit einer derartigen Anlage erzielt werden, sind das Ergebnis

- einer höheren Qualität der Kulturen,
- eines höheren Ertrags pro Fläche,
- kürzerer Anzuchtzeiten,
- einer Vermarktung der Kulturen zu dem Zeitpunkt, an dem die höchsten Preise erzielt werden können
- geringerer Bedarf an Pflanzenschutzmitteln durch gesündere Pflanzen.

Zu diesen Hauptargumenten kommen noch weitere Vorteile, wie z. B. einfachere Produktionsplanung und bessere Kontrolle des Wachstums.

Wiederholungsfragen

1. Was ist Licht?
2. Warum ist Licht für die Pflanzen so wichtig?
3. Welche Symptome weisen bei Pflanzen auf Lichtmangel hin?
4. Erkläre die Begriffe Strahlungsleistung, Lichtstrom und Lichtstärke.
5. Erkläre die Funktionsweise von Luxmeter, Solarimeter und PAR-Messgerät.
6. Wie kann man im Gewächshaus das natürliche Lichtangebot steigern?
7. Mit welchen Lampen wird Zusatzlicht erzeugt?
8. Was versteht man unter photoperiodischer Belichtung?

Diese Tabelle verschafft einen Überblick über die wirksamste Belichtungsdosis und -dauer für eine Auswahl von Pflanzen mit den passenden Lampentypen. Die Angaben beziehen sich auf Zusatzbeleuchtung für Pflanzen in Gewächshäusern unter westeuropäischen Bedingungen. Wenn sie unter Bedingungen mit durchschnittlich höherem oder niedrigerem Tageslichtniveau oder für andere Pflanzensorten als in der Tabelle angegeben, können sie allein zur Orientierung herangezogen werden.

Wichtig ist, dass die Belichtungsbedingungen immer in Bezug zu anderen Klimafaktoren wie Temperatur, relative Luftfeuchtigkeit, Düngung, Wassergabe und CO_2-Dosierung zu sehen sind.

Die empfohlene Lichtintensität (PPFD) wird in µmol m^{-2} s^{-1} ausgedrückt. Da in der Praxis hauptsächlich die Einheit Lux verwendet wird, wird hier die Umrechnung von Lux nach µmol m^{-2} s^{-1} für verschiedene Lampen wiedergegeben. Der Umrechnungsfaktor ist nicht konstant, sondern auch von Faktoren wie z. B. Betriebstemperatur und Betriebsstunden der Lampe abhängig.

Empfehlungen für die Belichtung von Schnittblumen- und Topfpflanzenkulturen:

Pflanze		**Erforderl. Strahlungsdichte in W/m²**	**PPFD-Wert in µmol m^{-2} s^{-1}**	**Lampentyp**	**Beleuchtungsperiode**	**Beleuchtungsdauer pro Tag**	**Ziele und Methode**
Adiantum raddianum (Frauenhaarfarn)	Topfpflanzen	6 000	40	HID	Winter	16–18 Std.	Förderung des vegetativen Wachstums
Alstroemeria–Cultivars	Schnittblumen	250	1,5	Einschl. Glühlampe	Mitte Januar–Febr.	10 Min. pro halbe Stunde	Frühere Blüte
Alstroemeria–Cultivars	Schnittblumen	3 000–5 000	40–50	HID	Januar–März	14 Stunden	Frühere Blüte, bessere Qualität, größere Produktion
Anthirrhinum majus	Sämlinge	12 000	25–40	HID	Winter	14–16 Stunden	Förderung des vegetativen Wachstums und frühere Blüte von ± 4 Wochen

Pflanze		Erforderl. Strahlungsdichte in W/m²	PPFD-Wert in µmol m^{-2} s^{-1}	Lampentyp	Beleuchtungsperiode	Beleuchtungsdauer pro Tag	Ziele und Methode
Aphelandra squarrosa	Sämlinge	23 000	100	TL	Winter	18–20 Stunden	Die Kultur von Sämlinge in Anbaukammern
	Jungpflanzen	1 100	5	TL	Winter	14–16 Stunden	Förderung des vegetativen Wachstums und frühere Blüte
Aster sp.	Schnittblumen	4 000–6 000	40–50	HID	Winter	16 Stunden	Förderung des vegetativen Wachstums, frühere Blüte
Asplenium nidus	Topfpflanzen	6 000	40	HID	Winter	16–18 Stunden	Förderung des vegetativen Wachstums, kürzerer Kulturzyklus
Beetpflanzen, Sommerblumen	Sämlinge Jungpflanzen	6 000–10 000	40–65	HID	Januar–März	16 Stunden	Kultur von Sämlinge, Förderung des vegetativen Wachstums und frühere Blüte in Gewächshäusern und Treibkammern
Begonia sp. *Begonia*-Elatior-Cultivars *Begonia*-Lorraine-Cultivars *Begonia*-Rex-Cultivars	Mutterpflanzen	7 000–9 000	45–55	HID	Winter	16 Stunden	Förderung des vegetativen Wachstums
Begonia sp.	Stecklinge und Jungpflanzen	300	1,5	TL	Winter	16 Stunden	Frühere Blüte
Bromelien: *Aechmea* *Guzmania* *Neoregelia* *Vriesea*	Sämlinge und Jungpflanzen	6 000–7 000	40–45	HID	September –April	16–18 Stunden	Kultur von Sämlinge, Förderung des vegetativen Wachstums, kürzerer Kulturzyklus
Blumenzwiebeln: *Tulipa* *Hyanzinthus* *Narcissus* *Crocus*	Blumenzwiebel	3 000–5 000	25–40	TL/HPI	Dezember –Februar	12 Stunden ohne Tageslicht	Erblühen
Cactaceae	Sämlinge und Jungpflanzen	14 000–18 000	85–110	HID	September –April	16–18 Stunden	Kultur von Sämlinge, Förderung des vegetativen Wachstums, kürzerer Kulturzyklus
Calceolaria-Cultivars	Topfpflanzen	1 000	4	TL	Mitte November –Mitte März	16–24 Stunden	Frühere Blüte

Pflanze		Erforderl. Strahlungsdichte in W/m²	PPFD-Wert in µmol $m^{-2} s^{-1}$	Lampentyp	Beleuchtungsperiode	Beleuchtungsdauer pro Tag	Ziele und Methode
Callistephus chinensis (Chinesische Aster)	Jungpflanzen	3 000–5 000	40–50	HID	Januar–März	16 Stunden, im Anschluss an kurze Tage	Förderung des vegetativen Wachstums und frühere Blüte Kurze Tage nach dem Sichtbarwerden der Knospen
Camellia japonica	Jungpflanzen	4 500	45–55	HID	September –April	16 Stunden	Frühere Blüte und Qualitätsverbesserung
Campanula isophylla (Stern von Bethlehem)	Topfpflanzen	1 000–2 000	40–50	TL/HID	Januar–März	16 Stunden	Frühere Blüte und Qualitätsverbesserung
Chrysanthemum × grandiflorum	Mutterpflanzen	6 000	40	HID	September –April	18–20 Stunden (Einschließlich Glühlampe fotoperiodische Beleuchtung)	Förderung des vegetativen Wachstums für hochwertige Stecklinge
Chrysanthemum × grandiflorum	Stecklinge	6 000–7 000	40–45	HID	September –April	18–20 Stunden (Einschließlich Glühlampe fotoperiodische Beleuchtung)	Förderung des vegetativen Wachstums für hochwertige Stecklinge
Chrysanthemum × grandiflorum	Schnittblumen	4 000	40–50	HID	ganzjährig	18–20 Stunden, später 12 Stunden fotoperiodische Beleuchtung)	Förderung des vegetativen Wachstums, frühere Blüte und Qualitätsverbesserung
Chrysanthemum × grandiflorum	Topfpflanzen	6 000–7 000	40–45	HID	September –April	18–20 Stunden (Einschl. Glühlampe fotoperiodische Beleuchtung)	Förderung des vegetativen Wachstums, kürzerer Kulturyklus
Codiaeum variegatum var. *variegatum*	Topfpflanzen	6 000	40–50	HID	Winter	16–18 Stunden	Förderung des vegetativen Wachstums, gute Farbqualität
Columnaea-Cultivars	Topfpflanzen	4 000–6 000	25–40	HID	Winter	16–18 Stunden	Förderung des vegetativen Wachstums, Vermehrung und
Cordyline fruticosa	Topfpflanzen	6 000	40–50	HID	Winter	18 Stunden	Förderung des vegetativen Wachstums, gute Farbqualität
Cyclamen persicum	Sämlinge u. Topfpflanzen	6 000	40–55	HID	November –Februar	18 Stunden	Kultur von Sämlinge und Förderung des vegetativen Wachstums
Dahlia-Cultivars	Schnittblumen	400	1,5	TL	Winter	2 Stunden nachts	Frühere Blüte

Pflanze		Erforderl. Strahlungsdichte in W/m²	PPFD-Wert in µmol $m^{-2} s^{-1}$	Lampentyp	Beleuchtungsperiode	Beleuchtungsdauer pro Tag	Ziele und Methode
Dianthus caryophyllus	Mutterpflanzen	6 000	40–50	HID	September – April	14 Stunden	Förderung des vegetativen Wachstums für hochwertige Stecklinge
Dianthus caryophyllus	Stecklinge	6 000	40	HID	September – April	14 Stunden	Förderung des vegetativen Wachstums, kürzerer Kulturzyklus, Stimulieren der Wurzelbildung
Dianthus caryophyllus	Schnittblumen	250–400	1,5–2	Einschl. Glühlampe	September – April	16–24 Stunden	Frühere Blüte
Dianthus barbatus	Schnittblumen	4 000–6 000	40–50	HID	Winter	16 Stunden	Förderung des vegetativen Wachstums und frühere Blüte
Euphorbia fulgens	Schnittblumen	200	1,5	Einschl. Glühlampe	August–Januar	3 Stunden nachts	Förderung des vegetativen Wachstums, Anbau das ganze Jahr
Euphorbia pulcherrima	Topfpflanzen	300	1,5	Einschl. Glühlampe	Okt. Dauer 2–3 Wochen	2–3 Stunden nachts	Verzögerung der Knospenbildung bis Weihnachten
Euphorbia milii	Topfpflanzen	1 100	5	TL	Okt.–April	16 Stunden	Förderung des vegetativen Wachstums, ganzjähriger Anbau
Eustoma grandiflorum (Großblütiger Prärieenzian)	Schnittblumen		50–60	HID	Winter	16–18 Stunden	Förderung des vegetativen Wachstums, kürzere Anbauzeit und frühere Blüte
Ficus sp.	Topfpflanzen	6 000	40–50	HID	Winter	16–18 Stunden	Förderung des vegetativen Wachstums
Ficus sp., leicht verholzte Stauden oder Halbsträucher	Sämlinge und Stecklinge		55	HID	August–März	16–20 Stunden	Kultur von Sämlinge und Wurzelformung von Stecklingen, Wachstumsbeschleunigung
Ficus sp., Bäume	Jungbäume		65–100	HID	August–März	16–20 Stunden	Auftreten von verzögerter Keimbildung; Wachstumsbeschleunigung
Freesia-Cultivars	Schnittblumen	3 500–5 500	40–50	HID	Winter	16–20 Stunden	Förderung des vegetativen Wachstums, frühere Blüte, mehr Blumen von besserer Qualität
Fuchsia-Cultivars	Topfpflanzen	1 200	6	TL	September –Okt.	4 Stunden nachts	Frühere Blüte

Pflanze		Erforderl. Strahlungsdichte in W/m²	PPFD-Wert in µmol $m^{-2} s^{-1}$	Lampentyp	Beleuchtungsperiode	Beleuchtungsdauer pro Tag	Ziele und Methode
*Gerbera-Jamesonii-*Cultivars	Jungpflanzen	9 000	55	HID	Winter	16 Stunden	Wurzelbildung bei Jungpflanzen, Förderung des vegetativen Wachstums, kürzerer Kulturzyklus
*Gladiolus-*Cultivars	Schnittblumen	8 000–10 000	50–65	HID	Januar–März	16 Stunden	Frühere Blüte, Förderung des vegetativen Wachstums
Gypsophila paniculata	Schnittblumen	9 000	55–75	HID	Winter	16–20 Stunden	Frühere Blüte, Förderung des vegetativen Wachstums
Gypsophila paniculata			1,5	Einschl. Glühlampe		16–20 Stunden	
Hedera helix	Topfpflanzen, Mutterpflanzen, Stecklinge	4 000–6 000	40–50	HID	Winter	16–18 Stunden	Förderung des vegetativen Wachstums
Hydrangea macrophylla	Topfpflanzen	1 500–2 500	40–55	HID	Ab Dezember	16–18 Stunden	Förderung des vegetativen Wachstums
Hypoestes phyllostachya	Topfpflanzen	5 000–7 000	40–50	HID	Winter	16–18 Stunden	Förderung des vegetativen Wachstums, gute Farbqualität
*Ixia-*Cultivars	Schnittblumen	5 000–7 000	40–50	HID	Winter	16 Stunden	Förderung des vegetativen Wachstums, frühere Blüte
Kalanchoe blossfeldiana	Mutterpflanzen u. Stecklinge, Topfpflanzen	4 000	40–50	TL/HID	Januar–März	18–20 Stunden	Verzögerte Knospenbildung, Förderung des vegetativen Wachstums, kürzerer Kulturzyklus
Kalanchoe blossfeldiana	Topfpflanzen		35–50	HID	Winter	18–20 Stunden	Förderung des vegetativen Wachstums, kürzerer Kulturzyklus
Liatris spicata	Schnittblumen	5 000–7 000	40–55	HID	Winter	16 Stunden	Förderung des vegetativen Wachstums, frühere Blüte
Lilium longiflorum	Schnittblumen	3 000–5 000	35–45	HID	Winter	16–24 Stunden	Knospenabfall möglich, Förderung des vegetativen Wachstums
Lilium speciosum	Schnittblumen	300–500	1,5–2,5	Einschl. Glühlampe	Winter	16 Stunden	Frühere Blüte
*Lilium-*Cultivars	Schnittblumen	8 000–10 000	1,5	PLE			Frühere Blüte

Pflanze		Erforderl. Strahlungsdichte in W/m^2	PPFD-Wert in µmol m^{-2} s^{-1}	Lampentyp	Beleuchtungsperiode	Beleuchtungsdauer pro Tag	Ziele und Methode
Matthiola incana (Garten-Levkoje)	Schnittblumen	5 000–6 000	40–50	HID	Winter	16–24 Stunden	Förderung des vegetativen Wachstums, frühere Blüte
Matricaria recutita (Kamille)	Schnittblumen	4 000–6 000	40–50	HID	Winter	16 Stunden	Förderung des vegetativen Wachstums, frühere Blüte
Nephrolepis exaltata	Topfpflanzen, Mutterpflanzen	5 000–7 000	35–45	HID	Winter	16–18 Stunden	Förderung des vegetativen Wachstums
Orchideen: *Cattleya* *Cymbidium* *Cypripedium* *Odontoglossum* *Paphiopedilum* *Phalaenopsis*	Sämlinge u. Jungpflanzen	7 000–9 000	45–60	HID	September –April	16 Stunden	Förderung des vegetativen Wachstums, frühere Blüte und hochqualitative Blumen
Pelargonium-Cultivars	Mutterpflanzen	7 000–9 000	45–60	HID	Winter	16–18 Stunden	Förderung des vegetativen Wachstums
Pelargonium-Cultivars	Stecklinge	9 000	60	HID	Winter	16–18 Stunden	Wurzelbildung von Stecklingen, bessere Qualität von Jungpflanzen, kürzere Kulturzeit
Pericallis × *hybrida*	Topfpflanzen	1 100	6	TL	Ab Mitte Januar	18 Stunden	Nach Knospenbildung, um 2 bis 4 Wochen frühere Blüte
Plectranthus scutellarioides (Buntnessel)	Topfpflanzen	6 000	40	HID	Winter	16 Stunden	Förderung des vegetativen Wachstums
Rosa-Cultivars	Topfpflanzen		45–60	HID	Winter	18–20 Stunden	Hoher Ertrag, Förderung des vegetativen Wachstums, kräftigere Pflanzen
Rosa-Cultivars	Schnittblumen	9 000–14 000	60–100	HID	Winter	18–20 Stunden	Hoher Ertrag an hochqualitativen Blumen
Saintpaulia-Ionantha-Cultivars	Mutterpflanzen, Stecklinge	5 000–6 000	40–50	HID	Winter	16–18 Stunden	Förderung des vegetativen Wachstums für die AnKultur von hochwertigen Stecklingen
Saintpaulia-Cultivars	Topfpflanzen		30–40	HID		16–18 Stunden	Frühere Blüte, kürzere Kulturzeit
Saxifraga cotyledon 'Pyramidalis'	Mutterpflanzen	400	2	Einschl. Glühlampe	3 Wochen ab Mitte Februar	3–4 Stunden Unterbrechung nachts	Frühere Blüte, 3–4 Wochen

Pflanze		Erforderl. Strahlungsdichte in W/m^2	PPFD-Wert in µmol m^{-2} s^{-1}	Lampentyp	Beleuchtungsperiode	Beleuchtungsdauer pro Tag	Ziele und Methode
Sinningia-Cultivars	Sämlinge u. Jungpflanzen	7 000–9 000	45–55	HID	November –Februar	16 Stunden	Kultur von Sämlinge, Förderung des vegetativen Wachstums, frühere Blüte
Spathiphyllum wallisii	Topfpflanzen	6 000	40	HID	Winter	16 Stunden	Förderung des vegetativen Wachstums, frühere Blüte
Sukkulenten	Sämlinge u. Jungpflanzen	9 000–14 000	55–80	HID	Winter	16–18 Stunden	Kultur von Jungpflanzen, Förderung des vegetativen Wachstums
Trachelium caeruleum	Schnittblumen		45–60	HID	Winter	16–18 Stunden	Förderung des vegetativen Wachstums, kürzere Kulturzeit, frühere Blüte
Blattzierende Pflanzen (Zimmerpflanzen)	Stecklinge u. Jungpflanzen	6 000–9 000	40–55	HID	Winter	16–18 Stunden	Bewurzelung von Stecklingen, Förderung des vegetativen Wachstums

Erklärung der verwendeten Abkürzungen:

Einschließlich Glühlampe = 1 000 Lux ist ca. 18 µmol m^{-2} s^{-1}

PLE, PL Kompaktleuchtstofflampe = 1 000 Lux ist ca. 13–14 µmol m^{-2} s^{-1}

TL röhrenförmige Fluoreszenzlampe = 1 000 Lux ist ca. 13–14 µmol m^{-2} s^{-1}

HPI Hochdruck-Metallhalogendampf-Lampe = 1 000 Lux ist ca. 14 µmol m^{-2} s^{-1} (z. B. MASTER HPI-T PLEus 400 W)

HID Hochdruck-Gasentladungslampe = 1 000 Lux ist ca. 12–13 µmol m^{-2} s^{-1} (z. B. Hochdruck-Natriumdampflampe, MASTER SON-T PIA, GreenPower oder MASTER SON-T PIA Agro)

µmol: Umrechnungsfaktor = klux

Beispiel:

100 µmol: 13 = 7,6 klux

oder 1 µmol entspricht 76 lux

Quelle: www.philips.com

Empfehlungen für die Belichtung von Gemüse- und Obstkulturen:

Pflanze		**Erforderl. Strahlungsdichte in W/m²**	**PPFD-Wert in µmol $m^{-2} s^{-1}$**	**Lampentyp**	**Beleuchtungsperiode**	**Beleuchtungsdauer pro Tag**	**Ziele und Methode**
Auberginen	Sämlinge	20 000–40 000	80–160	TL/HPI	das ganze Jahr hindurch	16-18 Stunden (ohne Tageslicht)	Produktion von Sämlinge in Treib-
Auberginen	Jungpflanzen	6 000	40–50	HID	Winter	14-16 Stunden	Förderung des vegetativen Wachstums, frühere Ernte
Grüne Bohnen	Jungpflanzen	9 000	55	HID	Oktober–Februar	16 Stunden	Förderung des vegetativen Wachstums, frühere Ernte, größere Ausbeute
Erdbeeren	Fruchtansatz	200–350	1,5–2	Einschl. Glühlampe	Januar–Februar	15 Min. pro Stunde 2 µmol $m^{-2}s^{-1}$ oder 8 pro Nacht durchgehend 1,5 µmol $m^{-2}s^{-1}$	Frühere Blüte, größere und bessere Fruchtproduktion
Gurken	Sämlinge u. Jungpflanzen	3 500–6 000	25–40	HID	Oktober–März	16 Stunden	Förderung des vegetativen Wachstums, kürzerer Kulturzyklus
Rote Bete	Sämlinge u. Jungpflanzen	10 000–15 000	65–100	HID	September – April	16 Stunden	Förderung des vegetativen Wachstums, kürzerer Kulturzyklus
Salat	Samenproduktion	45 000–60 000	280–380	HID	Winter	16 Stunden	Verkürzung der Anbauzeit 4–5 Mal
Salat	Sämlinge u. Jungpflanzen	25 000	150	HID/TL	Winter	16 Stunden (Gewächshäuser)	Förderung des vegetativen Wachstums, kürzerer Kulturzyklus
Salat	Kopfsalat-Produktion	7 000–9 000	45–60	HID	Winter	16 Stunden (Gewächshäuser)	Förderung des vegetativen Wachstums, kürzerer Kulturzyklus
Tomaten	Jungpflanzen	6 000	45–55	HID	Oktober–Februar	14–16 Stunden	Förderung des vegetativen Wachstums, Verkürzung der Anbauzeit (2 Wochen), höherer und besserer Fruchertrag
Tomaten	Fruchtproduktion	20 000	150	HID	Winter	14–16 Stunden	Förderung des vegetativen Wachstums, Verkürzung der Anbauzeit (2 Wochen), höherer und besserer Fruchertrag

Pflanze		Erforderl. Strahlungsdichte in W/m^2	PPFD-Wert in µmol $m^{-2}\,s^{-1}$	Lampentyp	Beleuchtungsperiode	Beleuchtungsdauer pro Tag	Ziele und Methode
Tomaten	Sämlinge u. Jungpflanzen		300–380	TL/HPI	Winter	16 Stunden (ohne Tageslicht)	Produktion in Gewächshäusern

Erklärung der verwendeten Abkürzungen:

Einschließlich Glühlampe = 1 000 Lux ist ca. 18 µmol $m^{-2}\,s^{-1}$

PLE, PL Kompaktleuchtstofflampe = 1 000 Lux ist ca. 13–14 µmol $m^{-2}\,s^{-1}$

TL röhrenförmige Fluoreszenzlampe = 1 000 Lux ist ca. 13–14 µmol $m^{-2}\,s^{-1}$

HPI Hochdruck-Metallhalogendampf-Lampe = 1 000 Lux ist ca. 14 µmol $m^{-2}\,s^{-1}$ (z. B. MASTER HPI-T PLEus 400 W)

HID Hochdruck-Gasentladungslampe = 1 000 Lux ist ca. 12–13 µmol $m^{-2}\,s^{-1}$

(z. B. MASTER SON-T PIA, GreenPower oder MASTER SON-T PIA Agro)

µmol: Umrechnungsfaktor = klux

Beispiel:

100 µmol: 13 = 7,6 klux

oder 1 µmol entspricht 76 lux

Quelle: www.philips.com

Abhängig von der Pflanzenart werden für Mitteleuropa folgende Zusatzbelichtungswerte empfohlen:

- 15–30 µmol zur Qualitätsverbesserung und für eine begrenzte Produktionssteigerung
- 30–45 µmol für Sämlinge und zur Anzucht von Topfpflanzen
- 40–100 µmol für die ganzjährige Kultur (z. B. von Chrysanthemen und Schnittrosen) und Pflanzen auf Stellagen

Kompaktleuchtsofflampe – Energiesparlampe

- 100–200 µmol für die Produktion von Pflanzen mit hohem Lichtbedarf (z. B. Gemüsesorten wie Tomaten und Gurken)
- 100–800 µmol für die Produktion von Pflanzen rein mit künstlicher Belichtung (z. B. in Wachstumskammern)

1 µmol entspricht bei einer Wachstumslampe mit 600W/400V 76 Lux.

- Besonders leichte und langlebige Alternative zu Glühlampen
- Praktisch konstanter Lichtstrom (> 80 %) über den empfohlenen Temperaturbereich
- Hohe Energieeffizienz
- Geeignet für den Notstrombetrieb
- Kosteneinsparungen von bis zu 20 € pro Jahr gegenüber Glühlampen
- Geeignet zum Austausch von Glühlampen in den meisten professionellen und semiprofessionellen

Anwendungen

- Nicht geeignet für Dimmer und elektronische Schalter
- Besonders für photoperiodische Belichtung geeignet

Herkömmliche Zusatzbelichtung mit Glühbirnen

18 Grundregeln für die Wartung von Maschinen und Geräten

Um die Lebensdauer und die Zuverlässigkeit von Maschinen und Geräten zu erhöhen, ist neben einer sachgerechten Bedienung auch eine entsprechende Wartung und Pflege notwendig. Betriebsanleitungen und Wartungspläne geben die speziellen Anweisungen dafür. Darüber hinaus sollte man folgende allgemeine Hinweise befolgen:

Gründliche Reinigung

Regelmäßige Reinigungsarbeiten können entweder nach jedem Maschinen- oder Geräteeinsatz erfolgen oder eben in regelmäßigen Abständen. Die meisten Reinigungsarbeiten werden mittels Wasser durch Hochdruckreiniger (Heiß- oder Kaltwasserreiniger) durchgeführt. Empfindliche Teile (Lichtmaschine, Kühler, Luftfilter usw.) dürfen nicht dem direkten Wasserstrahl ausgesetzt werden; sie sollten wie Maschinen, die keiner starken Verschmutzung ausgesetzt sind, nur mit Druckluft gereinigt werden. Stark mit Öl verschmutzte Teile können durch den Einsatz von chemischen Reinigungsmitteln entsprechend vorbereitet und schließlich mit Wasser gesäubert werden.

Maschinenservice-Termine in regelmäßigen Intervallen einplanen

Schmieren

Aufgrund von Schmier- und Wartungsplänen oder sonstiger Angaben in den Betriebsanleitungen müssen alle beweglichen Antriebselemente (Motor, Getriebe, Zusatzgeräte, Ketten, Zahnräder, Lager usw.) regelmäßig mit geeigneten Schmiermitteln versorgt werden. Während Motor-, Getriebe- und Hydrauliköle nach vom Hersteller empfohlenen Intervallen gewechselt werden sollten, sind verschiedene Lager, Zahnräder, Ketten und andere bewegliche Teile entweder mit Fett, Öl oder Universalspray zu versorgen. Diese Maßnahmen sollten neben den empfohlenen

Reinigung unterschiedlicher Maschinen

Schmieren

Intervallen nach jedem Waschvorgang durchgeführt werden, um ein Einrosten der beweglichen Teile zu verhindern.

Konservieren

Blanke Maschinen- und Geräteteile beginnen rasch zu rosten. Um das zu verhindern, sollten Maschinen und Geräte bei längeren Einsatzpausen mittels Konservierungsöl oder einem Gemisch aus Öl und Diesel eingesprüht werden. Sämtliche Kunststoffteile (Schläuche, Keilriemen, Reifen usw.) sollten nicht mit den Ölen in Kontakt geraten, da sie dadurch rascher brüchig werden und ihre Lebensdauer negativ beeinflusst wird.

Reparieren

Reinigungs- und Wartungsarbeiten bieten oft die Möglichkeit, auf sich langsam entwickelnde Maschinen- und Geräteschäden rechtzeitig aufmerksam zu werden. Mängel wie feine Risse an Schweißnähten, lockere Maschinenteile, fehlende Schraubverbindungen, beschädigte Zahnräder, lockere Antriebsketten, brüchige Keilriemen oder ähnliche „Kleinigkeiten“ können bei Nichtbehebung zu kostspieligen Maschinenschäden und zu vermeidbaren Maschinenstopps während der Arbeit führen. Sorgfältige Prüfung und umgehende Behebung festgestellter Mängel entweder in einer Fachwerkstätte oder durch fachkundiges Personal spart Geld, Zeit und Ärger.

19 Ergonomie – Arbeitsplätze den Menschen anpassen
(Beitrag der AUVA)

Menschengerechte Arbeitsgestaltung umfasst mehr als den Kauf hochwertiger Möbel und Lampen. Auch die Arbeitsorganisation, das Betriebsklima und die persönlichen Gestaltungsmöglichkeiten sollten passen.

Körperliche Belastung

Die Auswirkungen der Arbeitsbelastungen auf den Menschen nennt man Beanspruchungen. Die Größe der Beanspruchungen hängt einerseits von der Belastungshöhe und andererseits von den individuellen Leistungsvoraussetzungen des arbeitenden Menschen ab. Dazu zählen besonders die Eigenschaften, Fähigkeiten und Fertigkeiten jedes Einzelnen von uns. Wenn es gelingt, sowohl Über- als auch Unterbeanspruchungen zu vermeiden, dann sind wesentliche Zielsetzungen der Ergonomie erreicht. Es ist aber nicht sinnvoll – und auch gar nicht möglich –, Arbeitsbelastungen ganz zu vermeiden. Vielmehr sollte die Beanspruchung ausgeglichen sein. Dies zu bedenken hilft einerseits, die Gesundheit zu erhalten, andererseits führt es zu einem effizienteren Arbeiten und damit zu mehr Produktivität. Körperliche Belastungen können entweder aufgrund der Arbeit an sich oder aufgrund der Umgebungseinflüsse entstehen.

Umgebungseinflüsse

- Konzentration
- Art und Weise der Einwirkung
- Einwirkungsdauer
- Individuelle Konstitution des Menschen
- Tätigkeit
- Mischung mit anderen Stoffen

Die Konzentrationen der Luftverunreinigungen werden meist in den Einheiten ppm (Parts per Million, dies entspricht 1 cm^3 Gas pro 1 m^3 Luft) und in mg/m^3 (Milligramm des Stoffes in 1 m^3 Luft) angegeben. Schon PARACELSUS erkannte, dass die Dosis für die Wirkung eines Stoffs ausschlaggebend ist. Deshalb wurden Grenzwerte nach dem heutigen Stand der Wissenschaft festgelegt, die negative gesundheitliche Auswirkungen verhindern helfen. Es sind dies MAK-Werte (maximale Arbeitsplatzkonzentration) bzw. TRK-Werte (Technische Richtkonzentration). Es können jedoch bei bestimmten Stoffen schon bei wesentlich geringeren Konzentrationen Belästigungen, z. B. durch starke Gerüche, auftreten.

Substitution

- Ungefährlichere Ersatzstoffe verwenden

Technische Maßnahmen

- Geschlossene Arbeitsverfahren
- Schadstoffe an der Entstehungsstelle absaugen
- Raumlufttechnische Maßnahmen

Organisatorische Maßnahmen

- Die Menge der gefährlichen Arbeitsstoffe reduzieren
- Die Anzahl der damit arbeitenden Personen reduzieren
- Die Arbeitszeit im Umgang mit diesen Stoffen reduzieren

Personenbezogene Maßnahmen

- Persönliche Schutzausrüstung, z. B. Atemschutzmasken

Luftverunreinigungen

Je nach Schwere der körperlichen Betätigung atmen wir pro Minute 7–80 Liter Luft ein und aus. In 24 Stunden macht das bei 7 Litern pro Minute 10 000 Liter Luft.

Saubere und trockene Luft ist ein Gasgemisch aus ungefähr 78 Vol.-% Stickstoff, 21 Vol.-% Sauerstoff, 0,03–0,04 Vol.-% Kohlendioxid sowie weiteren Stoffen in geringen Konzentrationen, z. B. Edelgasen. Zusätzlich enthält die natürliche Luft Wasserdampf.

Im Bereich des Gartenbaus, z. B. beim Pflanzenschutz oder bei der Holzbearbeitung, entstehen Luftverunreinigungen durch:

- Flüssige Stoffe
- Feste Stoffe
- Gasförmige Stoffe
- Gase
- Nebel
- Rauch
- Staub
- Dämpfe

Jede Abweichung von diesen Konzentrationen oder Beimengungen von anderen Stoffen können auf den Menschen belästigend oder störend wirken, Gesundheitsgefahren für ihn darstellen und Brände oder Explosionen auslösen. Luftschadstoffe können nicht nur das Wohlbefinden des Menschen beeinflussen, sondern seine Gesundheit und unter Umständen sogar sein Leben gefährden. Die Wirkung der Luftverunreinigungen auf den Menschen hängt ab von der:

- Art des Stoffs
- Partikelgröße bei Stäuben

Die Arbeit an sich kann z. B. die folgenden Belastungen verursachen:

- Erhöhte Herz-Kreislauf-Belastung durch schwere körperliche Arbeit (über der individuellen Dauerleistungsgrenze DLG). Ziel ist es, die Beanspruchung so zu reduzieren, dass sie die DLG nicht überschreitet. Dadurch ist es möglich, die Arbeit regelmäßig acht Stunden pro Tag ohne zusätzliche Pausen zu verrichten. Wenn es trotz Ausschöpfung aller technischen und organisatorischen Maßnahmen nicht gelingt, die Beanspruchung genügend zu reduzieren, dann müssen zusätzliche Pausen in den Arbeitsablauf eingeplant werden.

- Statische Haltearbeit aufgrund ungünstiger Arbeitshaltung oder schlecht geplanter Arbeitsabläufe und die damit verbundene Belastung der Muskeln und Gelenke
- Belastung der Muskeln und Gelenke durch oft wiederholte, einseitige Bewegungsabläufe
- Belastung des Rückens durch das Handhaben schwerer Lasten (siehe Heben und Tragen)

	Stehen	Sitzen
Vorteile	+ Freie Bewegung möglich + Erweiterter Arbeitsbereich + Größere Körperkräfte übertragbar	+ Geringerer Energieumsatz + Stabile Körperhaltung + Feinarbeiten gut durchführbar + Länger dauernde Arbeiten mit geistigen Anforderungen gut durchführbar
Nachteile	– Langes Stehen fördert Rückenbeschwerden und Krampfadern – Pedale ungünstig zu bedienen – Statische Belastung der Beinmuskeln	– Begrenzter Arbeitsbereich – Geringe Körperkräfte übertragbar – Bei schlechter Einstellung des Stuhl-Tisch-Systems entstehen Zwangshaltungen

Arbeitsplatzmaße

Für die Gestaltung der Arbeitsplätze ist die Auswahl der richtigen Arbeitshöhe wichtig. Ist die Arbeitshöhe zu hoch, treten häufig Verspannungen im Bereich von Schulter und Nacken auf. Ist hingegen die Arbeitshöhe zu niedrig, so muss der Rücken übermäßig gebeugt werden, was zu Rückenbeschwerden führt. Bei der Auswahl sind u. a. folgende Einflussfaktoren zu berücksichtigen:

- Körpermaße der Benutzer/innen
- Größe der Werkstücke bzw. Werkzeuge
- Sehanforderungen
- Nötiger Krafteinsatz
- Feinmotorische Koordination
- Erforderliche Bewegungsfreiheit
- Richtige Arbeitshöhe – bessere Leistung!

nach DIN 33406 und ÖNORM A 8061			
Arbeitshöhe gezogen auf d. Ellbogen	Ellbogenhöhe +50 bis +100 mm	Ellbogenhöhe –100 bis –150 mm	Ellbogenhöhe – 150 bis –400 mm
Arbeitsanforderungen	hohe Anforderungen • visuelle Kontrolle • feinmotorische Koordination	mittlere Anforderungen • visuelle Kontrolle • feinmotorische Koordination	geringe Anforderungen visuelle Kontrolle hohe Anforderungen: Bewegungsfreiheit der Arme
Beispiele	Aussaat feiner Saatkörner, Pikieren kleinster Sämlinge, floristische Feinarbeiten …	Pikieren, Fertigung von Gestecken in der Floristik, Steckhölzer schneiden …	Sortierarbeiten, Topfen, Binden von Trauerkränzen, Montieren schwerer Werkstücke

Die relativ großen Verstellbereiche sind für die Anpassung an große Männer (95. Perzentil) und kleine Frauen (5. Perzentil) nötig. (Perzentil gibt an, wie viel der Menschen kleiner sind als der angegebene Wert.

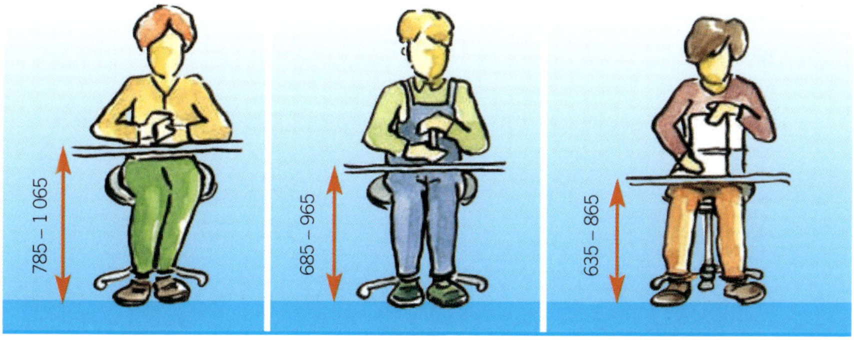

Arbeiten an einem Arbeitsplatz unterschiedlich große Personen oder werden unterschiedliche Tätigkeiten ausgeführt, so muss die Arbeitsflächenhöhe verstellt werden können. Die Verstellmöglichkeit wird jedoch von den Beschäftigten nur dann gut angenommen, wenn sie leicht, einfach und schnell zu bedienen ist.

Sitzarbeitsplätze kann man nur dann gut an verschiedene Benutzer anpassen, wenn man zwei Verstellmöglichkeiten hat (z. B. Sitzflächenhöhe und Arbeitsflächenhöhe).

Für nicht verstellbare Büroarbeitstische gilt als Normmaß eine Arbeitsflächenhöhe von 720 mm.

Neben der Arbeitsflächenhöhe ist auch der Beinfreiraum von Bedeutung. Ist der

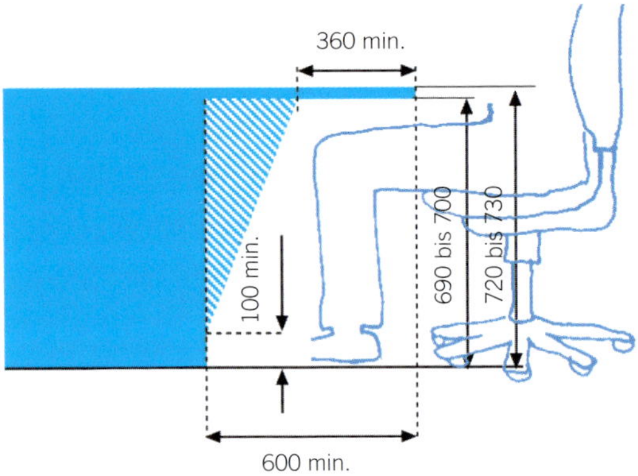

Beinfreiraum nach ÖNORM A 8021

Beinfreiraum nicht ausreichend tief, so kann der Arbeitnehmer nicht nahe genug an den Tisch heran. Er muss sich dadurch nach vorn beugen, womit die Wirkung der Rückenlehne des Arbeitsstuhls verloren geht. Die Rückenmuskulatur muss dadurch unnötige statische Haltearbeit verrichten, was zu einer frühzeitigen Ermüdung führt. Auch eine ausreichende Höhe des Beinfreiraums ist für die Nutzer äußerst wichtig.

Arbeitsmittel und Maschinen

Ergonomisch richtig gestaltete Arbeitsplätze, Arbeitsmittel und Maschinen zeichnen sich vor allem durch folgende Kriterien aus:

- Die Arbeitshöhe lässt sich an Ihre Körpergröße anpassen.
- Die richtige Sitzhöhe ist auf die Arbeitshöhe der Maschine und auf Ihre Körpermaße abgestimmt.
- Eine Möglichkeit zum Abstützen der Füße ist vorhanden.
- Für Ihre Beine gibt es genügend Platz, sodass Sie eine natürliche Körperhaltung einnehmen können und die nötige Bewegungsfreiheit haben.
- Sie können alle nötigen Anzeigen, Schalter und Bedienteile aus Ihrer normalen Position heraus erkennen und betätigen.
- Wenn es die Arbeitsaufgabe erfordert, können Sie auch die Bearbeitungsvorgänge und das Werkstück aus Ihrer normalen Position heraus einsehen.
- Die Betätigungskräfte von Bedienteilen wie Schaltern, Hebeln etc. sind Ihnen angemessen.
- Anzeigen und Bedienteile verhalten sich so, wie Sie es erwarten, z. B. Tachometer im Auto: Höhere Geschwindigkeit → Tachonadel bewegt sich im Uhrzeigersinn.
- Die Griffe und Bedienteile sind so geformt, dass die Bedienung erleichtert wird.
- Die Maschine gibt keine Emissionen in schädlichem oder lästigem Ausmaß ab, z. B. Schwingungen, Lärm, Schadstoffe …

Lärm

Was wir als Schall oder je nach Empfindung auch als Lärm wahrnehmen, ist eine Druckschwankung, die dem ruhenden Luftdruck überlagert ist. Diese Druckänderung bewegt unser Trommelfell, das diese Bewegungen über die Gehörknöchelchen an das Innenohr weiterleitet. Dort werden diese in ein Nervensignal umgewandelt, das zum Gehirn gesendet wird. Die Frequenz dieser Druckschwankungen ist maßgebend für die Tonhöhe, die Größe der Druckschwankungen (Schalldruck) für die Lautstärke. Der Schalldruckpegel ist ein Maß für die Lautstärke. Wenn der Pegel um 10 Dezibel (dB) zunimmt, entspricht das etwa einer Verdopplung des subjektiven Lautstärkeneindrucks, aber einer Verzehnfachung der Lärmbelastung.

Je nach Art der Tätigkeit darf der Beurteilungspegel folgende Grenzwerte nicht überschreiten. Lärm über dem Auslösewert von 80 dB bzw. einem Spitzenschalldruck von 112 Pa kann das Gehör gefährden. Das Hörvermögen ist stark gefährdet, wenn der Beurteilungspegel 85 dB übersteigt oder der Spitzenschalldruck 140 Pa erreicht. Bei Lärmschwerhörigkeit werden die Wörter dumpfer, verwaschener und deutlich leiser wahrgenommen, so auch Musik, Informationen und Umweltgeräusche. Das bedeutet für die Betroffenen einen deutlichen Verlust an Lebensqualität. Zur sinnvollen Lärmbekämpfung ist folgende Hierarchie der Maßnahmen wichtig:

Technischer Lärmschutz – Bekämpfung an der Quelle

- Ersetzen lauter Maschinen durch leise
- Lärmarme Pressluftdüsen verwenden
- Blechkonstruktionen entdröhnen und beschichten
- Kunststoffzahnräder statt lauter Stahlzahnräder
- Schrägverzahnung statt Geradverzahnung

Schallabstrahlung verhindern

- Durch Kapselungen kann die Abstrahlung von Luftschall eingedämmt werden. Körperschallausbreitung kann hingegen durch isolierende Aufhängungen unterdrückt werden.

- Lärmausbreitung verhindern: z. B. durch den Einsatz von schallschluckenden Materialien an Wänden, Decken, Trennwänden und Schallschürzen (Raumakustik)

Organisatorischer Lärmschutz

- Trennen des Menschen von der Lärmquelle
- Laute und leise Arbeitsvorgänge räumlich trennen
- Arbeitszeit in der Lärmzone so gering wie möglich halten durch Umgestaltung des Arbeitsablaufs und steten Arbeitsplatzwechsel

Persönlicher Gehörschutz

- Verwenden von Gehörschutzmitteln wie z. B. Gehörschutzstöpsel, Kapselgehörschutz oder Otoplasten

Heben und Tragen

Sehr viele Arbeitnehmer/innen leiden unter Rückenschmerzen aufgrund von Schädigungen der Wirbelsäule. Eine der häufigsten Ursachen:

falsches Heben und Tragen von zu schweren Lasten.

Beim Heben und Tragen von Lasten nimmt die Belastung der Wirbelsäule von oben nach unten zu und ist in den Bandscheiben der Lendenwirbelsäule am größten. Die Höhe der Belastung wird hauptsächlich durch das zu hebende Gewicht, die Häufigkeit, die eingenommene Körperhaltung und die Form und Größe der Last bestimmt.

Wer häufig schwere Lasten bewegen muss, sollte dabei beachten:

- Hebe- und Transporthilfen verwenden, z. B. Tragegurte, Sackrodel, Lifter
- Richtiges Fassen und Heben der Last:
- mit geradem Rücken
- mit gebeugten Knien
- Griffhöhe beim Anheben und Absetzen möglichst 50–75 cm

- Möglichst nah am Körper heben
- Nie ruckartig heben oder absetzen
- Lasttransport mit geradem Rücken
- Oberkörper nicht verdrehen beim Heben, Tragen und Absetzen der Last

Durch die stark unterschiedlichen individuellen Voraussetzungen lassen sich keine allgemeingültigen Grenzlasten aufstellen. Vorhandene Empfehlungen und Grenzwerte gelten immer nur für bestimmte Personengruppen und für vorgegebene Ausführungsbedingungen.

Arbeitshaltungen

Normale Arbeitshaltungen:

- Aufrecht stehen
- Normal sitzen

Arbeitshaltungen mit erhöhten Belastungen z. B. durch:

- Rückenbeugungen
- Verdrehungen
- Armhaltung in bzw. über Kopfhöhe
- Knien, Hocken, Liegen etc.

Bei der Arbeit sollen keine Zwangshaltungen auftreten. Zwangshaltungen sind unnatürliche oder verspannte Körperhaltungen sowie eingeschränkte Bewegungsfreiheit.

Bei Zwangshaltungen müssen einzelne Muskeln immer statische Haltearbeit verrichten. Statische Arbeit ist für den Muskel sehr ermüdend, weil ein starkes Ungleichgewicht zwischen Blutbedarf und Durchblutung besteht.

20 Arbeitsschutz und Arbeitssicherheit (Beitrag der AUVA)

Checkliste der gesetzlichen Prüfpflichten in der Elektrotechnik

Elektrotechnische Anlagen und elektronische Geräte müssen in regelmäßigen Abständen überprüft werden. Diese Prüfungen werden von Elektroinstallateuren durchgeführt.

Gesetzliche Prüfpflichten in der Elektrotechnik (Quelle: auva.at)

Prüfobjekt	Prüfintervall
Sicherheitsbeleuchtung	1× jährlich
Sicherheitsbeleuchtung (Funktionsprüfung)	Monatlich
Klima- und Lüftungsanlagen	1× jährlich
Brandmeldeanlagen	1× jährlich
Elektrische Anlagen (Elektroinstallation)	Alle 5 Jahre
Elektrische Anlagen und Betriebsmittel	Alle 3 Jahre
Elektrische Anlagen und Betriebsmittel (im Geltungsbereich der Verordnung über brennbare Flüssigkeiten – VbF)	Alle 3 Jahre
Elektrische Anlage (Elektroinstallation auf Baustellen inkl. Stromaggregate)	1× jährlich
Elektrische Anlage (Elektroinstallation auf Baustellen inkl. Stromaggregate)	Wöchentlich
Elektroinstallation für land- und forstwirtschaftliche Betriebe	Alle 4 Jahre
Elektroinstallation für land- und forstwirtschaftliche Betriebe FI-Prüfung	Monatlich
Elektrische Anlagen und Betriebsmittel im Bergbau	Blitzschutz
Blitzschutzanlage (im Geltungsbereich der Verordnung über brennbare Flüssigkeiten – VbF)	Jährlich oder alle 3 Jahre
Blitzschutz nicht betriebliche Nutzung	1× jährlich
Fehlerstromschutzschalter (FI) Prüftaste	5, 10 Jahre
Ortsfest aufgestellte Maschinen und Geräte	Laut Herstellerangaben; mindestens halbjährlich
Ortsveränderliche Betriebsmittel	Laut Herstellerangaben
Herstellerangaben/laut Evaluierung	Elektrische Geräte und Elektrowerkzeuge
Vor Inbetriebnahme auf offensichtliche Mängel prüfen	Elektrische Geräte und Elektrowerkzeuge
Laut Herstellerangaben; mindestens jährlich; vor Inbetriebnahme auf offensichtliche Mängel prüfen	Elektrische Geräte und Elektrowerkzeuge auf Baustellen

Zusätzliche Prüfungen laut Betriebsanleitungen sowie behördliche Vorschreibungen bleiben davon unberührt. Diese Aufstellung erhebt keinen Anspruch auf Vollständigkeit.

Checkliste für Sicherheitsvorkehrungen beim Umgang mit ätzenden Stoffen

CHECKLISTE - Umgang mit ätzenden Stoffen

AUVA

Erstellt am: ______ von: ______	JA	NEIN
Aktuelle Sicherheitsdatenblätter vorhanden	☐	☐
PSA		
vorhanden?	☐	☐
verwendet?	☐	☐
Funktionskontrolle?	☐	☐
Bindemittel		
geeignet	☐	☐
vorhanden	☐	☐
Augendusche		
vorhanden	☐	☐
funktionsbereit	☐	☐
Standort gekennzeichnet	☐	☐
Augenspülflasche		
vorhanden	☐	☐
Inhalt in Ordnung (Verkeimung), wenn nein - austauschen	☐	☐
Datum der Befüllung notiert	☐	☐
Austauschintervalle eingehalten	☐	☐
Notfalldusche		
vorhanden	☐	☐
funktionsbereit	☐	☐
Standort gekennzeichnet	☐	☐
AN unterwiesen		
Gebindekennzeichnung vorhanden und korrekt	☐	☐
Lagerräume		
Auffangwannen vorhanden	☐	☐
Kennzeichnung angebracht	☐	☐
Säuren und Laugen getrennt gelagert	☐	☐
Arbeitsräume		
Entlüftung	☐	☐
Tagesbedarf	☐	☐
Erste Hilfe Mittel		
vorhanden	☐	☐
einsatzbereit	☐	☐
Rohrleitungen		
gekennzeichnet	☐	☐
Arbeitsfreigabe bei Reparaturen etc.	☐	☐
Abfüllen und Umfüllen		
geeignete Entnahmegeräte (z.B. Pumpen) vorhanden	☐	☐
Gebinde geeignet	☐	☐
Flusssäure (z.B. Beizpasten)		
Giftbezugsbewilligung vorhanden	☐	☐
Erste Hilfe Mittel (Gluconat) vorhanden	☐	☐

Checklisten für die Verhütung von Sturzunfällen

Fast 30 % aller Arbeitsunfälle und rund 20 % aller tödlichen Arbeitsunfälle entfallen auf Sturz und Fall von Personen. Dabei sind die Bereiche „Boden" und „Leitern" überproportional vertreten.

Checkliste für die Verhütung von Sturzunfällen am Boden

Checkliste für die Verhütung von Sturzunfällen am Boden

Beschaffenheit des Bodens

In Ordnung	JA	NEIN
Entspricht der Bodenbelag den betrieblichen Anforderungen (Detailinformation in der BGR 181: „Fußböden in Arbeitsräumen und Arbeitsbereichen mit Rutschgefahr")?		
Gibt es Schäden am Bodenbelag (Ausbrüche, Unebenheiten etc.)?		
Gibt es begehbare Gitterroste (falls ja, keine Stöckelschuhe tragen)?		
Gibt es bauliche Stolperstellen (Schachtdeckel, Türschwellen etc.)?		
Gibt es gefährliche Neigungen oder Rampen?		
Sind Bodenmarkierungen vorhanden (Fahrzeugverkehr, Lagerungen etc.)?		
Sind die Stiegen in sicherem Zustand (Steigungsverhältnis, Stufen nicht abgetreten, Gleitschutz, Markierung, Handlauf vorhanden etc.)?		

Temporäre Einflüsse

In Ordnung	JA	NEIN
Besteht Rutschgefahr durch die Raumnutzung (Öl, Fett, Staub etc.)?		
Besteht Rutschgefahr durch Witterungseinflüsse (Regen, Eis etc.)?		
Besteht Rutschgefahr durch Putz- und Reinigungsarbeiten?		
Gibt es temporäre Stolperstellen (Verlängerungskabel, Lagerungen etc.)?		
Werden Bodenöffnungen bei Revisions- oder Reparaturarbeiten gesichert?		
Ist eine ausreichende Beleuchtung vorhanden?		

Persönliches Verhalten

In Ordnung	JA	NEIN
Werden geeignete Schuhe getragen?		
Werden Hilfsmittel beim manuellen Transport von Lasten verwendet (freie Sicht, freie Hand zum Anhalten etc.)?		
Wird auf eine angepasste Gehgeschwindigkeit geachtet?		
Wird bei Stufen der Handlauf benützt?		

Weitere Informationen:

- Arbeitsstättenverordnung (AStV)
- Bauarbeiterschutzverordnung (BauV)
- AUVA-Folder „Sicherheit auf Schritt und Tritt" (Boden und Stiege)

Checkliste für die Benützung von tragbaren Leitern

Checkliste für die Benützung von tragbaren Leitern

In Ordnung	JA	NEIN
Werden nur normgeprüfte Leitern verwendet?		
Werden die MitarbeiterInnen in der Benützung von Leitern unterwiesen?		
Wird die Leiter sachgemäß gelagert?		
Ist die Leiter in funktionsfähigem und sicherem Zustand (Sichtkontrolle)?		
Wird die Leiter regelmäßig überprüft (z.B. lt. Beiblatt zur ÖNORM Z 1510 oder ev. Herstellerkontrollblatt)?		

Auswahl der Leiter

Ist eine Leiter für diese Tätigkeit sinnvoll (Gerüst, Treppenturm etc.)?		
Ist der Transport von Arbeitsmaterial und Werkzeug auf der Leiter organisiert?		
Wird die richtige Leiterart ausgewählt (Bauart, Material etc.)?		
Wird die richtige Leiterlänge ausgewählt (oberste Standsprosse beachten)?		

Aufstellung der Leiter

Ist ein geeigneter Untergrund vorhanden (eben, tragfähig, nicht rutschig etc.)?		
Ist die Leiter gegen Umfallen und Wegrutschen gesichert?		
Ist die Leiter im Bereich von Verkehrswegen gegen Anstoßen gesichert?		
Sind alle Gefahren durch Umgebungseinflüsse (elektrische Freileitungen, Witterung, Staplerverkehr etc.) ausgeschaltet?		

Benützung der Leiter

In Ordnung	JA	NEIN
Ist die Leiter frei von unsachgemäßen Änderungen/Reparaturen (Verlängerung, Nagelung etc.)?		
Wird die zulässige Tragfähigkeit beachtet?		
Werden geeignete Schuhe getragen (keine Schlapfen, Stöckelschuhe etc.)?		
Wird die Leiter sauber gehalten?		
Werden Leitern zweckentsprechend verwendet (nicht als Gerüstträger, Laufbrücke etc.)?		
Werden die Lehrlingsbestimmungen bei Arbeiten auf Leitern beachtet?		

Nicht mit dem Rücken zur Leiter absteigen! Beim Arbeiten auf der Leiter nicht seitlich hinauslehnen!

Zusätzlich für Anlegeleitern

Ist ein stabiler, geeigneter Anlegepunkt vorhanden?		
Wird der Aufstellwinkel von ca. 70 ° eingehalten (Ellbogenprobe)?		
Ist an der Ausstiegstelle ein Überstand von 1 m vorhanden?		
Sind allenfalls erforderliche Absturzsicherungen lt. AM-VO § 36 Abs.7 vorhanden?		

Zusätzlich für Stehleitern

Werden Spreizsicherungen immer bis zum Anschlag gespannt?		

Stehleitern nicht als Anlegeleiter verwenden! Von ungesicherten Stehleitern aus nicht auf andere Standplätze übersteigen!

Weitere Informationen:

- ArbeitnehmerInnenschutzgesetz (ASchG)
- Arbeitsmittelverordnung (AM-VO)
- Beschäftigungsverbote und -beschränkungen für Jugendliche (KJBG-VO)
- ÖNORM EN 131: Leitern
- ÖNORM Z 1510: Tragbare Leitern; Verwendung, Lagerung, Überprüfung
- AUVA-Merkblatt M 023 „Tragbare Leitern“
- „Baumappe“ Sicherheit am Bau
- AUVA-Folder „Sicherheit auf Schritt und Tritt“ (Anlegeleitern und Stehleitern)

Sicherheitsvorkehrungen im Umgang mit Erdbaumaschinen

Allgemeine Sicherheitsanforderungen

Beim Ankauf von Erdbaumaschinen sollte man sich überzeugen und bestätigen lassen, dass das Gerät den österreichischen Bestimmungen entspricht. Dabei sind folgende Sicherheitsanforderungen und Maßnahmen bei den Geräten zu beachten:

Zugänge, Standflächen

- Fahrerplatz und Wartungsstellen müssen sicher erreichbar sein
- Haltegriffe müssen vorhanden sein
- Seilleitern nicht verwenden
- Bei Knicklenkung: Quetschgefahr im Zugangsbereich zum Fahrerplatz vermeiden (Mindestfreimaß 150 mm bei vollem Lenkeinschlag)

Fahrerplatz

Der Fahrerplatz muss so gestaltet sein, dass der Fahrer alle für den Betrieb der Maschinen notwendigen Handhabungen sicher und ohne übermäßige Anstrengung durchführen kann.

Kabinen von Erdbaumaschinen (Antriebsleistung über 30 kW) müssen folgende Forderungen erfüllen:

- Sie müssen den Fahrer gegen Witterungseinflüsse schützen; an der Decke, den Innenwänden der Kabine und im Arbeitsbereich des Fahrers dürfen keine scharfen Kanten und Ecken vorhanden sein, die Verletzungen verursachen können.
- Leitungen innerhalb der Kabine, die Flüssigkeiten mit hohem Druck und/oder Temperatur enthalten, müssen verkleidet sein.
- Vom Fahrerplatz aus muss ein unbeabsichtigtes Berühren der Räder, Raupen oder der Arbeitseinrichtung ausgeschlossen sein.
- Ein Notausgang in einer anderen Richtung als der Normalausgang muss vorhanden sein.
- Die Kabine muss mit einer ausreichenden Heizung ausgerüstet sein, von der keine Gefahren für den Fahrer, z. B. durch gesundheitsschädliche Gase, ausgehen.
- Die Kabine muss belüftbar sein, und die Abgase des Motors dürfen keine Gesundheitsgefahren oder keinen Sauerstoffmangel hervorrufen.
- Die Türen der Kabinen müssen durch eine geeignete Einrichtung in geöffneter und/oder geschlossener Stellung gehalten werden. Die Türen dürfen sich nicht unbeabsichtigt öffnen oder schließen. Die Verglasungen müssen vollständig und aus Sicherheitsglas sein.
- Die Windschutzscheibe muss mit kraftbetriebenen Scheibenwischern und einer Scheibenwaschanlage ausgerüstet sein. Die Frontscheiben müssen mit einer Defrosteranlage versehen sein.
- Die Kabine muss eine Innenbeleuchtung aufweisen. Der Fahrerplatz ohne Kabine muss so beschaffen und angeordnet sein, dass alle zum Betrieb der Maschine erforderlichen Handhabungen ohne Gefährdung durch bewegliche Teile auszuführen sind.

Warnsignaleinrichtungen

Erdbaumaschinen sollen mit folgenden Einrichtungen versehen sein:

- Bremsleuchten und Fahrtrichtungsanzeiger bei einer bauartbedingten Höchstgeschwindigkeit über 30 km/h
- Akustische Warneinrichtung, die trotz Umgebungslärm vernehmbar ist und vom Fahrerplatz aus betätigt werden kann
- Montagemöglichkeit für eine Rundumleuchte

Aufbauten

Überrollschutzaufbauten (ROPS = Roll Over Protective Structure)

Lader, Planiergeräte, Scraper, Grader, knickgelenkte Muldenkipper und Baggerlader, jeweils mit einer Motorleistung über 15 kW (nach ISO 9249), sind mit Überrollschutzaufbauten auszurüsten. Muldenkipper mit starrem Rahmen und einer Motorleistung über 30 kW müssen mit Überrollschutz versehen sein. Für die Gestaltung und Prüfung der ROPS gelten die Normen ÖNORM ISO 3164 und ÖNORM ISO 3471, in Deutschland.

Schutzdächer (FOPS = Falling Object Protective Structure)

Lader, Planiermaschinen, Scraper, Baggerlader und Muldenkipper, jeweils mit einer Motorleistung über 15 kW (nach ISO 9249), müssen mit Schutzaufbauten gegen herabfallende Gegenstände ausgerüstet sein, wenn sie in Bereichen eingesetzt werden, in denen Gefahr durch herabfallende Gegenstände besteht. Für die Gestaltung und Prüfung der FOPS gelten die Normen ÖNORM ISO 3164 und ÖNORM ISO 3449, in Deutschland.

Lärmschutz

Maschinen mit Kabinen: Der Beurteilungspegel (gemittelt auf den Arbeitstag) am Fahrerplatz darf 85 dB(A) nicht überschreiten.

Schutzeinrichtungen

Alle beweglichen Teile der Kraftübertragung in Erdbaumaschinen müssen so beschaffen, angeordnet oder verkleidet sein, dass unbeabsichtigte Berührung verhindert wird. Verkleidungen müssen widerstandsfähig gebaut und sicher befestigt sein. Verkleidungen, die selten geöffnet werden, dürfen nur mit Werkzeugen oder Schlüsseln zu entfernen sein. Verkleidungen, die häufig geöffnet werden müssen, können beweglich angebracht werden. Scharfe Kanten und Ecken sind in Bereichen, die bei Betrieb oder bei der täglichen Wartung zugänglich sind, unzulässig. Heiße Oberflächen müssen verkleidet sein. Die Motorgase sind so abzuführen, dass der Fahrer durch sie nicht belästigt wird.

UV-Strahlung und Arbeiten im Freien

Berufsgruppen, die einen überwiegenden Teil ihrer Arbeitszeit im Freien verbringen, werden als Outdoor-Worker bezeichnet. Dazu gehören vor allem die Berufsgruppen der Bauarbeiter, Spengler, Straßenarbeiter, Sportlehrer, Landwirte usw. Sie sind es, die einer hohen Dosis UV-Strahlung ausgesetzt sind, die in der Sonnenstrahlung vorkommt. Die UV-Strahlung schädigt die Haut und die Augen. Die Belastung für diese beiden Organe ist vor allem im Frühjahr und Sommer sehr hoch. Bereits bei einer einmaligen übermäßigen UV-Bestrahlung treten akute UV-Schäden, wie der jedem bekannte Sonnenbrand, auf. Durch oftmalige, übermäßige UV-Bestrahlungen erhöht sich die Wahrscheinlichkeit einer späteren Entstehung von Hautkrebs oder grauem Star (Trübung der Augenlinse). Dieser Ratgeber beantwortet die wichtigsten Fragen zur UV-Strahlung und schlägt Schutzmaßnahmen vor.

Was ist solare UV-Strahlung?

UV-Strahlung ist jene Strahlung im elektromagnetischen Spektrum, die frequenzmäßig an das blau-violette Licht angrenzt und für unser Auge nicht mehr sichtbar ist. Die solare UV-Strahlung, die von der Sonne abgestrahlt wird, unterteilt man nach ihrer biologischen Wirkung in drei Bereiche:

- UV-A (Wellenlängenbereich λ = 315 nm–400 nm)
- UV-B (Wellenlängenbereich λ = 280 nm–315 nm)
- UV-C (Wellenlängenbereich λ = 100 nm–280 nm)

Das gesamte solare UV-C- sowie ca. 90 % der solaren UV-B-Strahlung werden von der Ozonschicht bzw. der Atmosphäre absorbiert. Nur ca. 10 % der UV-B-Strahlung sowie die UV-A-Strahlung erreichen die Erdoberfläche. Solare UV-Strahlung wirkt nicht nur direkt auf den Menschen ein, sondern wird auch an Partikeln in der Atmosphäre gestreut und reflektiert. Dieser Effekt führt dazu, dass man auch im Schatten braun wird bzw. einen Sonnenbrand bekommen kann. Weiterhin wird UV-Strahlung auch an Oberflächen (z. B. Metall, Asphalt, Sand, Wasser und Schnee) reflektiert. Wie „stark“ die solare UV-Strahlung ist (also wie hoch die Bestrahlungsstärke ist), hängt ab von:

- Sonnenstand: Je höher die Sonne am Himmel steht, desto höher ist die UV-Belastung auf der Erdoberfläche. Die höchste UV-Belastung tritt deswegen tageszeitlich gesehen zu Mittag (im Sommer bei MESZ um 13 Uhr) auf und – jahreszeitlich betrachtet – zur Sommersonnenwende am 21. Juni. Ende April hat man bereits eine gleich hohe UV-Belastung wie Mitte August, meist schützt man sich aber im August wesentlich besser aufgrund der höheren Umgebungstemperatur. Die Umgebungstemperatur sagt allerdings nichts über die vorliegende UV-Belastung aus.
- Breitengrad: Je näher man dem Äquator kommt, desto höher ist die Belastung durch solares UV.
- Seehöhe: Mit zunehmender Seehöhe nimmt die UV-Belastung zu, da die Atmosphäre dünner und deshalb weniger UV-absorbiert wird.
- Ozongehalt: Das atmosphärische Ozon absorbiert einen Großteil des solaren UV-B sowie das gesamte UV-C. Die solare UV-C-Strahlung stellt deswegen keine Gefahr für den Menschen auf der Erdoberfläche dar. Eine Ausdünnung der Ozonschicht führt allerdings zu einer erhöhten UV-Belastung auf der Erdoberfläche. Die Ozonschichtdicke wird über die Dobson-Einheiten (englisch: Dobson-Units, DU) bestimmt. Die Dicke der Ozonschicht weist eine jahreszeitliche Schwankung auf und erreicht in Mitteleuropa einen Wert von 350 DU meist Anfang Juni. Vom Ozonloch spricht man, wenn diese Dicke weniger als 220 DU beträgt.

- Bewölkung:
  - Leicht bewölkt: Eine leichte Bewölkung reduziert die UV-Strahlung auf der Erde nur um 5–10 %. Durch seitliche Reflexion von Sonnenstrahlung an Wolken kann bei teilweise bewölktem Himmel aber eine um bis zu 15 % höhere UV-Bestrahlung auftreten als bei wolkenlosem Himmel.
  - Dicht bewölkt: Eine dichte Wolkendecke reduziert die UV-Strahlung auf der Erdoberfläche um 30–70 %.
  - Sehr stark bewölkt: Eine geschlossene, sehr dichte Bewölkung (Regenwolken oder Gewittertürme) sorgt für eine Reduktion von bis zu 90 % des solaren UV auf der Erdoberfläche.

Sehr oft fühlen sich Menschen auch schon bei leichter Bewölkung gut vor UV-Strahlung geschützt. Dieser Irrglaube ist darauf zurückzuführen, dass der Wasserdampf der Wolken sehr gut die Infrarotstrahlung filtert (nicht aber die UV-Strahlung), wodurch es zu einer spürbaren Temperaturreduktion auf der Erdoberfläche kommt. Eine verringerte Temperatur bedeutet allerdings nicht notwendigerweise auch eine verminderte UV-Belastung!

Die vier in Europa vorkommenden Hauttypen und ihre Charakterisierung

Hauttyp		I	II	III	VI
Körperliche Merkmale	Haut	sehr hell	hell	hellbraun	braun, oliv
	Sommersprossen	stark	selten	keine	keine
	Sommersprossen	rötlich	blond-braun	dunkelblond braun	dunkelbraun
	Augen	blau	blau, grün, braun	grau, braun	dunkel
Reaktionen auf die Sonne	Sonnenbrand	immer stark, schmerzhaft	immer stark, schmerzhaft	selten, mäßig	kaum
	Bräunung	keine, nur Rötung	kaum, Haut schält sich	durchschnittlich	schnell, tief
MED [J/m²] [23]		200	250	350	450

- Aerosole: Aerosole sind ein Gemisch aus feinsten Schwebeteilchen und Luft, die z. B. durch Luftverschmutzung aus Industrie und Verkehr entstehen. Diese kleinen Teilchen absorbieren und streuen ebenfalls das solare UV und sorgen für eine Reduktion der UV-Belastung.
- Reflektierende Oberflächen (Blechdächer, Fassaden, Schnee etc.): Von Oberflächen reflektiertes solares UV kann zu einer erheblichen zusätzlichen UV-Belastung führen. Vor allem polierte Metalle (Zink, Aluminium), Styropor und Schnee können sehr viel solares UV reflektieren. Ein Reflexions-Oberflächen-Faktor für erythemwirksame UV-Strahlung (ROFery) von 1,6 für Zinkblech bedeutet, dass sich bei Arbeiten mit diesem Material die Belastung durch sonnenbrandwirksame UV-Strahlung um den angegebenen Faktor aufgrund der Reflexion erhöhen kann. Dies ist auch für die Belastung der Augen relevant, die gegen UV-Strahlung von oben relativ gut geschützt sind, von vorn allerdings nicht.

Hauttyp I und II sollten sich besonders gut vor UV-Strahlung schützen!

Welche Schutzmaßnahmen gibt es?

Um die UV-Dosis so gering wie möglich zu halten, kann man

a) die Bestrahlungsdauer,

b) die Bestrahlungsstärke

verringern.

Man kann dadurch

1. akute Hautschäden (z. B. Sonnenbrand) verhindern,
2. die Wahrscheinlichkeit langfristiger Hautschäden (z. B. Hautkrebs) senken.

Sowohl die Bestrahlungsdauer als auch die Bestrahlungsstärke kann durch Schutzmaßnahmen gesenkt werden. Auch beim Sonnenschutz ist die Rangordnung der Schutzmaßnahmen zu berücksichtigen:

a) Technische Schutzmaßnahmen (z. B. Arbeitsplatz beschatten)

b) Organisatorische Maßnahmen (z. B. Arbeiten in Innenräumen zur Mittagszeit erledigen)

c) Persönliche Schutzmaßnahmen (Tragen von Bekleidung, Kopfbedeckung, Schutzbrillen und Sonnenschutzmittel, Verwendung von persönlicher Schutzausrüstung)

Schutzmaßnahmen miteinander zu kombinieren, bietet den effektivsten UV-Schutz.

Technische Schutzmaßnahmen

Unter technischen Schutzmaßnahmen versteht man Maßnahmen, bei denen die solare UV-Exposition mithilfe von technischen Hilfsmitteln reduziert wird. Technische Schutzmaßnahmen können sein:

- Überdachungen/Beschattungen
- Verwendung von Sonnenschirmen/Sonnensegeln
- Verwendung von Fahrzeugkabinen und UV-absorbierenden Gläsern/Scheiben bei Fahrzeugen wie z. B. Baggern, Kränen etc.

Bei Materialien, die zur Abschattung verwendet werden, dürfen keine porösen Materialien verwendet werden, da diese einen Großteil der UV-Strahlung durchlassen und daher keinen effektiven UV-Schutz bieten. Auf eine im Schatten arbeitende Person wirken durch Reflexionen von der Umgebung und durch Streuung in der Atmosphäre immer noch bis zu 50 % der direkten UV-Strahlung ein. Vorteilhaft ist die Kombination von technischen Schutzmaßnahmen bei gleichzeitiger Verwendung von persönlichen Schutzmaßnahmen.

Organisatorische Schutzmaßnahmen

Wenn technische Schutzmaßnahmen nicht ausreichen, sind organisatorische Schutzmaßnahmen zu ergreifen. Diese können z. B. sein:

- Bestehenden Schatten auf Baustellen ausnutzen (Gebäude, Bäume). Arbeiten, wie z. B. Zuschneiden von Materialien, Biegen von Blechen, können auch im Schatten durchgeführt werden.
- Die Arbeitszeiten im Rahmen des Arbeitszeitgesetzes anpassen und den Arbeitsbeginn vorverlegen.
- Außenarbeiten morgens oder am späten Nachmittag erledigen, solange die UV-Belastung nicht allzu hoch ist.
- Innenarbeiten während der Mittagsstunden (11.00–15.00 Uhr MESZ) verrichten.
- Pausen möglichst in Räumen oder zumindest im Schatten verbringen.
- Arbeiten im Freien nach dem Rotationsprinzip organisieren bzw. auf mehrere Personen aufteilen, sodass nicht immer ein und dieselbe Person der solaren UV-Strahlung ausgesetzt ist.

Persönliche Schutzmaßnahmen

Persönliche Schutzmaßnahmen sollten nicht nur verwendet werden, wenn weder technische noch organisatorische Schutzmaßnahmen am Arbeitsplatz im Freien getroffen werden können, sondern am besten in Kombination mit diesen.

Persönliche Schutzmaßnahmen umfassen:

1. Tragen von UV-Schutzbekleidung
2. Tragen von Kopfbedeckung
3. Tragen von UV-Schutzbrillen
4. Verwendung von Sonnenschutzmitteln

Grundsätzlich ist auch hier die Reihenfolge zu beachten. Der Körper soll vorrangig mit Textilien geschützt und die verbleibenden unbedeckten Stellen wie Hände und Gesicht mit Sonnenschutzcreme geschützt werden. Um einen bestmöglichen Schutz vor solarer UV-Strahlung zu haben, sollten auch alle vier aufgezählten persönlichen Schutzmaßnahmen miteinander kombiniert verwendet werden.

Sicherheit bei Arbeiten auf Bäumen

Dieser Beitrag gilt für alle Personen, die Bäume besteigen müssen bei Arbeiten wie Forstarbeiten, Zapfenpflücken, Sicherungsarbeiten bei Leitungen, Ausästen, Baumpflege, Beobachtungen und dergleichen.

Bäume dürfen nur von Personen bestiegen werden, die die notwendigen körperlichen, geistigen und fachlichen Voraussetzungen mitbringen. Die geistigen und körperlichen Voraussetzungen sind nicht erfüllt, wenn z. B. Schwindelanfälle, Epilepsie, Schwerhörigkeit, starke Sehbehinderung, Körperbehinderungen und Alkohol- oder Drogensucht bekannt sind. Die fachlichen Voraussetzungen können durch betriebliche Übung und Schulung oder einen Kurs bei den forstlichen Ausbildungsstätten erworben werden.

Unterweisung

- Der Arbeitgeber hat den Arbeitnehmer vor Aufnahme der Arbeit über die Gefahren und Schutzmaßnahmen zu unterweisen. Diese Unterweisung muss mindestens einmal jährlich wiederholt werden sowie auch nach Unfällen und Beinaheunfällen sowie bei Änderung der Arbeitsgeräte und Arbeitsmethoden.
- Diese Unterweisung ist in einer für den Arbeitnehmer verständlichen Form (allenfalls in ihrer Muttersprache) abzuhalten. Der Arbeitgeber muss sich überzeugen, dass der Arbeitnehmer die Unterweisung auch verstanden hat.
- Über die Unterweisung sind vom Arbeitgeber schriftliche Nachweise zu führen. Die Arbeitnehmer haben die Weisungen des Arbeitgebers zu befolgen und auch die hierfür vorgesehene Schutzausrüstung ordnungsgemäß zu benützen und pfleglich zu behandeln.

Auswahl der geeigneten Bekleidung und Ausrüstung

Arbeitskleidung

Als solche empfiehlt sich geeignete atmungsaktive, eng anliegende Überbekleidung, allenfalls Funktionsunterwäsche, weiterhin Arbeitshandschuhe und geeignetes Schuhwerk.

Persönliche Schutzausrüstung

Die Ausrüstung richtet sich nach der Art der Arbeit wie z. B. Schlechtwetterkleidung in Signalfarbe, Arbeitsschutzhelm bei Gefahr von herabfallenden Gegenständen.

Bei Arbeiten mit der Motorsäge:

- Arbeitsschutzhelm mit Gehör- und Gesichtsschutz
- Schnittschutzhose
- Arbeitshandschuhe
- Sicherheitsschuhe

Steigausrüstung

Persönliche Ausrüstung nach Maßgabe der Tätigkeit. Die Ausrüstung muss sich in einwandfreiem Zustand befinden.

Baumverletzende Steighilfen:

- Klammern, Steigbügel
- Steigeisen (unterschiedliche Typen)
- Schalensteigeisen

Baumschonende Steighilfen:

- Baumraupen, Baumvelo, Steigseil
- Hub- und Arbeitskörbe (Prüfpflicht)

Für die infrage kommenden Baumsteigearbeiten sind normgerechte Auffanggurte oder Sitzgurte zu verwenden.

Bekleidung und Ausrüstung

Das Sicherheitsseil muss die zwei- bis dreifache Steighöhe lang und normgeprüft sein. Für Personensicherung dürfen nur Seile verwendet werden, die zu keinen anderen Zwecken eingesetzt werden. Für die Personensicherung sind zwei Fangseile vonnöten. Beim Baumbesteigen können in Abhängigkeit vom Stammdurchmesser bei Fangseilen (Halteseile) größere Längen erforderlich sein. Aus praktischen Handhabungsgründen können Fangseile mit Stahlseele verwendet werden. Bei Arbeiten mit scharfem Werkzeug und Motorsägen sind Fangseile mit Stahlseele oder hochfeste Sicherheitsketten zu verwenden.

Auswahl der Ausrüstung

Folgende Ausrüstungsgegenstände müssen nach ÖNORM, UIAA-Norm oder gleichwertigen Bestimmungen geprüft sein:

- Auffanggurte und Sitzgurte
- Abseilgerät
- Karabiner
- Abseilachter (Mindestbruchfestigkeit 35 kN)
- Steigklemmen
- Seilkürzer
- Falldämpfer (Bandfalldämpfer)
- Seile

Wenn als Sicherheitsseile Kraftseile (Seile ohne Gebrauchsdehnung) verwendet werden und freie Fallhöhen auftreten können, ist zusätzlich ein Falldämpfer zu verwenden.

Erste-Hilfe-Ausrüstung

Ein Verbandkasten (-paket) nach ÖNORM Z 1020 ist bereitzuhalten.

Sicherheitsregeln

- Für Arbeiten auf Bäumen dürfen nur geistig und körperlich geeignete Personen herangezogen werden, die entsprechend ausgebildet und unterwiesen wurden.
- Die gesamte Steigausrüstung und persönliche Schutzausrüstung ist jährlich durch eine fachkundige Person zu überprüfen. Darüber sind schriftliche Aufzeichnungen zu führen.
- Die Steigausrüstung ist vor jedem Einsatz (Sichtprüfung) durch den Steiger zu kontrollieren.
- Falls Seilknoten erforderlich sind, dürfen diese nur von geschulten bzw. unterwiesenen Personen angebracht sein. Das Kürzen und Verlängern von Fangseilen durch Knoten ist nicht zulässig. Gedrehte Seile dürfen nicht geknotet werden.
- Die Beteiligten haben ständige Ruf- oder Sichtverbindung untereinander zu halten. Alleinarbeit ist verboten.
- Für das Bergen eines Verletzten oder plötzlich Erkrankten vom Baum ist Vorsorge zu treffen. Jeder Beteiligte muss über eine entsprechende Ausbildung und Kenntnisse in Erster Hilfe verfügen.
- Dürräste sind keine verlässlichen Griffe, daher muss im Dürrastbereich mit geschlossenem Halteseil gestiegen werden.
- Das Übersteigen von Baum zu Baum ist verboten, Brüche und Faulstellen an anderen Bäumen können von oben nicht sicher erkannt werden.
- Faulstellen und Ähnliches dürfen nicht überstiegen werden.
- Vor dem Abwurf von Gegenständen (Schlingen, Seilen, Ästen, Werkzeugen, Pflücksäcken u. Ä.) sind die Beteiligten durch Zuruf zu warnen.
- Bei unterschiedlichen Baumarten kann es durch Nässe, Schneefall und Frost zu besonderen Gefahren kommen. In diesen Fällen ist das Steigen einzustellen, oder es ist die Sicherheitssteigvariante anzuwenden (siehe Punkt oben).
- Bei Sturm dürfen Bäume nicht bestiegen werden.
- Die Steigausrüstung muss trocken, frei hängend, vor Sonnen- und Hitzeeinstrahlung geschützt und gut belüftet gelagert werden.

Ausscheiden von Steigausrüstung

Sicherheitsgeschirr, Fangseile und Sicherheitsseile müssen nach Sturzbelastung oder Beschädigung und sonst nach Herstellerangaben (Beipackzettel, Produktbeschreibung, Verwendungsfristen) ausgeschieden werden. Sind solche nicht vorhanden, sind Seile drei Jahre, Auffanggurte sechs Jahre nach ihrem Herstellungsdatum auszuscheiden.

Was tun, wenn ein Gewitter droht?

Wann und wie lange besteht die Gefahr eines Blitzschlags?

Es ist schwierig, zuverlässig zu erkennen, ab wann und wie lange die Gefahr eines Blitzschlags besteht. Erfahrungsgemäß ist ein Gewitter gefährlich nahe, wenn die Entfernung zu einer Gewitterwolke kleiner als 10 Kilometer ist und nicht mindestens 30 Minuten nach dem letzten hörbaren Donner vergangen sind. Blitzschläge können sich schon vor dem Beginn des Niederschlags und sogar noch bei Sonnenschein ereignen. Wird ein Blitz wahrgenommen und festgestellt, dass zwischen Blitz und Donner weniger als 30 Sekunden vergehen, so ist es an der Zeit, geschützte Bereiche aufzusuchen!

Den höchsten Strömen sind Menschen ausgesetzt, wenn sie direkt vom Blitz getroffen werden. Aber auch Teile des Blitzstroms können zu tödlichen Elektrisierungen führen. Das ist z. B. dann der Fall, wenn ein Objekt berührt wird, in das ein Blitz einschlägt, oder wenn man sich zu nahe bei diesem Objekt aufhält. Daher: Berührung vermeiden und Abstand halten!

Den besten Schutz

findet man in

- Gebäuden mit einer Blitzschutzanlage
- Fahrzeugen mit einem metallischen Dach oder einem Metallrahmen (z. B. Pkw, Eisenbahnwagen, Autobussen, Metallschiffen, Traktoren mit Kabinen)
- Metallcontainern, Stahlskelettbauten
- Tunnelanlagen

Bedingten Schutz

findet man in Gebäuden (auch Hütten) ohne Blitzschutzanlage unter folgenden Voraussetzungen:

- In Raummitte aufhalten
- Fenster und Türen wenn möglich schließen
- Von elektrischen Anlagen und Geräten mindestens 1 m Abstand halten
- Gas-, Wasser- oder Heizungsanlagen nicht berühren
- Telefone mit Leitungen nur im Notfall benützen

Im Freien

sollte man sich während eines gefährlich nahen Gewitters nach Möglichkeit nicht aufhalten. Erfahrungsgemäß gibt es dort keine wirklich sicheren Aufenthaltsorte, sondern nur Orte mit geringerer Gefährdung.

Orte mit geringerer Gefährdung

sind z. B.:

- Die Nähe von hohen Objekten. Sucht man Schutz bei hohen Objekten, die vom Blitz getroffen werden könnten, muss wegen der Gefahr von Teilströmen ein Abstand von mindestens zwei Metern gegenüber allen Teilen dieser Objekte gehalten werden.

- Der Bereich unter Hochspannungsleitungen, die von Stahlgittermasten getragen werden.
- Der Bereich unter den Seilen von Seilbahnen und Liften.
- Der Bereich unter großen Brücken.
- Tiefe Mulden, Hohlwege, Höhlen etc.
- Das Innere eines Waldes, wenn von den umgebenden Bäumen zwei Meter Abstand gehalten wird.
- Einzeln stehende Bäume, wenn von allen Teilen des Baumes zwei Meter Abstand gehalten wird.

Beim Aufenthalt in der Nähe von Bäumen ist auf eine Gefährdung durch abbrechende Äste zu achten.

Hohe oder große Objekte werden eher vom Blitz getroffen als niedrige oder kleine.

Befinden sich keine Orte mit geringerer Gefährdung in der Nähe, kommt es auf das richtige Verhalten an.

- Niederhocken vermindert auf ebenem Gelände die Gefahr, direkt vom Blitz getroffen zu werden.
- Keine Gegenstände tragen, die über den Körper hinausragen (Regenschirme, Wanderstöcke, Angelruten, Gabeln, Rechen etc.).
- Die Nähe zu elektrisch leitfähigen Objekten, wie z. B. metallischen Zäunen, meiden. Solche Objekte keinesfalls berühren.

Schrittspannung

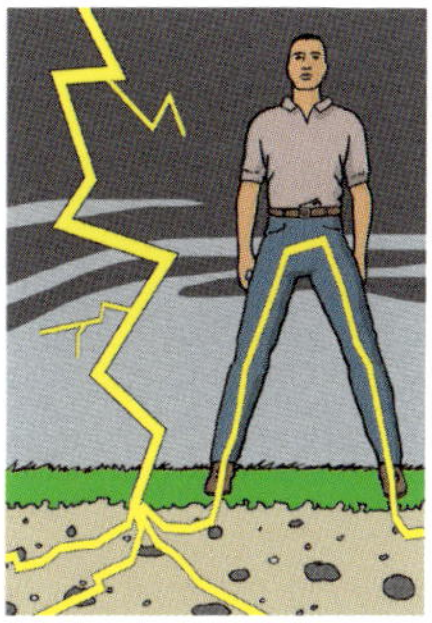

Der von einem getroffenen Objekt in die Erde fließende Blitzstrom ruft Spannungen auf der Erdoberfläche (Schrittspannung) hervor. Gefährliche Schrittspannungen lassen sich wie folgt vermeiden:

- Den Aufenthalt in Gewässern meiden
- Von anderen Personen mindestens zwei Meter Abstand halten
- Einander nicht berühren, keinesfalls die Hände reichen
- Sich nicht auf den Boden legen
- Auf eine geschlossene Fußstellung achten

Orte mit erhöhter Gefährdung

- Berggipfel, Berggrate, Klettersteige etc.
- Ungeschützte Dachterrassen und Plattformen auf Aussichtstürmen
- Ungeschützte Sportplätze und Swimmingpools
- Das Innere von Zelten, besonders an Orten mit erhöhter Gefährdung
- Fahrzeuge ohne Metalldach, wie Cabrios, Motorräder, Fahrräder und kleine Boote

Erste Hilfe nach einem Blitzunfall

Auch wenn an einer vom Blitz getroffenen Person keine äußeren Verletzungen erkennbar sind, kann ein lebensbedrohender Zustand bestehen.

Bei Regungslosigkeit:

- Unverzüglich Notfalldiagnose erstellen (Überprüfung von Bewusstsein, Atmung und Kreislauf).
- Bei Bewusstlosigkeit: Person in stabile Seitenlage bringen.
- Rettung rufen. Jede Minute eine Kreislaufkontrolle durchführen.

Bei Atem-Kreislauf-Stillstand:

- Rettung rufen und dann mit Wiederbelebungsmaßnahmen (Herzdruckmassage und künstliche Beatmung) beginnen. Diese lebensrettenden Sofortmaßnahmen dürfen bis zum Wiedereinsetzen von Atmung und Kreislaufzeichen oder dem Beginn der ärztlichen Behandlung nicht unterbrochen werden.

  Bei allen Verunglückten auf Schocksymptome achten, allenfalls Schockbekämpfung durchführen.

Literaturverzeichnis

Ahrens, J., Langen, B., Lindner, A., Nabel, R., Ochsenfeld, H., Schorn, J.: Fachkunde für Floristen; Bildungsverlag EINS GmbH, Troisdorf 2006

Carow, B.: Frischhalten von Schnittblumen; Eugen Ulmer GmbH & Co., Stuttgart 1981

Degen, M., Schrader, Karl: Grundwissen für Gärtner; Eugen Ulmer GmbH & Co., Stuttgart 2002

DH Licht, www.dhlicht.de: Professional Lighting – Licht der neuen Generation; Wülfrath

Forschungsanstalt Geisenheim Fachgebiet Zierpflanzen: Geschlossene Kulturverfahren im Zierpflanzenbau; Verlag Bernhard Thalacker, Braunschweig1990

Gehring, F.: Landtechnik; Österreichischer Agrarverlag Druck- und Verlagsges.m.b.H. Nfg.KG, Wien, 2008

Göhler, F., Molitor, H.-D.: Erdelose Kulturverfahren im Gartenbau; Eugen Ulmer GmbH & Co., Stuttgart 2002

Horn, W.: Zierpflanzenbau; Blackwell Wissenschafts-Verlag, Berlin, Wien 1996

Krug, H., Liebig, H.-P., Stürtzel, H.: Gemüseproduktion; Eugen Ulmer GmbH & Co., Stuttgart 2002

Müller, N.: Zierpflanzenbau, Friedhofsgärtnerei, Verkauf; Eugen Ulmer KG, Stuttgart 2005

Sachweh, U.: Der Gärtner 1 – Grundlagen des Gartenbaues; Verlag Eugen Ulmer GmbH & Co., 4. Auflage, Stuttgart 2001

Schüsseler, P., Zabeltitz, Ch. von: Umweltgerechte Techniken in der Pflanzenproduktion; Verlag Eugen Ulmer GmbH & Co, Stuttgart 2004

Seipel, H.: Fachkunde für Gärtner. Verlag Dr. Felix Büchner-Verlag Handwerk und Technik G.m.b.H., Hamburg 2001

Tantau H.-J.: Heizungsanlagen im Gartenbau, Ulmer Verlag, Hannover

Zabeltitz, Ch. von: Gewächshäuser, Planung und Bau, Ulmer Verlag, 2. Auflage, Ulmer-Verlag, Stuttgart 1986

www.britannica.com – Britannica Online Encyclopedia

www.philips.de; www.philips.com

www.wikimedia.org

www.wikipedia.org – Die freie Enzyklopädie

Wonneberger, C., Keller, F., Bahnmüller, H., Böttcher, H., Geyer, B., Meyer, J.: Gemüsebau; Eugen Ulmer GmbH & Co., Stuttgart 2004

Bildquellennachweis

Umschlag (v. l. n. r.): Ing. Barbara P. Meister (www.GartenAkademie.com); Don Nichols (www.istockphoto.com); fotolinchen (www.istockphoto.com)

A & N Luiten B.V. (www.luiten-scherming.nl): 42 u. re.

AGCO GmbH, Fendt-Marketing (www.fendt.com): 83, 180 u. re.

Alois Pöttinger Maschinenfabrik Ges.m.b.H (www.poettinger.co.at): 96 M., 97 o. li, 97 o. re, 97 u. li., 97 u. re., 98 o. li., 98 o. re.

AMAZONEN-Werke H. Dreyer GmbH & Co. KG (www.amazone.de): 99 u. re., 190 o.

AMMANN Schweiz AG (www.ammann-group.com): 216 u.

ANDO Technik GmbH (www.ando-technik.de): 145 o. re., 145 u.

A.S.Froytopigi (www.gea-fruit.gr): 164 u.

AUVA Soziale Unfallversicherung (www.auva.at): 284–306

Baertschi-Fobro (www.fobro.com): 108 u. li., 108 u. re., 139 o. li, 139 o. M., 139 o. re., 164 o.

BN SERRES (www.bnserres.com): 24 o.

Bobcat Company (www.bobcat.com) Media Center: 91 u. li., 92 o. li., 92 o. re., 92 u. li., 97 M., 136 o., 154 o. li., 178 u., 188 o. re., 208 u. re., 209 li., 246 o. re.

CNH Österreich GmbH (www.steyr-traktoren.com): 74 li., 74 re., 75 u. li., 77, 80, 81 li., 249 o. re.

Collomix Rühr- und Mischgeräte GmbH (www.collomix.de): 219 li.

Compost Systems GmbH (www.compost-systems.com): 150 o., 150 u.

Deere & Company (www.deere.com): 182 o. li., 182 o. re., 183 o. re., 185 o. li., 185 o. re., 248 u. li., 249 li.

Evonik Röhm GmbH (www.plexiglas.net): 33 li., 33 M., 33 re.

FAIE Handelsgesellschaft m.b.H (www.faie.at): 218 o. li.

Fährenkämper GmbH & Co. KG Technik für Gärtner und Floristen (www.faeco.de): 170 li., 170 re., 171 o., 171 u. li., 171 u. re., 172 o., 172 u. li., 172 u. re., 173 u. li., 173 u. re.

Felco SA (www.felco.ch): 204 u.

Feltes GmbH Gerätebau, Gerätevertrieb (www.feltes-gmbh.de): 223

fotolia.com: 35 re. (Leon Forado), 62 o. li. (abcmedia), 62 o. re. (Gerhard Seybert), 62 u. li. (Stihl024), 62 u. re. (brusher), 71 u. (Andrea Danti), 88 u. re. (DLeonis), 89 M. li. und 89 M. re. (3drenderings), 90 o. li. (Kanu Sommer), 90 M. (garden tool), 90 u. (FotoLyriX), 100 o. li. (cretolamna), 104 (barbara-maria damrau), 128 u. (Chee-Onn Leong), 131 (lidian neeleman), 147 u. (Netzer Johannes), 161 u. (Henry Schmitt), 167 o. (Daniel Seidel), 220 o. (fefufoto), 220 u. (Nik), 238 li. o. (Birgit Reitz), 238 li. M. (Ro), 248 u. re. (chiakto), 250 u. re. (Stephen Finn), 253 (Lucky Dragon), 255 (brozova), 256 (grandaded), 263 u. (Garteneidechse), 264 (Garteneidechse), 280 (Klaus Eppele), 281 (Mats Tooming)

Friedrich Ortlieb Garten- und Landschaftstechnik (www.ortlieb.at): 93 u. re., 214 re.

Frohner, Juliane: 42 M. re., 42 u. li, 53 o. re., 59 o.

Fürst, Sieglinde: 14–15

Hilger Tiefbau GmbH (www.hilger-tiefbau.de): 224

Honda Deutschland GmbH (www.honda.de): 84

Husqvarna Forest & Garden (www.husqvarna.com): 187 o., 187 u.

IGEBA Geraetebau GmbH (www.igeba.de): 137 o. re., 137 M. re., 137 u. li., 137 u. re.

IML-Instrumenta Mechanik Labor System GmbH (www.iml.de): 210 u. li., 211 u. li., 211 u. re.

INUMA Fahrzeug-Service und Maschinenbau GmbH (www.inuma-aschara.de): 136 M.

Istockphoto: 5 li. (tacojim), 5 re. (AnnettVauteck), 21 (stevegeer), 22 re. (Marbury), 23 u. (lenazap), 88 u. li. (pixhook), 89 u. re. (Jackbquick), 90 o. re. (DIGIcal), 99 u. li. (pryzmat), 122 o. li. (debibishop), 123 o. li. (Lya_Cattel), 135 o. li (MCCAIG), 135 u. li. (alohaspirit), 141 (jvoisey), 217 o. re. (Andyqwe), 219 re. (Suljo), 221 u. (SilviaJansen), 241 u. li. (IlexImage), 241 u. re. (Difydave), 243 o. (pixelprof), 254 (DNY59), 269 o. (MarcQuebec), 269 u. (alohaspirit), 270 (alohaspirit)

Javo BV (www.javo.eu): 101 u. li.

Juwel Deutschland (www.juwel.com): 22 li.

KKG Kahler Ochmann GbR (www.spitzenqualitaet.de): 126 o. re.

Klaus Kuba GmbH (www.heizungsbau-kuba.de): 51 o., 54 u., 57 M.

Komptech GmbH (www.komptech.com): 100 u. li., 100 u. re.

Kräss GlasCon GmbH (www.kraess.de): 29 li., 29 re., 30 u., 40 re., 42 M. li, 65 u. li., 65 u. re.

Kress & Co. GmbH (www.kress-landtechnik.de): 98 M. li, 98 M. re, 138 o. li., 138 o. re., 138 M. li., 138 M. re., 138 u. li., 138 u. re.

Kverneland Group ASA (www.kverneland.com) Mediadatabase: 96 li., 98 u., 109 o. li., 109 o. re., 143 u. li., 143 u. re., 144 o. li.

Lanz GmbH (http://www.Lanz-Technik.de): 160 o. li., 160 o. M., 160 o. re.

Lehnhoff Hartstahl GmbH & Co. KG (lehnhoff.de): 93 o. li., o. M., o. re.

Leica Geosystems Austria GmbH (www.leica-geosystems.at www.leica-geosystems.de): 194 o. li., 194 o. M., 194 o. re., 194 M., 194 u. li., 194 u. M., 194 u. re., 195 M. li., 195 M. M., 195 M. re.

LIPCO GmbH Land- und Kommunaltechnik (www.lipco.com): 95 alle 4 Bilder rechter Rand, 136 u.

Lorbeer, Ludwig: 86 u. re., 87 o. li., 99 o., 152 u. li., 243 u.

Ludwig Bergmann GmbH (www.l-bergmann.de): 147 o. li., 147 o. re.

Manufactum GmbH & Co. KG (manufactum.de): 100 M. li.

Mayer GmbH & Co. KG Maschinenbau und Verwaltung (www.mayer-group.com): 101 o. li., 101 o. re., 156, 157 u. li., 157 u. re., 158 li., 158 M., 158 re.

Ing. Barbara Meister (GartenAkademie.com): 28, 30 o., 30 M. li, 30 M. re, 36 o., 36 u. li, 36 u. M., 36 u. re, 37, 41 o. li., 41 o. re., 41 u. li, 41 u. re., 44, 53 M., 54 o., 55, 56, 57 o., 58, 59 M., 66, 99 M., 105 li., 105 M., 105 re., 106 u., 107, 123 o. re., 123 u. re., 124, 125, 126 o. li., 126 u., 128 o., 129 o., 129 u., 130 o., 130 u., 157 o., 160 u. li., 168 o. li., 168 o. re. 168 M. li., 168 u. li., 168 re., 169 o.

li., 169 o. re., 169 M. li., 169 M. re., 169 u. li., 169 u. re., 196 o., 197 o., 197 M., 197 u., 199 o. li., 199 o. re., 199 u., 205, 206 u. li, 206 u. re., 235, 236 u. li., 236 u. re., 237, 251 re., 258 o., 258 u., 259, 260, 261, 262, 263 o., 267 o. li., 267 o. re., 267 u., 271

MESTO Spritzenfabrik Ernst Stockburger GmbH (www.mesto.de): 134 u., 135 o. M., 135 o. re., 135 u. re., 3 Bilder 139 u. re.

Metabowerke GmbH (www. metabo.de, www.metabo.at): 173 o., 207 u., 226, 239 o. li., 239 o. re., 240 u. li., 240 u. M., 242 o. li., 242 o. re., 242 u. li., 242 u. M., 244 o. li., 244 o. re.

Mohn Manufaktur GmbH (www.mohn-manufaktur.de): 96 re.

MSD GmbH Agrar- und Umwelttechnik (www.moeschle.de): 101 M. re., 102 o. li., 102 M., 102 u. li., 102 u. re., 103 li., 103 re., 140 u. li., 140 u. re.

MTM Spindler & Schmid GmbH (www.mtm-spindler-gmbh.com): 154 u. li., 154 u. re.

Natier (www.natier.ch): 251 u. li.

Nedo GmbH & Co. KG (www.nedo.com): 195 u. re.

Oase GmbH (www.oase-livingwater.com.sg): 117 o., 227 o., 227 u., 228 o., 228 u., 229 o., 230 li., 230 re., 231 o., 232 o. li., 232 o. re.

Optimal-Vertrieb Opitz GmbH (www.opitz-optimal.com): 155 o. li., 155 o. re.

PALFINGER AG (www.palfinger.com): 250 o. li., 250 u. li.,

Parga (www.parga.at): 121 u. re., 122 o. re., 122 u. li., 122 u. re., 123 u. li., 146 o.

Pfalz Technik, Dipl.-Ing. Thomas Pfalz (www.pfalz-technik.com): 137 u. M.

Poppen Gewächshausbau GmbH & Co KG (www.poppen-gmbh.de): 24 M., 24 u. li., 24 u. re., 25, 26 li., 26 re., 34, 35 li., 40 li., 42 o., 63 o.

Posch Gesellschaft m.b.H., www.posch.com: 208 u. li.

RASENPFLEGE & KOMMUNAL MASCHINEN, Handels- und Dienstleistungs GmbH (www.rkm.co.at): 163 u., 176 sechs Bilder: 176 o. li., 176 o. re., 176 M. li., 176 M. re., 176 u. li., 176 u. re., 177 o. re., 185 M., 186 o. li., 186 u. li., 186 u. M., 186 u. re., 188 o. li., 282 o. li., 282 u. li., 282 u. re., 283 o. li., 283 o. re.

RAUCH Landmaschinenfabrik GmbH (www.rauch.de): 134 o., 144 u. li., 144 u. re.

Rimeco Deutschland GmbH (www.gemuesetechnik.de): 162 u., 163 o. li., 163 o. re.

Robert Bosch AG (www.bosch.at): 180 o. li., 180 o. re., 192 u. li., 192 u. re., 195 o. re., 222 o. li., 222 o. re., 238 u. li., 238 u. re., 239 u. li, 239 u. re., 240 o. li., 240 o. re., 240 u. re., 241 o. li., 241 o. re., 242 u. re., 243 M., 244 M. li., 244 M. re., 244 u. li.

RWA Raiffeisen Ware Austria Aktiengesellschaft (www.rwa.at): 94 o., 94 u. li.

Saarlucon B.V. (www.saarlucon.com): 39 o. li, 39 o. re.,

Sembdner Maschinenbau GmbH (www.sembdner.com): 189

SIEVERT GmbH (www.sievert-gasgeraete.de, www.sievert-gmbh.de): 232 u. li., 232 u. re.

STIHL GmbH, ANDREAS STIHL AG & Co. KG (www.stihl.at, www.stihl.de): 86 u. li., 152 u. re., 181 li., 181 re., 204 M. re., 207 o., 238 drittes Foto von oben, 246 o. li., 246 u. li., 246 u. re.

Tea Project srl (www.teaproject.it): 159 o. li., 159 o. M., 159 o. re., 159 u.

The Toro Company (www.toro.com) mediaroom: 95 M. li., 95 M. re. (Grabenfräse), 122 o. M., 154 o. re., 177 o. li, 183 o. li., 185 u. li., 185 u. re., 247

Thermo-System Krötz Gewächshausbau GmbH & Co. KG (www.thermo-system-kroetz.de): 38 li., 38 re., 39 u. li., 39 u. re., 64 o.

Viessmann Werke GmbH & Co KG (www.viessmann.com): 46, 47, 48, 49, 50, 51 u., 52, 63 u.

VIKING GmbH (www.viking-garden.com): 94 u. re., 149 o., 176 ganz u. li., 209 re.

Wacker Neuson SE (www.wackerneuson.com): 217 u. li.

www.wikimedia.org, Wikimedia Creative Commons: 23 o. (KVDP), 32 u. (petur_p), 64 u. (Zmnf), 72 o. (A. Schierwagen), 75 u. re. (de:Benutzer: Softeis), 75 o. re (Amux), 76 (en:User:K.Aainsqqatsi), 79 (Curtis Newton), 81 re. (17177, DrJunge), 85 li. (panoramafotos.net, Clemens Pfeiffer), 85 re. (Opinel_No7_No10_No10), 89 o. re. (katorisi), 112 (Saperaud), 114 (Thoti), 116 M. (Manco Capac), 116 u. (Manco Capac), 192 o. li. (Suricata), 192 o. re. (Luigi Chiesa), 193 li. (Steingesicht), 193 re. (Bd), 198 M. (Fantagu), 201 li. (Moorochs), 201 re. (Schorle), 204 M. li. (Strom-Ber), 210 u. re. (beentree), 214 li. (JJRON), 216 o. li. (Martin Hawlisch), 216 o. re. (btr), 217 u. re. (WackerNeuson_Bs602i), 221 o. li. (Martink), 221 o. M. und 221 o. re. (Reiner Flassig), 266 (Phrood), 268 (Thomas Wydra)

ZARGES GmbH (www.zarges.at): 213 vier Fotos

Zeppelin Österreich GmbH (www.zeppelin-cat.at) Pressemediaservice: 91 o. li., 91 o. re, 91 u. re., 93 u. li.

Zimmer Handelsgesellschaft m.b.H. (www.zimmer.at): 86 o. li (Felco.ch), 86 o. M.(Felco.ch), 86 o. re. (Felco.ch), 87 M., (Felco.ch), 177 u. li., 177 u. M., 177 u. re., 179 o. li., 179 o. re., 180 u. li., 182 u. li., 182 u. M., 182 u. re., 204 o. li., 204 o. re.

Register

2-Takt-Motor 68, 70, 72 f., 76, 78, 83, 205
4-Takt-Motor 70, 72 f., 77, 83, 152, 205
Absicherung 17, 19
Abwasser 111, 115, 131 f.
Aerifizierer 175, 185 ff.
Aeroponic 111, 128 f., 132
Akkumäher 180
Alterungsbeständigkeit 26, 31, 33, 69
Anbaubagger 93
Anbaugeräte 83, 92, 99, 138, 181, 249
Andrahtmaschine 166, 172
Anschneidemaschine 170
Arbeit, physikalische 13
Aufsitzmäher 181 f., 184, 188
Aussaat 104, 106, 108, 110, 156, 188 f., 268, 287
Automatisierung 66, 131, 156, 160
Baggerlader 92, 296
Balken 95, 171, 175, 177 f., 181, 207, 223, 235
Balkenmäher 175, 177 f., 181
Ballenstecher 152, 154 f.
Bandsäge 235, 240
Bandschleifer 235, 244
Baumaterialien 21 ff., 28, 50
Baustellenbeton 218
Becherpflanzmaschine 162, 165
Beetfräse 161
Beetpflug 96
Beleuchtung 29, 268 ff.
Benzin 67, 70, 73
Benzinmäher 180
Bereifung 184, 216
Betonrüttler 218
Bewässerung 24 ff., 111 ff.
Bewässerung im Freiland 120
Bewässerung unter Glas 121
Bewässerungsverfahren 113, 120 ff., 132
Binderelemente 21, 25, 29, 43
Blankglas 21, 31
Blumenstielputzmaschine 166, 170, 174
Bodenfräse 88, 94 f.
Bogendach 27
Bogensäge 235, 238
Bohle 235
Bordsteinzange 223
Bossierhammer 221
Brett 235
Bruchsicherheit 31
CA-Lager 253, 257, 261, 265
Container 26, 35, 63, 113, 251, 304
Dachformen 27
Dekorschleifendruckmaschine 166, 171
Dichte, physikalische 12
Diele 235
Diesel 67 f., 70, 73 ff., 83 f., 91, 150, 180, 216 f., 247, 283
Dieselmotormäher 180
Doppelfolienbedachung 32 f.
Doppelpentagonprisma 191, 198
Drehstrom 10, 16, 18, 70, 79, 83
Drehstrommotor 79, 83
Dreieck 10, 14, 28, 79, 88 f., 198, 200
Drillmaschine 104, 108, 110
Druck, physikalischer 10, 13
Druckfilter 225 ff.
Durchlauffilter 225 ff.
Durchströmkühlung 262
Düsenrohrbewässerung 123
Ebbe-Flut-Rinnen 111, 126
Ebbe-Flut-Tische 111, 126
Egge 88, 95, 97 f., 103
Eindeckung 21, 25, 27, 30 ff., 42
Einspritzverfahren 74
Einzelkornsägerät 104, 108 ff.
Eiskühlung 253, 257, 265

Elektrohobel 235, 242
Elektromäher 179 f., 184
Elektromotor 16, 24, 70, 78, 101, 137, 149 f., 185, 204 f., 208, 218 ff.
Elektrowellenantrieb 25
Energie, physikalische 13
Energieschirm 25, 29, 31, 37, 41 ff., 53, 65
Entkarbonisierung 119, 132
Entkeimung 119, 129, 132
EPDM-Teichfolie 231
Erdbohrer 150 ff.
Erdbohrer als Anbaugerät 150 ff.
Erddämpfer 101
Erdhaus 20 ff.
Erdmiete 253, 259, 265
Erdmischer 88, 100
Erdsieb 88, 100
Ergonomie 34, 284 f.
Erste Hilfe 19, 302
ETFE 26
Ethylenabgabe 255, 260
Ethylenvinylacetat 26
Exzenterschleifer 243
F-Clean-Folie 26
Fachwerkkonstruktion 29 f.
Fahrbagger 92
Fäustel 221
Feldmessung 200
Fertigbeton 218
Festbeton 219
Festmeter 11
Firmentypen 20, 27
Firsthöhe 24 f.
Flachbaggerarten 92
Flächenermittlung 200
Flächengewicht 31 ff.
Flächenmaße 10 f.
Flachmeißel 220
Fließmatte 111, 125, 132
Fließrinne 111, 124, 132
Fluchten 195 ff., 202
Fluchtstab 191 f., 196, 198
Flüssigkeitskühlung 77
Folienhaus 23 ff., 40
Folientunnel 23 ff., 29, 34, 39 f., 103
Folientunnel, befahrbarer 25
Folientunnel, begehbarer 24
Förderband 158, 248, 251
Fotosynthese 40, 104, 107, 112, 263, 267
Fräswerkzeug 243
Freifallmischer 218
Freikolbenmotor 76
Freischneider 175, 179, 184, 246
Fremdzündung 70, 73, 76 f.
Frischbeton 219
Frischluftlager 259 f., 265
Front- und Heckaufreißer 98
Frontlader 83, 248
Frosttiefe 28
Fuchsschwanz 235, 238
Fuchsschwanz, elektronischer 235, 241
Fügetechnik 225, 231, 234
Fundament 25, 28 f., 218
Garniergerät 166, 173 f.
Gefahrenunterweisung 184
Generative Vermehrung 104
Gerbera-Stützgerät 166, 172, 174
geschlossene Bewässerung 124
Geschlossene Matte 111, 128, 132
Gestellsäge 238
Getriebe 24, 68, 80 ff., 122, 136, 146
Getriebeöl 68, 82
Gewächshauskonstruktion 28, 30, 32, 268
Gewichte 10, 12, 149
Gewitter 298, 304
Giebelbereich 39 f.
Gießwagen 111, 123
Gitterbinder 29 f.
Gitterwalze 99, 188 f.
Glattmantelwalze 99
Glattradwalze 99, 216
Gleichstrom 10, 16, 19, 70, 79 f., 83
Gleichstrommotor 79 f., 83
Grabenfräse 88, 95
Grabenwalze 217
Grader 92, 296
Granuliertes Saatgut 105
Greifbagger 91
Großflächenmäher 182 f.
Großraumhaus 20, 38

Grubber 88, 96 f.
Grundwasser 111 ff., 119 f., 122, 131
Grundwasserspiegel 113 f.
Gummiradwalze 216
Handbohrer 152
Handhobel 241 f.
Handkehrmaschine 245
Handkreissäge 235, 239
Handschweißung 232
Handsieb 100
Haubendämpfung 102
Haue 88
Heißklebepistole 166, 173
Heißluftschweißen 231 f.
Heizungssystem 21, 24 f., 45, 50 ff., 56 ff., 65
Hobel 92, 235, 241 f.
Hochfrequenzschweißen 231, 233
Hochlöffelbagger 91
Hubkolbenmotor 75
Hubraum 72, 78
Hydrauliköl 67, 69, 282
hydraulische Verlegezange 224
Infrarotmessgerät 192
Investitionskosten 20 ff., 32, 36, 40 f., 61, 114 f., 124, 126
Islandmoosputzmaschine 173
Kabelquerschnitte 18
Kalibriertes Saatgut 105
Kalter Frühbeetkasten 20, 22
Kälteschäden 43, 256
Kälteschutzabdeckung 22
Kalthaus 27
Kantholz 235
Kapp- und Gehrungssäge 240
Kautschukfolien 231
Kegel 10, 15, 81, 133, 135, 143
Kehrmaschine 188, 245 f.
Kehrwalze 185 f., 245
Keimbedingung 106
Keimung 106 ff., 112, 139, 266
Kettenbagger 93
Kettenöl 67, 70
Kitt 30
Klarglas 21, 31
Klimacomputer 25, 65 f., 270
Knicklenker 183
Knicklenkung 183
Kombi-/Klappschaufel 249
Kompaktbagger 93
Kompaktlader 83, 248 f.
Kondenswassertropfenbildung 26
Körper- u. Hohlmaße 11
Kraft, physikalische 13
Kraftstoffe 67, 70, 74, 83
Kraftübertragung, dynamische 80
Kraftübertragung, statische 80
Krail 88 f.
Kranzbindemaschine 170, 174
Kranzschleifenprägemaschine 171
Kreis 14
Kreiselegge 95
Kronenhammer 221
Kugel 15
Kühllager 253, 257, 260 f., 265
Kühlräume 253 ff., 265
Kultivator 88, 97
Kulturräume 20 ff., 34, 37, 44, 51, 65
Kulturraumklima 20, 23 ff., 34, 37, 40, 66
Ladekran 248, 250, 252
Lademotor 70, 77, 83
Lagerkrankheiten 253, 256
Lagerung 60 f., 105, 107, 167, 174, 253 ff., 260 ff., 265
Lagerverfahren 256, 259 f.
Längenmaße 11
Lasernivellier 194 f.
Lastkraftwagen 250
Latte 235
Laubbläser 246
Laubsauger 188, 247
Leichtgutschaufel 249
Leiste 235
Leistung, physikalische 13
Leitung, elektrische 10, 17
Lenkung 84, 224, 249, 251
Lichtdurchlässigkeit 26 f., 31 ff.
Lichtplatten 26 f.
Liegeraupe 161, 165
Linearplanimeter 200 f.
Löffelbaggerarten 91
Luftbewegung 53, 257

Luftfeuchte 253 f., 257, 260, 262, 265
Luftheizungen 45, 51, 58, 65
Luftkissenmäher 181
Luftkühlung 70, 77, 253, 259
Lüftungssysteme 24 f., 38 f.
Luftzusammensetzung 257, 261, 265
Mäher, handgeführt 180
Mähgeräte 175, 179 f., 183 f., 190
Mähroboter 180, 182
Markiernadeln 191 f.
Maßband 191 f., 198 f.
Mehrkammerfilter 229
Meißelarten 220
Messlatte 191, 193 f., 199
Messrad 191 f., 201
Mineralöl 67, 69 f.
Minibagger 93, 224
Mistbeet 22
Mistpackung 22
Mobiltische 25, 34, 36, 125, 128
Motor-Japaner 251
Motorbetriebene Sägen 238
Motorbetriebener Erdbohrer 152 f.
Motorhacke 88, 94
Motorkehrmaschine 245 f.
Motorsensen 179, 184, 207
Motorwartung 82
Mulcher 161, 163
Mulchmäher 182
Muldenkipper 251, 296
Niederer Folientunnel 20, 23
Niederglasflächen 20
Nivelliergerät 191, 193 ff., 198, 202
Normgewächshaus 20, 27
Oberflächendämpfung 101
Oberflächenwasser 113 ff., 119, 131
Oberfräse 242 f.
Offene Bewässerung 120
Ölkühlung 70, 78
Ortbeton 218
Ottomotor 68, 73 f., 76 ff., 83, 185
Overseeder 175, 190
Paletten-/Ladegabel 249
Panzerlenkung 249
Partikelfilter 74 f., 229
Pentagon 191, 198
PE Teichfolien 231
Pfetten 28, 30, 39
Pflanzautomat 161 f.
Pflanzbohrer 152
Pflanzenvermehrung 104 ff.
Pflanzmaschine 110, 134, 161 f., 165
Pflanzroboter 36, 159 f.
Pflasterhammer 221
Pflugdämpfung 101
pH-Wert 118, 132, 167, 230
Pikierroboter 159
Pilliertes Saatgut 105, 109
Planieregge 95
Planierraupe 92
Planierschild 92
Planimeter 191, 200 f.
Plattenheber 223
Pneumatische Verlegegeräte 224 f.
Polarplanimeter 200 f.
Polycarbonat 27
Polyethylen hart/weich 26
Polyvinylchlorid hart/weich 26
Produktionsgewächshaus 28
Profilformen 29
Pultdach 21, 27
Pumpenkennlinien 117
Punktfundament 29
PVC Teichfolien 231
Pyramide 10, 15
Quader 10, 15
Quadrat 10, 14
Quellschweißen 231 f.
Radbagger 93
Raddozer 92
Radlader 61, 224, 248
Radplanierer 92
Rasenbau 175
Rasenkantenschneider 179, 181, 187
Rasenkehrmaschine 188
Rasenpflege 175, 181, 187
Rasenverlegung 175, 188
Raummeter 11
Raupenbagger 93
Raupenlader 248
Raupentransporter 248, 251
Rechen 90

Rechteck 10, 14
Rechter Winkel 198, 202
Regenwasser 111, 113, 116, 119 f., 131
Regner 111, 117, 120 ff., 132, 186
Reifenbagger 93
Reifung 253 ff., 265
Reinigungsgeräte und –maschinen 245
Rohrheizung 25, 45, 52, 55 ff., 65
Rollenplanimeter 200 f.
Rollmessband 192
Rolltacho 192
Rolltische 25, 34 ff., 44
Rotationslaser 191, 194 ff.
Rotationsschleifer 235, 243
Rundbogenkonstruktion 23
Rundspatenmaschine 155
Rüttelegge 95
Rüttelplatte 158, 217
Rüttelstampfer 217
Saatband 105
Saatgutformen 105
Saatgutlagerung 105
Saatgutqualität 104, 110
Sägezähne 205, 236 f., 239
Salzgehalt 114 f., 118
Sämaschine 104 f., 108 f., 175, 188 f., 190
Satteldach 27
Sauglader 245, 247
Saugmotor 70, 77, 83
Saugpumpe 225 f.
Scanner 191, 202
Schaffußwalze 216
Schattierung 25, 29, 37, 40 ff., 65
Schaufel 89
Schaufelarten 92 ff., 103
Scheibenpflug 96
Schlauchwaage 191, 193
Schlegelmäher 175, 178
Schleifendruck 166, 171
Schleifmaschinen 235, 243
Schleppnetz 185
Schlitzen 175, 186, 188
Schmierfette 67, 70
Schmieröle 67, 74
Schmierstoffe 67, 70
Schneefräse 247
Schneelast 28
Schnittblumenproduktion 160, 174
Schnitthöhe 184, 223
Schnittholz-Dimensionen 235, 245
Schnurgerüst 199
Schnurmethode 191, 198
Schrägaufzug 248, 251
Schreitbagger 93
Schürfkübel 92
Schwebstoffe 119, 132
Schweißautomat 232 f.
Schwingschleifer 235, 243 f.
Scraper 92
Selbstzündung 70, 73, 75
Serviceplan 82
Sheddach 27
Sichelmäher 175 ff.
Skimmer 225, 231, 234
Sodenschneider 175, 187
Sortiermaschine 161, 164
Spannbeton 218
Spannung, elektrische 16 f., 19, 102, 205, 209, 213, 233, 305
Spaten 89
Spatenpflug 95
Spindelmäher 175 f.
Spitzhacke 88
Spitzmeißel 220
Splittbeton 219
Sprengeisen 220
Sprossen 21, 28, 30, 33, 213
Stahl-Sprossen 21
Stahlbeton 12, 218
Standardschaufel 249
Stechbeitel 244 f.
Steckautomat 160
Stegdoppelplatten 27, 31, 33
Stehwandlüftung 25, 28, 39 f.
Steingabel 249
Steinsäge 215, 221
Steinspaltgerät 223
Stellagen 28 f., 34, 37
Stemmeisen 235, 244 f.
Sternschaltung 79
Stichsäge 235, 240

Stockhammer 221
Straßen- oder Erdhobel 92
Streckenmessung 192
Streifenfundament 25, 29
Strohrömermaschine 166, 173 f.
Stromunfälle 10, 19, 226
Sturmhalteklammern 30
Substratdämpfung 102 f.
Synthetik-Öl 67
Talsperre 114 f., 131
Tandemvibrationswalze 217
Tauchpumpen 225 f.
Tausendkorngewicht (TKG) 105, 110
Teichbelüftung 230
Teichpumpe 225 f., 231
Teilsynthetik-Öl 67
Teleskopbagger 91
Temperiertes Haus 27
Theodolit 191, 195, 198
Tiefendämpfung 101
Tiefenlockerer 88, 98, 175, 190
Tieflöffelbagger 91
Tischfräse 242 f.
Tischkreissäge 235, 238
Topdresser 187
Topfmaschine 36, 101, 156 ff.
Transportbeton 218
Transportmulde 251 f.
Trapez 10, 14
Trennschleifer 215, 222 f.
Trinkwasser 111, 113, 115, 131
Trittbrett 88, 99
Trockenschrank 166, 173
Trommelfilter 225, 229
Trommelsiebmaschine 100
Trommelwaschmaschine 161, 164
Tropfbewässerung 111, 120, 123 f., 132
Überwinterungshaus 27
Umkehrfräse 95, 99
Umlaufmotor 75
Vakuumkühlung 258, 265
Vegetationsheizung 25, 56 f.
Vegetative Vermehrung 110
Venlohäuser 27
Verbrennungsmotor 70 ff., 149, 181, 208 f., 222, 246 f.
Vergaser 76, 206
Verkaufsgewächshaus 28, 42
Verlegemaschinen 224
Vernebeln 111, 131 f.
Vertikutierer 175, 184 f., 190
Vibrationsplatte 217
Vibrationswalze 217
Viertaktmotor 70, 72 f., 77, 83, 152, 205
Visierkreuze 195
Viskositätsklassen 68
Vollbinder 28 f.
Volldrehpflug 96
Vollernter 161, 164
Vorderkipper 248, 250 f.
Vorkühlung 253, 257, 265
Wanderkasten 20, 23
Wärmedämmwert 31, 33
Warmer Frühbeetkasten 20, 22, 34
Wärmerückhaltevermögen 26 f.
Wärmeschutzmaßnahmen 24
Wärmeverlust 21, 41
Warmgasschweißung 232 f.
Warmhaus 27
Wasserabgabe 123, 254, 257
Wasseraufbereitung 119, 227
Wasserbedarf 54, 111, 113, 127, 131
Wasserhärte 115, 118, 131
Wasserkreislauf 111 f., 131
Wasserkühlung 70, 77, 257, 265
Wasserqualität 111, 113, 118 f., 131
Wasserwaage 191, 193, 199
Wechselstrom 10, 16, 19, 70, 79 f., 83
Wechselstrommotor 79 f., 83
Wendepflug 96
Widerstand, elektrischer 17
Windlast 28
Winkelmaße 10, 12
Winkelmessung 198
Winkelprisma 191, 198
Winkelschleifer 222, 243
Winkelspiegel 191, 198
Wippkreissäge 235, 239
Würfel 10, 15
Zahneisen 220
Zehnerpotenzen 13
Zeiteinheit 225

Zierpflanzenbau 100, 156 ff.
Zwangsmischer 215, 218 f., 225
Zweitaktmotor 68, 70, 72 f., 76, 78, 83, 205
Zweitaktöle 67 f.
Zylinder 10, 15, 71 ff., 75 ff., 82 f., 91, 116, 150, 200, 236

Danksagungen

Wir danken den Firmen, die dieses Projekt unterstützen. Sie haben uns ihr Know-How, Fotos und Illustrationen für das vorliegende Buch zur Verfügung gestellt. Animationen, Podcasts und Videos unsere Partner ermöglichen, dass die begleitende Website immer aktuell bleibt.

A & N Luiten B.V. (www.luiten-scherming.nl)
AGCO GmbH, Fendt-Marketing (www.fendt.com)
Alois Pöttinger Maschinenfabrik Ges.m.b.H (www.poettinger.co.at)
AMAZONEN-Werke H. Dreyer GmbH & Co. KG (www.amazone.de)
AMMANN Schweiz AG (www.ammann-group.com)
ANDO Technik GmbH (www.ando-technik.de)
A.S.Froytopigi (www.gea-fruit.gr)
AUDI AG (www.audi.de)
AUVA Soziale Unfallversicherung (www.auva.at)
Baertschi-Fobro (www.fobro.com)
Bobcat Company (www.bobcat.com)
CLAAS KGaA mbH (www.claas.de)
CNH Österreich GmbH (www.steyr-traktoren.com)
Collomix Rühr- und Mischgeräte GmbH (www.collomix.de)
Compost Systems GmbH (www.compost-systems.com)
Deere & Company (www.deere.com)
Evonik Röhm GmbH (www.plexiglas.net)
FAIE Handelsgesellschaft m.b.H (www.faie.at)
Fährenkämper GmbH & Co. KG Technik für Gärtner und Floristen (www.faeco.de)
Felco SA (www.felco.ch)
Feltes GmbH Gerätebau, Gerätevertrieb (www.feltes-gmbh.de)
Ford Motor Company (www.ford.com)
Friedrich Ortlieb Garten- und Landschaftstechnik (www.ortlieb.at)
Gartenbau Wallner GmbH (www.gartenbau-wallner.at)
Hans van Bebber Heizungsbau (www.hansvanbebber.de)
Hilger Tiefbau GmbH (www.hilger-tiefbau.de)
Honda Deutschland GmbH (www.honda.de)
Husqvarna Forest & Garden (www.husqvarna.com)
Husqvarna Austria GmbH (www.gardena.com)
H. W. Mrotzek Mess- und Regeltechnik (www.mrotzek.com)
IGEBA Geraetebau GmbH (www.igeba.de)
IML-Instrumenta Mechanik Labor System GmbH (www.iml.de)
INUMA Fahrzeug-Service und Maschinenbau GmbH (www.inuma-aschara.de)
Javo BV (www.javo.eu)
Juwel Deutschland (www.juwel.com)

KKG Kahler Ochmann GbR (www.spitzenqualitaet.de)
Klaus Kuba GmbH (www.heizungsbau-kuba.de)
Komptech GmbH (www.komptech.com)
Kräss GlasCon GmbH (www.kraess.de)
Kress & Co. GmbH (www.kress-landtechnik.de)
Kverneland Group ASA (www.kverneland.com)
Lanz GmbH (http://www.Lanz-Technik.de)
Lehnhoff Hartstahl GmbH & Co. KG (lehnhoff.de)
Leica Geosystems Austria GmbH (www.leica-geosystems.at www.leica-geosystems.de)
LIPCO GmbH Land- und Kommunaltechnik (www.lipco.com)
Ludwig Bergmann GmbH (www.l-bergmann.de)
Manufactum GmbH & Co. KG (manufactum.de)
Mayer GmbH & Co. KG Maschinenbau und Verwaltung (www.mayer-group.com)
MESTO Spritzenfabrik Ernst Stockburger GmbH (www.mesto.de)
Metabowerke GmbH (www. metabo.de, www.metabo.at)
Mohn Manufaktur GmbH (www.mohn-manufaktur.de)
MSD GmbH Agrar- und Umwelttechnik (www.moeschle.de)
MTM Spindler & Schmid GmbH (www.mtm-spindler-gmbh.com)
Natier (www.natier.ch)
Nedo GmbH & Co. KG (www.nedo.com)
Oase GmbH (www.oase-livingwater.com.sg)
Optimal-Vertrieb Opitz GmbH (www.opitz-optimal.com)
PALFINGER AG (www.palfinger.com)
Parga (www.parga.at)
Pfalz Technik, Dipl.-Ing. Thomas Pfalz (www.pfalz-technik.com)
Poppen Gewächshausbau GmbH & Co KG (www.poppen-gmbh.de)
Prochaska Handels GmbH (www.prochaska.eu)
Rabensteiner GmbH (www.rabensteiner.it)
RASENPFLEGE & KOMMUNAL MASCHINEN, Handels- und Dienstleistungs GmbH (www. rkm.co.at)
RAUCH Landmaschinenfabrik GmbH (www.rauch.de)
Rimeco Deutschland GmbH (www.gemuesetechnik.de)
Robert Bosch AG (www.bosch.at)
RWA Raiffeisen Ware Austria Aktiengesellschaft (www.rwa.at)
Saarlucon B.V. (www.saarlucon.com)
Sembdner Maschinenbau GmbH (www.sembdner.com)
SIEVERT GmbH (www.sievert-gasgeraete.de, www.sievert-gmbh.de)
STIHL GmbH, ANDREAS STIHL AG & Co. KG (www.stihl.at, www.stihl.de)
Tea Project srl (www.teaproject.it)
The Toro Company (www.toro.com)
Thermo-System Krötz Gewächshausbau GmbH & Co. KG (www.thermo-system-kroetz.de)
Viessmann Werke GmbH & Co KG (www.viessmann.com)
VIKING GmbH (www.viking-garden.com)
Wacker Neuson SE (www.wackerneuson.com)
ZARGES GmbH (www.zarges.at)
Zeppelin Österreich GmbH (www.zeppelin-cat.at)
Zimmer Handelsgesellschaft m.b.H. (www.zimmer.at)